9.15 矢量风格商业插画
技术难度：★★★★★ ☑专业级

实例描述：用木刻滤镜简化图像色调，添加矢量图形和装饰图案。加载特殊效果画笔，绘制玫瑰花花瓣。

9.21 海的女儿
技术难度：★ ★ ★ ★ ☑专业级

9.19 人在烟云里
技术难度：★ ★ ★ ★ ☑专业级

2.9 实战文字：使用文字工具

3.20 实战：塑料充气字

3.22 实战：卡通方格字

3.20 实战：塑料充气字

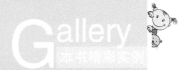

9.18 鼠绘超写实跑车

技术难度：★★★★★ 财专业级

　　实例描述：用电脑绘制汽车、轮船、手机写实表效果的对象时，如果仅靠画笔、加深、减淡等工具，及法准确表现对象的光泽轮廓。绘制此类效果图时，最好先用钢笔工具将对象各个部件的轮廓临绘出来，然后将路径转换为选区，用选区限定绘画区域，就可以绘制出更加盲自的效果。

6.2 实战　衣随心手提袋设计

9.3 衣随心企业名片设计

6.4 实战　宠物食品包装设计

3.11 实战　水珠字

9.8　音乐节海报

2.1　实战变换：分形艺术

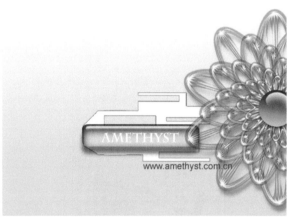

4.7　实战：水晶花瓣

5.12　实战抠图：用钢笔工具抠图

4.8　实战：光效书页

6.3　实战：光盘封套设计

4.6　实战：炫光花朵

4.5　实战：彩色山峰

5.11　实战抠图：用快速蒙版抠图

5.9　实战修图：
用涂抹工具制作液化效果

4.13　实战：
铝质半身人像

9.14　时尚插画

5.7　实战修图：用仿制图章修图

9.9　传情物语首饰广告

9.17 时装画
技术难度：★★★ ☑专业级

演唱会海报
9.6
技术难度：★★★★ ☑专业级

9.2 卡通形象

2.18 实战动画：跳跳兔

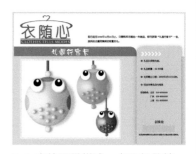

2.4 实战图层样式：卡通钥匙链

9.16 像素画

3.5 实战：布纹字

2.8 实战路径：为餐具贴 Logo

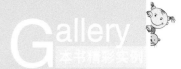

8.5 实战：衣随心服饰网网页设计

9.20 咖啡的诱惑

9.10 缤纷花季香水广告

4.12 实战：金银纪念币

5.19 实战调色：唯美水底星　　4.3 实战：服饰按钮　　4.9 实战：3D玩具小熊

7.3 实战：掌上电脑

7.4 实战：智能设备外观设计

2.5 实战图层蒙版：微缩景观

2.6 实战剪贴蒙版：神奇放大镜

4.2 实战：透明气泡

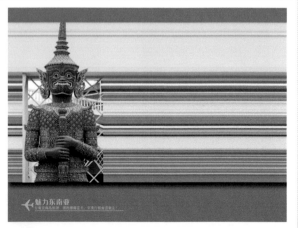

4.1 实战：像素拉伸

Gallery 本书精彩实例

4.4 实战：彩色晶片

9.1 立体标志

3.19 实战：个性印章字

3.12 实战：水滴字

9.4 智慧画册装帧设计

2.15 实战通道：铂金蝴蝶

3.24 实战：透明玻璃字

3.9 实战：泥土字

4.11 实战：冰雕特效
技术难度：★★★★ ☑专业级

实例描述：用滤镜、图层样式、混合模式和调色工具制作冰雕特效。

7.6 实战：手机主题桌面设计

3.3 调特效字

3.6 实战：立体字

2.3 实战图层：个性化ipad屏幕

7.2 实战：水晶质感图标

9.11 房地产广告

9.13 数码相机广告

9.12 运动元素服饰广告

3.21 实战：岩石雕刻字

2.12 实战画笔：超现实主义图像合成

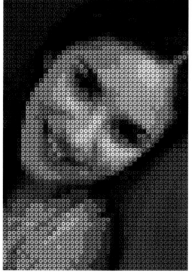

2.13 实战图案：圆环成像

5.18 实战调色：用Lab模式调出唯美青蓝、橙色

2.16 实战3D：制作卡通玩偶

9.5 插图艺术：封面设计

3.18 实战：瓷砖拼贴字

3.13 实战：网点字

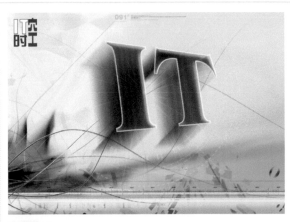

3.2 实战：IT时空字体设计

2.10 实战滤镜：制作全景地球

3.25 实战：透明亚克力字

3.23 实战：金属浮雕字

Gallery
本书精彩实例

3.3 实战：冰雪字

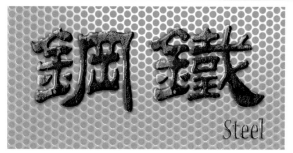

3.17 实战：生锈铁字

3.14 实战：糖果字

3.7 实战：玉石字

3.8 实战：钻石字

3.15 实战：霓虹灯字

3.10 实战：球形字

3.16 实战：不锈钢字

多媒体课堂——视频教学65例

  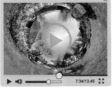  
  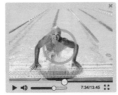 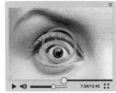 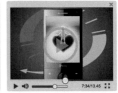

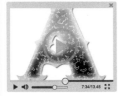    
  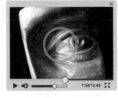  
 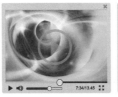   

"渐变库"文件夹中提供了500个超酷渐变颜色。

使用"样式库"文件夹中的各种样式,只需轻点鼠标,就可以为对象添加金属、水晶、纹理、浮雕等特效。

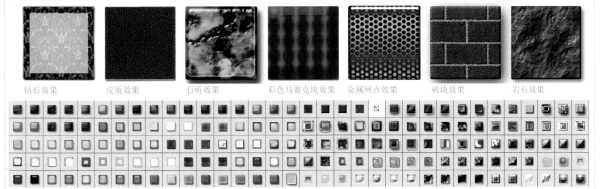

钻石效果　　皮质效果　　石质效果　　彩色马赛克块效果　　金属网点效果　　砖块效果　　岩石效果

"照片处理动作库"文件夹中提供了Lomo风格、宝丽来风格、反冲效果等动作,可以自动将照片处理为影楼后期实现的各种效果。

Lomo效果　　宝丽来照片效果　　反转负冲效果　　特殊色彩效果　　柔光照效果　　灰色淡彩效果　　非主流效果

"外挂滤镜使用手册"电子书包含KPT7、Eye Candy 4000、Xenofex等经典外挂滤镜。CMYK 色谱手册、色谱表。

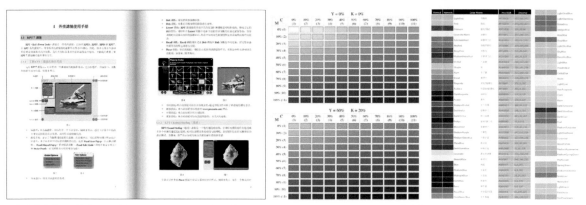

以上电子书为pdf格式，需要使用 Adobe Reader 观看。登陆 http://get.adobe.com/cn/reader/ 可以下载免费的 Adobe Reader。

"形状库"文件夹中提供了几百种样式的矢量图形。

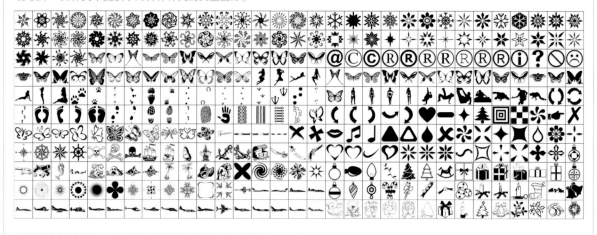

"画笔库"文件夹中提供了几百种样式的高清画笔。

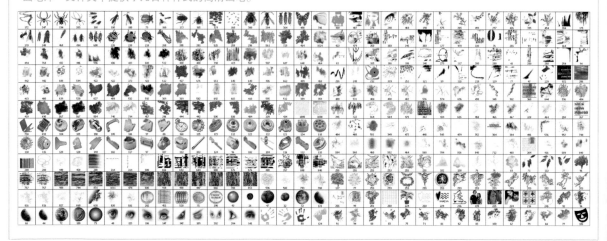

Photoshop 完全实战

技术手册（CS6/CC适用）

李金蓉 / 编著

清华大学出版社
北京

内 容 简 介

本书是初学者自学 Photoshop 的全实战案例教程。全书包含 125 个实例，不仅囊括了 Photoshop 基本操作方法，还涵盖了平面设计、数码摄影后期处理、UI 设计等相关领域，读者在动手实践的过程中可以轻松地掌握软件的使用技巧，了解各种设计项目的制作流程，充分体验学习和使用 Photoshop 的乐趣，真正做到学以致用。

本书适合广大 Photoshop 初学者，以及有志于从事平面设计、UI 设计、插画设计、包装设计、网页制作、三维动画设计、影视广告设计等工作的人员阅读，同时也适合高等学校相关专业的学生和各类培训班的学员参考阅读。

图书在版编目（CIP）数据

Photoshop 完全实战技术手册（CS6/CC 适用）/ 李金蓉编著 . -- 北京：清华大学出版社，2016
（2021.1 重印）
ISBN 978-7-302-44029-1

Ⅰ . ① P… Ⅱ . ①李… Ⅲ .①图像处理软件—手册 Ⅳ .① TP391.41-62

中国版本图书馆 CIP 数据核字（2016）第 127832 号

责任编辑：陈绿春
封面设计：潘国文
责任校对：徐俊伟
责任印制：杨 艳

出版发行：清华大学出版社
　　　　　网　　址：http://www.tup.com.cn，http://www.wqbook.com
　　　　　地　　址：北京清华大学学研大厦 A 座　　　　　　邮 编：100084
　　　　　社 总 机：010-62770175　　　　　　　　　　　　邮 购：010-83470235
　　　　　投稿与读者服务：010-62776969，c-service@tup.tsinghua.edu.cn
　　　　　质量反馈：010-62772015，zhiliang@tup.tsinghua.edu.cn
印 装 者：北京建宏印刷有限公司
经　　销：全国新华书店
开　　本：188mm×260mm　　印 张：20.5　　插 页：8　　字 数：693 千字
　　　　　（附 DVD1 张）
版　　次：2016 年 10 月第 1 版　　　　　　　　　　　印 次：2021 年 1 月第 4 次印刷
定　　价：39.80 元

产品编号：065626-01

对于 Photoshop 爱好者，不论是想要入门的初学者，还是具备一定基础想要进阶的人，动手实践都是最高效、快捷的学习方式。

本书是一本 Photoshop 全实战案例教程。书中包含 125 个实例，从 Photoshop 入门知识和基本操作方法开始讲起，几乎每个工具、面板和重要功能的讲解都会对应一个实例，以便最大程度地帮助读者了解和使用 Photoshop。即便是初学者，也能够立即上手操作，充分体验 Photoshop 的神奇魅力，获得立竿见影的学习效果。

成为 Photoshop 高手的关键不仅在于透彻地理解 Photoshop，更在于能够熟练地使用 Photoshop 完成各种设计工作，将自己头脑中的想法和创意变成真实的作品。本书的实例不仅囊括了 Photoshop 的基本操作方法，还涵盖了平面设计、数码插画、UI 设计等范畴，充分展现了 Photoshop 在设计工作中用到的技巧、经验和各种关键技术。

本书章节及实例的安排如下：

第 1 章以入门知识为主，通过 17 个实战练习，全面地介绍 Photoshop 基本操作方法。

第 2 章包含 18 个实战练习，每个实战对应一项功能，包括变换、选区、图层、图层样式、图层蒙版、剪贴蒙版、矢量蒙版、路径、文字、滤镜、画笔、图案、调整图层、通道、3D、视频、动画等，基本涵盖了 Photoshop 的所有重要功能。

第 3 章～第 9 章通过实例讲解 Photoshop 在设计领域的应用，包括特效字、质感与纹理、数码照片处理、包装设计、UI 设计、网页设计、平面设计等不同的设计门类。

本书的配套光盘中包含了实例的素材文件、最终效果文件，同时，还附赠了动作库、画笔库、形状库、渐变库和样式库，以及大量学习资料，包括 Photoshop 外挂滤镜使用手册、色谱表、CMYK 色谱手册等电子书，65 个 Photoshop 多媒体视频教学录像。

本书由李金蓉主笔，此外，参与编写工作的还有李金明、李保安、贾一、王熹、姜成繁、白雪峰、贾劲松、包娜、徐培育、李志华、谭丽丽、李宏宇、王欣、陈景峰、李萍、崔建新、徐晶、王晓琳、许乃宏、张颖、苏国香、宋茂才、宋桂华、李锐、尹玉兰、马波、季春建、于文波、李宏桐、王淑贤、周亚威、李哲、杨秀英等。由于作者水平有限，书中难免有疏漏之处，还望读者朋友不吝指正。如果您对本书有好的建议或者在学习中遇到问题，可随时与我们联系，Email：ai_book@126.com。

作者

2016 年 8 月

目录
CONTENTS

学习重点

● 像素与分辨率
● 文件格式
● 实战：用抓手工具查看图像
● 实战：扭曲和变形
● 实战：设置前景色和背景色
● 实战：设置渐变

第1章

从零开始

扫描二维码，关注李老师的个人小站，了解更多 Photoshop、Illustrator 实例和操作技巧。

1.1 认识数字化图像

在计算机的世界里，图像和图形等都是以数字方式记录、处理和存储的。它们分为两大类，一类是位图；另一类是矢量图。

1.1.1 位图与矢量图

位图即图像。它有两大优点，一是可以精确地表现颜色的细微过渡，效果细腻而且真实。例如，数码相机拍摄的照片，如图1-1所示，网页上的图像、扫描仪扫描的图片等都属于位图。位图的第二个优点是受到各种软件的广泛支持。位图的缺点是进行放大时会变得模糊。例如，如图1-2所示为进行放大操作后的图像（局部），可以看到，图像已经没有原来清晰了。

位图由像素组成。像素是一种非常细小的方块，几百万甚至几千万个像素才能构成一幅图像。如图1-3所示中每一个方块都是一个像素。

数码照片是典型的位图
图 1-1

放大后的图像变"虚"了
图 1-2

视图放大到3200%后能看到像素
图 1-3

矢量图由数学对象定义的直线和曲线构成，占的存储空间较小。矢量图与分辨率无关，任意旋转和缩放后都会保持清晰、光滑，因此比较适合制作图标、Logo 等需要按照不同尺寸使用的对象。矢量图是由图形软件生成的，色彩没有位图细腻，效果也没有位图真实。

1.1.2 像素与分辨率

像素是组成位图图像最基本的元素，每一个像素都有自己的位置，并记载着图像的颜色信息，一个图像包含的像素越多，颜色信息就越丰富，图像效果也会越好，不过文件尺寸也会随之增大。

分辨率是指单位长度内包含的像素数量，它的单位通常为像素/英寸（ppi）。例如，72ppi 表示每英寸内包含72个像素点，300ppi 表示每英寸内包含300个像素。分辨率决定了位图细节的精细程度，通常情况下，分辨率越高，包含的像素就越多，图像就越清晰。如图1-4～图1-6所示为相同打印尺寸，不同分辨率的3幅图像，可以看到，低分辨率的图像有些模糊，高分辨率的图像十分清晰。

分辨率为72像素/英寸

图1-4

分辨率为100像素/英寸

图1-5

分辨率为300像素/英寸

图1-6

Point 执行"文件>新建"命令新建文档时，可以在"新建"对话框中设置分辨率。如果要修改一个现有图像的分辨率，可以执行"图像>图像大小"命令，打开"图像大小"对话框，先选中"重新采样"选项，再修改分辨率即可。在通常情况下，如果图像用于屏幕显示或者网络传输，可以将分辨率设置为72像素/英寸（ppi），这样可以减小文件的大小，提高传输和下载速度；如果用于喷墨打印机打印，可以设置为100～150像素/英寸（ppi）；如果用于印刷，则应设置为300像素/英寸（ppi）。

1.1.3　文件格式

文件格式决定了图像数据的存储方式（无论位图还是矢量图）、压缩方法、支持什么样的 Photoshop 功能，以及文件是否与一些应用程序兼容。使用"文件 > 存储"命令或"文件 > 存储为"命令保存图像时，可以在打开的"另存为"对话框中选择文件保存格式，如图1- 7所示。

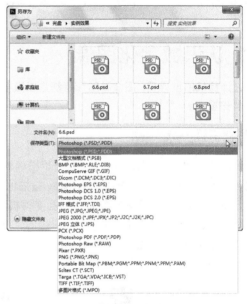

图1-7

PSD 是最重要的文件格式，它可以保留文档中的图层、蒙版、文字和通道等所有内容，编辑图像之后，如果尚未全部完成或还有待修改，应保存为 PSD 格式，以便后期可以随时修改。此外，矢量软件 Illustrator 和排版软件 InDesign 也支持 PSD 文件，这意味着一个透明背景的 PSD 文档置入到这两个程序之后，背景仍然是透明的；JPEG 格式是众多数码相机默认的格式，如果要将照片或者图像文件打印输出，或者通过 E-mail 传送，应采用该格式保存；如果图像用于 Web，可以选择 JPEG 或 GIF 格式；如果要为那些没有 Photoshop 的人选择一种可以阅读的文件格式，不妨使用 PDF 格式，借助于免费的 Adobe Reader 软件即可显示图像，还可以向文件中添加注释。

1.2 Photoshop 工作界面

Photoshop 的工作界面典雅而实用，工具的选取、面板的访问、工作区的切换等都十分方便。不仅如此，工作界面的亮度还可以进行调整，以便凸显图像。

1.2.1 实战：文档窗口

01 执行"文件>打开"命令，弹出"打开"对话框，按住Ctrl键并单击如图1-8所示的两个图像，将它们选中，单击"打开"按钮，在Photoshop中将其打开，图像会停放到选项卡中。单击一个文档的名称，即可将其设置为当前操作的窗口，如图1-9所示。按Ctrl+Tab键可按照顺序切换各个窗口，如图1-10所示。

图 1-8

图 1-9

图 1-10

02 执行"编辑>首选项>界面"命令，打开"首选项"对话框，在"界面"选项中可以调整工作界面的亮度（从深灰到黑色），如图1-11所示，如图1-12所示为黑色界面。

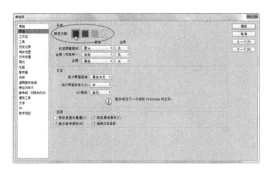

图 1-11

图 1-12

03 将光标放在一个窗口的标题栏上，单击鼠标并将其从选项卡中拖出，其就会成为可以随意移动位置的浮动窗口，如图1-13所示。浮动窗口与浏览网页时打开的窗口没有区别，也可以最大化、最小化或移动到任何位置。将其重新拖曳回选项卡中。

图 1-13

04 单击一个窗口右上角的 按钮，可以关闭该窗口。如果要关闭所有窗口，可以在一个文档的标题栏上单击鼠标右键，打开快捷菜单，如图1-14所示，选择"关闭全部"命令。

图 1-14

1.2.2 实战：工具箱和工具选项栏

01 工具箱中包含用于创建和编辑图像和图稿、页面元素的工具和按钮，如图1-15所示。单击工具箱顶部的 ▸▸ 按钮，可将其切换为单排（或双排）显示状态。所有工具分为7组，如图1-16所示。

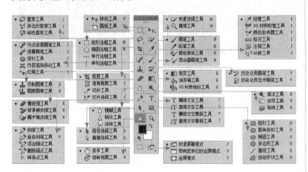

图 1-15

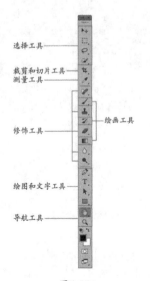

图 1-16

02 单击一个工具即可选择该工具，如图1-17所示。右下角带有三角形图标的工具按钮表示这是一个工具组，在这样的工具上单击并按住鼠标按键会显示隐藏的工具，如图1-18所示，将光标移至隐藏的工具上，然后释放鼠标，即可选中该工具，如图1-19所示。

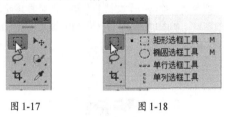

图 1-17　　　　　　　　图 1-18

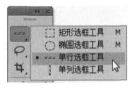

图 1-19

03 工具选项栏用来设置工具的属性，它会随着所选工具的不同而改变选项内容。选择"画笔工具" ，工具选项栏中会显示该工具的各种设置选项，如图1-20所示。

图 1-20

04 单击 ⬍ 按钮，可以打开一个菜单，如图1-21所示。在文本框中单击鼠标，然后输入新数值并按Enter键，即可调整数值。如果文本框旁边有 ▾ 状按钮，则单击该按钮，可以显示弹出一个滑块，拖曳滑块也可以调整数值，如图1-22所示。

 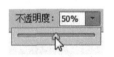

图 1-21　　　　　　　　图 1-22

1.2.3 实战：菜单命令

01 Photoshop中有11个主菜单，如图1-23所示，每个菜单内都包含一系列的命令。单击一个菜单即可打开该菜单。在菜单中，不同功能的命令之间以分隔线隔开，带有黑色三角标记的命令表示还包含子菜单，如图1-24所示。选择菜单中的一个命令即可执行该命令。

02 在文档窗口的空白处、在一个图像或面板上单击鼠标右键，可以打开快捷菜单，如图1-25和图1-26所示。

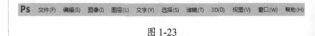

图 1-23

图1-24

图1-25

图1-26

Point 如果命令后面有快捷键，则可以通过按快捷键的方式来执行命令。例如，按快捷键Ctrl+A，可以执行"选择>全部"命令。如果一个命令显示为灰色，就表示它们在当前状态下不能使用。例如，没有创建选区时，"选择"菜单中的多数命令就都不能使用。如果一个命令右侧有"…"状符号，则表示执行该命令时会弹出一个对话框。

1.2.4 实战：面板

面板用于配合编辑图像、设置工具参数和选项。Photoshop 提供了 20 多个面板，在"窗口"菜单中可以选择需要的面板将其打开。

01 在默认情况下，面板以选项卡的形式成组出现，并停靠在窗口的右侧，如图1-27所示。单击一个面板的名称，即可显示面板中的选项，如图1-28所示。单击面板组右上角的▶▶按钮，可以将面板折叠为图标状，如图1-29所示。单击一个图标可以展开相应的面板。

图1-27

图1-28   图1-29

02 拖曳面板左侧边界可以调整面板组的宽度，让面板的名称显示出来，如图1-30所示。将光标放在面板的标

题栏上，单击并向上或向下拖曳鼠标，可以重新排列面板的组合顺序，如图1-31和图1-32所示。如果向文档窗口中拖曳鼠标，则可以将其从面板组中分离出来，使之成为可以放在任意位置的浮动面板，如图1-33所示。

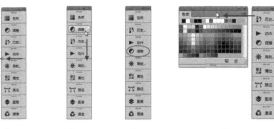

图1-30   图1-31   图1-32   图1-33

03 将光标放在一个面板的标题栏上，单击鼠标并将其拖曳到另一个面板的标题栏上，出现蓝色框时释放鼠标，可以将其与目标面板组合，如图1-34和图1-35所示。

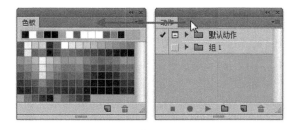

图1-34

图1-35

04 单击面板右上角的▼≡按钮，可以打开面板菜单，如图1-36所示。菜单中包含了与当前面板有关的各种命令。在一个面板的标题栏上单击鼠标右键，可以弹出快捷菜单，如图1-37所示。选择"关闭"命令，可以关闭该面板。

图1-36   图1-37

Point 按Tab键，可以隐藏工具箱、工具选项栏和所有面板；按Shift+Tab键，可以隐藏面板，但保留工具箱和工具选项栏。再次按相应的按键可以重新显示被隐藏的内容。

1.2.5 实战：用缩放工具查看图像

在 Photoshop 中编辑图像时，需要经常放大或缩小窗口的显示比例，以便对图像的细节进行处理。"缩放工具" 可以对窗口进行缩放。

01 按快捷键Ctrl+O，打开光盘中的素材。选择"缩放工具"，将光标放在画面中（光标会变为 形状），单击鼠标，可以放大窗口的显示比例，如图1-38所示。如果按住鼠标按键不放，则窗口会以平滑的方式逐级放大。

图 1-38

02 按住Alt键（光标会变为 形状）并单击鼠标，可以缩小窗口的显示比例，如图1-39所示。

图 1-39

03 在工具选项栏中选中"细微缩放"选项，如图1-40所示。在画面中单击并向左或右侧拖曳鼠标，能够快速、平滑地缩小、放大窗口，如图1-41和图1-42所示。

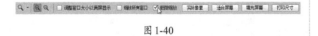

图 1-40

图 1-41

图 1-42

04 取消选中"细微缩放"选项。单击鼠标并拖出一个矩形选框，如图1-43所示，释放鼠标后，选框内的图像会放大至整个窗口，如图1-44所示。

图 1-43

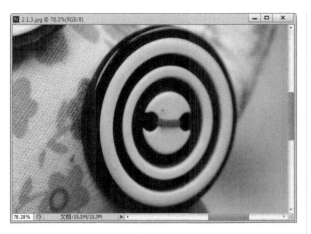

图 1-44

1.2.6 实战：用"抓手工具"查看图像

当文档窗口中不能完整显示图像时，可以用"抓手工具" 🖐 移动画面。此外，该工具也可用于缩放窗口。

01 使用"缩放工具" 🔍 在画面中单击鼠标，放大窗口。选择"抓手工具" 🖐 ，单击并拖曳鼠标即可移动画面，如图1-45和图1-46所示。

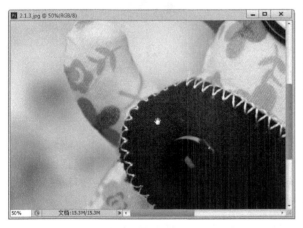

图 1-45

图 1-46

02 如果要使用"抓手工具" 🖐 缩小窗口，可以按住Alt键（光标会变为 🔍 形状）并单击鼠标；如果要放大窗口，可以按住Ctrl键（光标会变为 🔍 形状）并单击鼠标；按住Ctrl键并单击鼠标拖出一个矩形框，可以将矩形框内的图像放大至整个窗口。

03 按H键，单击鼠标并按住按键，窗口中会显示全部图像并出现一个矩形框，如图1-47所示，移动鼠标，将矩形框定位在需要查看的区域，如图1-48所示，释放鼠标和按键后，即可将该区域放大至整个窗口，如图1-49所示。

图 1-47

图 1-48

图 1-49

1.2.7 实战：用导航器面板查看图像

在编辑尺寸较大的图像时，用"导航器"面板定位和缩放图像要比使用"缩放工具" 🔍 和"抓手工具" ✋ 更加方便。

01 执行"窗口>导航器"命令，打开"导航器"面板。

02 单击 按钮，可以按照预设的比例缩小窗口，如图1-50所示；单击 按钮，可以按照预设的比例放大窗口，如图1-51所示。如果要任意缩放，可以拖曳缩放滑块 来进行操作。如果要精确缩放窗口，可以在该面板底部的缩放文本框中输入百分比数值，然后按Enter键。

图 1-50

图 1-51

03 "导航器"面板中有一个红色的矩形框，它是代理预览区域。放大窗口后，将光标放在该区域内，光标会变为 ✋ 形状，此时单击并拖曳鼠标可以快速移动画面，如图1-52和图1-53所示。

图 1-52

图 1-53

1.3 图像基本操作

在Photoshop中，图像的基本操作包括创建和保存文档、移动与变换操作、设置前景色和背景色、使用辅助工具，以及撤销操作等。

1.3.1 实战：新建与打开文件

01 执行"文件>新建"命令（快捷键为Ctrl+N），打开"新建"对话框，设置文件的名称、尺寸、分辨率、颜色模式和背景内容等选项，如图1-54所示，单击"确定"按钮，即可创建一个空白文档，如图1-55所示。

图 1-54

图 1-55

02 Photoshop还为用户提供了常用的A4、照片、Web等预设尺寸的文件。例如，如果要创建一个在iPhone中使用的文件，可以在"文档类型"下拉列表中选择"移动应用程序设计"选项，然后在"画板大小"下拉列表中选择iPhone 6 Plus（1242,2208）选项，Photoshop会自动设置文件所需的大小、分辨率和颜色模式，如图1-56和图1-57所示。

图 1-56　　　　　　　　图 1-57

03 如果要打开一个现有的文件（如光盘中的素材），然后对其进行编辑，可以执行"文件>打开"命令（快捷键为Ctrl+O），弹出"打开"对话框，选择一个文件（按住Ctrl键并单击鼠标可同时选择多个文件），如图1-58所示，单击"打开"按钮即可将其打开，如图1-59所示。

图 1-58

Point 新建文档时，颜色模式决定了显示和打印图稿时所使用的颜色模型。如果文件用于屏幕显示或Web，可以使用RGB模式；如果用于印刷，则应使用CMYK模式。

图 1-59

1.3.2 实战：保存与关闭文件

　　新建文件或者对现有文件进行编辑以后，需要及时保存处理结果，以免因断电或其他意外情况而造成劳动成果付之东流。

01 新建一个文档后，可以执行"文件>存储"命令，在弹出的"存储为"对话框中为文件输入名称，选择保存位置和文件格式，如图1-60所示，然后单击"保存"按钮。如果这是打开的现有文件，则编辑过程中可以随时执行"文件>存储"命令（快捷键为Ctrl+S），保存当前所做的修改，文件会以原有的格式存储。

02 如果要将当前文件保存为另外的名称和其他格式，或者存储到其他位置，可以执行"文件>存储为"命令将文件另存，如图1-61所示。

图 1-60　　　　　　　　图 1-61

03 如果要关闭文件，可以执行"文件>关闭"命令，或单击文档窗口右上角的 ✕ 按钮。

Point 文件格式决定了文件的存储方式，以及它能否与别的程序兼容。PSD是Photoshop默认的文件格式，它可以保留文档中的所有图层、蒙版、通道、路径、未栅格化的文字和图层样式等，在通常情况下，文件最好保存为PSD格式，这样以后可以随时对图层、蒙版等进行修改；JPEG格式可以压缩文件，减少文件占用的存储空间，常用于保存照片、网络上使用的图像；TIFF格式用于保存印刷用的图像。

1.3.3 实战：置入智能对象

打开或新建一个文档后，可以使用"文件"菜单中的"置入嵌入的智能对象"命令，将照片和图片等位图，以及 EPS、PDF、AI 等矢量文件作为智能对象置入或嵌入到 Photoshop 文档中。

01 按快捷键Ctrl+O，打开光盘中的素材，如图1-62所示。

02 执行"文件>置入嵌入的智能对象"命令，在打开的对话框中选择要置入的EPS格式文件，如图1-63所示。

图 1-62　　　　　　图 1-63

03 单击"置入"按钮，将其置入到手机文档中，如图1-64所示。将光标放在定界框的控制点上，按住Shift键并拖曳鼠标进行等比例缩放，按Enter键确认，如图1-65所示。在"图层"面板中可以看到，置入的矢量素材被创建为智能对象，如图1-66所示。

图 1-64　　　　　图 1-65　　　　　图 1-66

04 执行"图层>图层样式>外发光"命令，打开"图层样式"对话框，设置"混合模式"为"正常"，拖曳"扩展"和"大小"滑块，定义光晕范围；单击颜色块，如图1-67所示，在弹出的"拾色器"对话框中将发光颜色设置为绿色，如图1-68所示；单击"确定"按钮关闭该对话框，为图标添加外发光效果，如图1-69和图1-70所示。

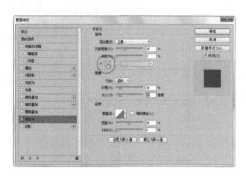

图 1-67

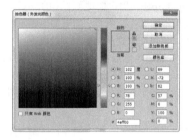

图 1-68

图 1-69　　　　　　　图 1-70

1.3.4 实战：移动图像

01 按快捷键Ctrl+O，打开光盘中的两个素材，如图1-71和图1-72所示。

图 1-71

图 1-72

02 在"图层"面板中,单击要移动的对象所在的图层,将其选中。选择"移动工具" ，在文档窗口中单击并拖曳鼠标,即可移动图像,如图1-73所示。如果按住Alt键并拖曳鼠标,则可以复制图像,同时,"图层"面板中也会生成一个图层,如图1-74所示。

图 1-73

图 1-74

03 单击并拖曳鼠标至另一个文档的标题栏,如图1-75所示,停留片刻,切换到该文档中,将光标移动到画面中然后释放鼠标,可以将图像拖入该文档,如图1-76所示。

图 1-75

图 1-76

1.3.5 实战:扭曲和变形

01 按快捷键Ctrl+O,打开光盘中的素材,如图1-77所示。在"图层"面板中单击要进行变换操作的图层,如图1-78所示。

图 1-77

图 1-78

02 按快捷键Ctrl+T，显示定界框，将光标放在定界框外，按住Shift+Ctrl键，当光标变为 ↕ 形状时，单击并拖曳鼠标可沿水平方向斜切对象，如图1-79所示；当光标变为 ↕ 形状时，可沿垂直方向斜切对象，如图1-80所示。

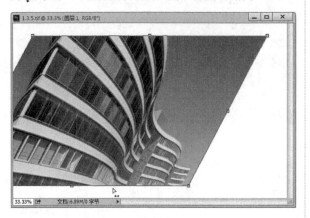

图 1-79

图 1-80

03 将光标放在控制点上，按住Ctrl键，当光标变为 ▷ 形状时，单击并拖曳鼠标可自由扭曲对象，如图1-81所示；将光标放在控制点上，按住Shift+Ctrl+Alt键，当光标变为 ▷ 形状时，单击并拖曳鼠标可进行透视变换，如图1-82所示。

图 1-81

图 1-82

04 单击工具选项栏中的 按钮，图像上会出现变形网格，如图1-83所示。在工具选项栏左侧的列表中可以选择一种变形样式，并设置变形参数，如图1-84所示，效果如图1-85所示。也可以拖曳网格点和控制手柄进行更加自由的变形处理，如图1-86所示。

图 1-83

图 1-84

05 按下Esc键取消变换，下面再来看一下怎样进行精确的变换操作。按快捷键Ctrl+T，重新显示定界框，工具选项栏中会显示变换选项，如图1-87所示，在选项中输入数值然后按Enter键，即可进行相应的变换操作。其中，在X或Y文本框中输入数值，可以沿水平或垂直方向移动对象；在W和H文本框内输入数值，可以改变对象的宽度和高度，如果按下这两个选项中间的 按钮，则可进行等比

例缩放；如果要旋转，可在 △ 文本框内输入旋转角度；如果要进行水平和垂直方向的斜切，可在H和V文本框中输入数值。

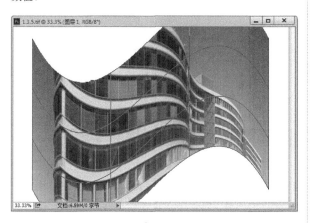

图 1-85

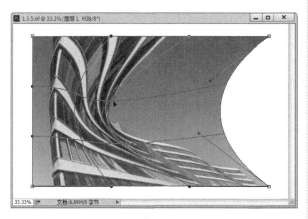

图 1-86

图 1-87

1.3.6 实战：标尺

标尺可以帮助用户准确定位图像或元素的位置。显示标尺后，在图像上移动光标时，标尺内的标记还可以显示光标指针的精确位置。

01 按快捷键Ctrl+O，打开光盘中的素材，如图1-88所示。

02 执行"视图>标尺"命令，或按快捷键Ctrl+R，窗口的顶部和左侧会显示标尺，如图1-89所示。

03 在默认状态下，左上角标尺上的 (0,0) 刻度处为标尺的原点。将光标放在原点上，单击并向右下方拖曳鼠标，图像上会出现一组十字线，如图1-90所示，将十字线拖曳到某一点后释放鼠标，可将该处设置为原点，如图1-91所示。修改标尺的原点后，可以从图像上的特定点开始测量。

图 1-88

图 1-89

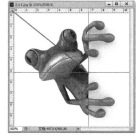
图 1-90

图 1-91

Point 按住Shift键并拖曳鼠标，可以使标尺原点与标尺刻度标记对齐。如果要将原点恢复到默认位置，可以在窗口左上角双击。如果要隐藏标尺，可以执行"视图>标尺"命令，或按快捷键Ctrl+R。

1.3.7 实战：参考线和智能参考线

参考线是显示在图像上方一些不会打印出来的线条，可以帮助用户定位图像。例如，将图像放在参考线上，可以使之整齐排列。

01 按快捷键Ctrl+O，打开光盘中的素材，如图1-92所示。按快捷键Ctrl+R显示标尺。将光标放在水平标尺上，单击并向下拖曳鼠标可以拖出水平参考线，如图1-93所示。在垂直标尺上可以拖出垂直参考线，如图1-94所示。

图 1-92

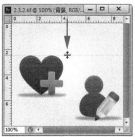
图 1-93

Point 拖出参考线时按住Shift键，可以使参考线与标尺上的刻度对齐。

图 1-94

02 如果要在图像的特定位置创建参考线，可以执行"视图>新建参考线"命令，弹出"新建参考线"对话框，输入数值并单击"确定"按钮，即可在指定的位置创建水平或垂直的参考线，如图1-95和图1-96所示。

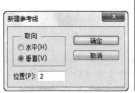

图 1-95　　　　图 1-96

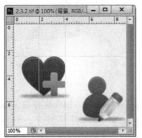

03 选择"移动工具" ，将光标放在参考线上，单击并拖曳鼠标可以移动参考线，如图1-97所示。将参考拖回标尺，可将其删除，如图1-98所示。执行"视图>清除参考线"命令，则可删除所有的参考线。

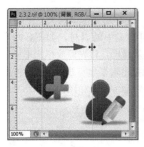 

图 1-97　　　　图 1-98

04 执行"视图>显示>智能参考线"命令，启用智能参考线。智能参考线是非常灵活和实用的功能，当绘制形状、创建选区或切片时，它会自动出现。例如，使用"移动工具" 拖曳图像时，智能参考线可以帮助对齐对象，如图1-99所示。

 执行"视图>锁定参考线"命令，可以锁定参考线的位置，以防止它们被意外移动。再次执行该命令可以取消锁定。

图 1-99

1.3.8 实战：设置前景色和背景色

工具箱底部重叠在一起的小方块用来设置前景色和背景色，如图1-100所示，默认的前景色为黑色，背景色为白色。前景色决定了使用绘图工具（"画笔工具"和"铅笔工具"）绘制的线条，以及使用文字工具创建的文字颜色；背景色决定了使用"橡皮擦工具"擦除背景时呈现的颜色。此外，有些滤镜也会用到前景色和背景色。

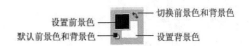

图 1-100

01 单击前景色图标，如图1-101所示，打开"拾色器"对话框（如果要修改背景色，可单击背景色图标）。在竖直的渐变条上单击鼠标定义颜色范围，如图1-102所示，在色域中单击鼠标可以调整当前设定颜色的深浅，如图1-103所示。

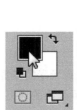 

图 1-101　　　　图 1-102

图 1-103

02 如果要调整颜色的饱和度，可以选中S单选按钮，如图1-104所示，然后拖曳渐变条进行调整，如图1-105所示。

图 1-104

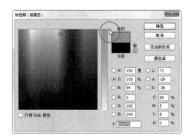

图 1-105

03 如果要调整颜色的亮度，可以选中B单选按钮，如图1-106所示，然后拖曳颜色条进行调整，如图1-107所示。调整完成后，单击"确定"按钮关闭对话框，如图1-108所示为调整后的前景色。

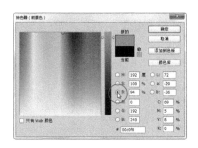

图 1-106

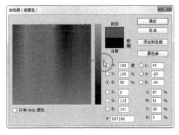

图 1-107　　　　图 1-108

04 下面再来看一下怎样使用"颜色"面板调整颜色。"颜色"面板中显示了工具箱中的前景色的颜色值，如图1-109所示。要编辑前景色，可单击前景色图标，如图1-110所示，要编辑背景色，则单击背景色图标，如图1-111所示。

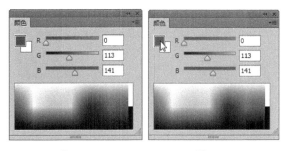

图 1-109　　　　图 1-110

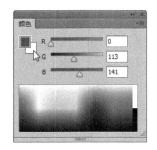

图 1-111

05 确定好要编辑的颜色后，拖曳滑块即可调整颜色，如图1-112所示。此外，也可以在颜色滑块右侧的文本框中输入颜色值，从而精确定义颜色，或者在面板底部的四色曲线图上单击鼠标，拾取颜色，如图1-113所示。

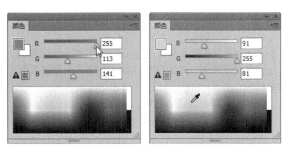

图 1-112　　　　图 1-113

06 "色板"面板也可用于设置颜色。将光标放在一个预设的色板上，光标会变为 形状，单击鼠标，可以拾取该颜色并设置为前景色，如图1-114和图1-115所示；按住Ctrl键并单击鼠标，则可拾取颜色并将其设置为背景色，如图1-116所示。

图 1-114　　　图 1-115　　　图 1-116

 使用工具箱中的"吸管工具" 在图像上单击鼠标，可拾取单击点的颜色并将其设置为前景色；按住Alt键并单击鼠标，可拾取颜色并将其设置为背景色。

07 如果要互换前景色和背景色的颜色，可单击 图标或按X键，如图1-117所示；如果想将它们恢复为默认的颜色（前景色为黑色，背景色为白色），可单击 图标或按D键，如图1-118所示。

图 1-117　　　　　图 1-118

1.3.9 实战：设置渐变

01 选择"渐变工具" ，工具选项栏中会显示相应的选项，如图1-119所示。Photoshop提供了5种类型的渐变，单击相应的渐变按钮以后，在画面中单击并拖曳鼠标即可填充渐变，各种渐变效果如图1-120所示。

图 1-119

线性渐变 　　　　　径向渐变 　　　　　角度渐变 　　　　　对称渐变 　　　　　菱形渐变

图 1-120

02 下面来设置渐变颜色。Photoshop提供了一些预设的渐变颜色，可单击渐变色条 右侧的 按钮，在弹出的面板中进行选择，如图1-121所示。如果要调整渐变颜色，可直接单击渐变色条 ，打开"渐变编辑器"对话框来进行编辑，如图1-122所示。

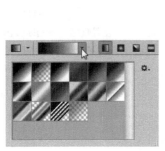

图 1-121

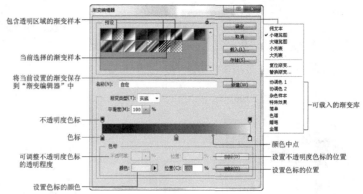

图 1-122

03 在渐变条下方单击鼠标，可以添加色标，如图1-123所示。如果要删除色标，可单击色标，然后单击"删除"按钮，也可直接将其拖曳到渐变色条外。

图 1-123

04 单击一个色标即可选中该色标，"颜色"选项中会显示其颜色，如图1-124所示，单击"颜色"选项右侧的颜色块，或双击色标都可以打开"拾色器"对话框，在该对话框中可以修改色标的颜色，如图1-125和图1-126所示。

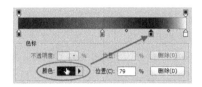

图 1-124

图 1-125

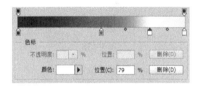

图 1-126

05 拖曳色标可以调整渐变颜色的混合位置，如图1-127所示。拖曳两个色标之间的中点图标（菱形图标），可调整中点两侧颜色的混合位置，如图1-128所示。

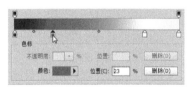

图 1-127

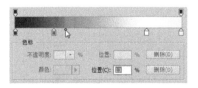

图 1-128

06 下面来设置杂色渐变。在"渐变类型"下拉列表中选择"杂色"选项，转换为杂色渐变，如图1-129所示。"粗糙度"参数可以控制相邻的两种颜色之间的过渡效果。该值越小，颜色转换越平滑，如图1-130所示；该值越大，颜色的转换越明显，如图1-131所示。

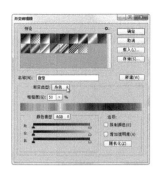

图 1-129

图 1-130

图 1-131

07 在"颜色模型"下拉列表中可以选择使用RGB、HSB和Lab颜色模型随机产生杂色渐变，每一种颜色模型都有其对应的颜色滑块，拖曳滑块可以调整渐变颜色，如图1-132和图1-133所示。

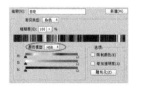 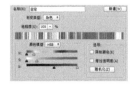

图 1-132　　　　　图 1-133

Point 选择"限制颜色"选项，可防止渐变颜色过于饱和而无法打印。选择"增加透明度"选项，可以向渐变中添加透明像素，生成带有透明度的杂色渐变。单击"随机化"按钮，可随机生成新的渐变。

08 下面来设置透明渐变。透明渐变的特点是可以在渐变中包含透明像素。在"渐变类型"下拉列表中选择"实底"选项，然后在渐变条的上方单击鼠标，添加不透明

度色标，如图1-134所示。单击不透明度色标后，可调整其"不透明度"值，如图1-135所示。

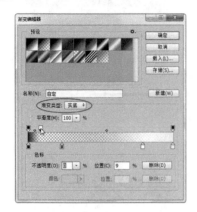

图 1-134

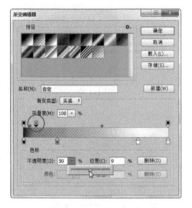

图 1-135

09 拖曳不透明度色标可以调整它的位置，如图1-136所示；拖曳中点（菱形图标），可以调整该图标一侧的颜色与透明色的混合位置，如图1-137所示。

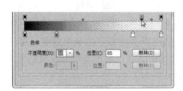

图 1-136

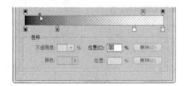

图 1-137

1.3.10 实战：撤销操作与还原

如果要撤销一步操作，返回到上一步的编辑状态，可执行"编辑 > 还原"命令，或按快捷键 Ctrl+Z。如果要撤销多步操作，则可连续按快捷键 Alt+Ctrl+Z。执行

"还原"命令后，"编辑"菜单中会出现一个"重做"命令，执行该命令可以恢复被撤销的操作。如果连续撤销了操作，则可连续按快捷键 Shift+Ctrl+Z，逐步恢复被撤销的操作。

下面来介绍另外一种还原图像的方法，即使用"历史记录"面板进行还原。

01 按快捷键Ctrl+O，打开光盘中的素材，如图1-138所示。执行"窗口>历史记录"命令，打开"历史记录"面板，如图1-139所示。

图 1-138

图 1-139

02 选择"快速选择工具" ，将光标放在企鹅上，单击并在它们的身体上拖曳鼠标创建选区，将企鹅选中，如图1-140所示。按快捷键Shift+Ctrl+I反选，选择背景，如图1-141所示。

图 1-140

图 1-141

图 1-146

03 执行"滤镜>素描>绘图笔"命令，打开"绘图笔"对话框，设置参数，如图1-142所示，单击"确定"按钮关闭对话框，按快捷键Ctrl+D取消选择，效果如图1-143所示。

05 如果要将图像恢复为打开时的状态，可单击面板顶部的缩览图，如图1-147和图1-148所示。

图 1-147

图 1-142　　　　　图 1-143

04 观察"历史记录"面板，如图1-144所示。可以看到，在图像处理过程中，每进行一步操作都会被记录到该面板中。下面通过"历史记录"面板进行还原操作。单击"快速选择"操作步骤，如图1-145所示，可以将图像恢复为该步骤时的编辑状态，如图1-146所示。

 使用"历史记录"面板还原图像时，单击面板中的一个操作步骤，该步骤后面的所有步骤都会变为灰色，如果此时继续编辑图像，则这些灰色的操作步骤都会被删除。

图 1-148

06 如果要恢复所有被撤销的操作，则单击该面板中的最后一步操作，如图1-149所示。此外，在编辑图像的过程中，还可以单击"创建新快照"按钮 ，将关键步骤创建为快照，这样以后想要恢复到这一步骤时，单击该快照即可，如图1-150所示。

图 1-144　　　　　图 1-145

图 1-149　　　　　图 1-150

学习重点

- 实战：创建和使用选区
- 实战：微缩景观
- 实战：超现实主义图像合成
- 实战：调整照片影调
- 实战：铂金蝴蝶

第2章

重要功能全接触

扫描二维码，关注李老师的个人小站，了解更多 Photoshop、Illustrator 实例和操作技巧。

2.1 实战变换：分形艺术

使用 Photoshop 的变换功能可以对图像、路径、矢量形状、矢量蒙版、选区和 Alpha 通道等进行缩放、旋转、斜切、伸展或其他变换和变形处理。

2.1.1 了解变换操作方法

在进行变换操作前，首先要在"图层"面板中选择要处理的图像所在的图层，如图 2-1 所示，然后在"编辑 > 变换"子菜单中选择一个命令，或者按快捷键 Ctrl+T，对象上会出现定界框、中心点和控制点，如图 2-2 所示。定界框四周的小方块是控制点，拖曳控制点可以进行变换操作。中心点位于对象的中心，它用于定义对象的变换中心，拖曳它可以移动其位置，如图 2-3 所示。

在定界框外拖曳鼠标可以进行旋转操作，如图 2-4 所示；拖曳控制点可以进行缩放操作（同时按住 Shift 键可进行等比例缩放），如图 2-5 所示；按住 Ctrl 键并拖曳控制点，可以进行变形操作，如图 2-6 所示；按住 Shift+Ctrl+Alt 键拖曳控制点，可以进行透视变换，如图 2-7 所示。变换操作完成后，可以按 Enter 键确认。如果要放弃变换操作，则按 Esc 键。

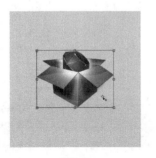

图 2-1　　　　　图 2-2

图 2-3

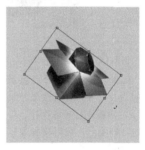

图 2-4　　　　　图 2-5

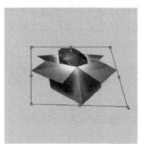

图 2-6　　　　　图 2-7

2.1.2 制作分形效果

01 按快捷键 Ctrl+O，打开光盘中的素材，如图 2-8 所示。按快捷键 Ctrl+J 复制"人物"图层，如图 2-9 所示。

02 按快捷键 Ctrl+T，显示定界框，将中心点✛拖曳到定界框外，放在人物右下角，如图 2-10 所示；在工具选项栏中输入旋转角度为 15°，再单击 按钮锁定比例，然

后输入缩放比例为95%，如图2-11所示。按Enter键确认，将图像旋转并等比例缩小，如图2-12所示。

图 2-8

图 2-9

图 2-10

图 2-11

图 2-12

图 2-13

03 按住Shift+Ctrl+Alt键，然后连续按50次T键，应用相同的变换操作。每按一次便会复制出一个新的图像，而且每个新图像都较前一个图像旋转15°、缩小5%，复制出的图像都位于单独的图层中，如图2-13和图2-14所示。

04 按住Shift键并单击底部的"人物"图层，将所有人物图层都选中，如图2-15所示。执行"图层>排列>反向"命令，让图层反向堆叠，将底层图像调整到顶层，如图2-16所示。

图 2-14

图 2-15

图 2-16

2.2 实战选区：创建和使用选区

选区是指使用选择工具或命令创建的可以限定操作范围的区域。创建和编辑选区是图像处理的首要工作，无论是图像修复、色彩调整还是影像合成，都与选区有着密切的关系。

2.2.1 了解选区与选择工具

在 Photoshop 中处理局部图像时，首先要指定编辑操作的有效区域，即创建选区。例如，如图 2-17 所示为一张荷花照片，如果想要修改荷花的颜色，就要先通过选区将荷花选中，再调整颜色。选区可以将编辑限定在一定的区域内，这样就可以处理局部图像而不会影响其他内容了，如图 2-18 所示。如果没有创建选区，则会修改整张照片的颜色，如图 2-19 所示。

图 2-17

图 2-18

图 2-19

选区还有一种用途，就是可以分离图像。例如，如果要为换荷花换一个背景，就要用选区将其选中，再将其从背景中分离出来，然后置入新的背景，如图 2-20 所示。

在 Photoshop 中可以创建两种选区，即普通选区和羽化的选区。普通选区具有明确的边界，使用它选出的图像，边界清晰、准确，如图 2-21 所示。使用羽化的选区选出的图像，其边界会呈现逐渐透明的效果，如图2-22所示。

图 2-20

图 2-21

图 2-22

Photoshop 提供了许多用于创建选区的工具和命令，它们都有各自针对的对象。

- 选框工具（"椭圆选框工具" ⬭、"矩形选框工具" ▣）适合选择边缘为圆形、椭圆形、矩形和正方形的对象。如图2-23所示为使用"椭圆选框工具" ⬭ 选择的篮球。

图 2-23

- "多边形套索工具" ▷ 适合选择边缘为直线的多边形对象，如图2-24所示；使用"套索工具" ◯ 则可以徒手绘制比较随意的选区，如图2-25所示。

图 2-24

图 2-25

- "钢笔工具" ✎ 适合选择边缘光滑、稍微复杂一些的对象。使用该工具可沿对象的边缘绘制路径，如图2-26所示。将路径转换为选区后即可选取对象，如图2-27所示。

图 2-26   图 2-27

- 如果需要选择的对象与背景之间的色调差异比较明显，可以用"磁性套索工具" ▷、"快速选择工具" ✦、"魔棒工具" ✦ 和"色彩范围"命令进行选取，这些工具都能基于色调之间的差异自动创建选区。如图2-28所示为使用"快速选择工具" ✦ 选取的花瓶。

图 2-28

通道也可以创建选区，它适合选择像毛发等细节丰富的对象，以及玻璃、烟雾、婚纱等半透明的对象。

2.2.2 了解选区的编辑方法

创建选区后，往往要对其进行加工和编辑，才能使选区符合要求。

- 全选/反选：执行"选择>全部"命令（快捷键为 Ctrl+A），可以选择当前文档边界内的全部图像。创建选区之后，执行"选择>反向"命令（快捷键为 Shift+Ctrl+I），可以反转选区。

- 取消选择/重新选择：创建选区以后，执行"选择>取消选择"命令（快捷键为 Ctrl+D），可以取消选择。如果要恢复被取消的选区，可以执行"选择>重新选择"命令。

- 羽化：创建选区后，执行"选择>修改>羽化"命令，可以对选区进行羽化处理。

- 保存选区：创建选区后，单击"通道"面板底部的"将选区存储为通道"按钮 ⬚ ，可以将选区保存到 Alpha 通道中。如果要从通道中调出选区，可以按住 Ctrl 键并单击 Alpha 通道。

2.2.3 了解选区运算

选区运算是指在画面中存在选区的情况下，使用"选框工具""套索工具"和"魔棒工具"等创建新选区时，新选区与现有选区之间进行运算，进而生成新的选区。如图 2-29 所示为工具选项栏中的选区运算按钮。

新选区 ── ⬚⬚⬚⬚ ── 与选区交叉
添加到选区 ──   └── 从选区减去

图 2-29

- 新选区 ⬚ ：单击该按钮后，如果图像中没有选区，可以创建一个选区，如图 2-30 所示为创建的矩形选区；如果图像中有选区存在，则新创建的选区会替换原有的选区。

- 添加到选区 ⬚ ：单击该按钮后，可在原有选区的基础上添加新的选区，如图 2-31 所示为在现有矩形选区的基础上添加的圆形选区。

图 2-30   图 2-31

- 从选区减去 ⬚ ：单击该按钮后，可在原有选区中减去新创建的选区，如图 2-32 所示。

- 与选区交叉 ⬚ ：单击该按钮后，画面中只保留原有选区与新创建选区的相交部分，如图 2-33 所示。

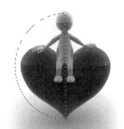

图 2-32   图 2-33

2.2.4 使用选区

01 按快捷键 Ctrl+O，打开光盘中的素材，如图 2-34 所示。选择"矩形选框工具" ⬚ ，在画面中单击并向右下角拖曳鼠标，创建矩形选区，将中间的图像选取，如图 2-35 所示。

图 2-34

图 2-35

图 2-38

02 按快捷键Ctrl+U，打开"色相/饱和度"对话框，拖曳"色相"滑块调整颜色，如图2-36和图2-37所示。可以看到，只有选中的图像改变了颜色，选区外的图像没有受到影响。单击"确定"按钮关闭对话框。

图 2-36

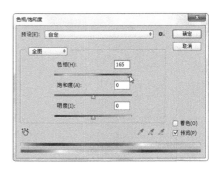

图 2-39

图 2-37

03 执行"选择>反向"命令，反转选区，选择未选中的部分，如图2-38所示。按快捷键Ctrl+U，打开"色相/饱和度"对话框调整颜色，如图2-39所示，然后关闭对话框，如图2-40所示。

图 2-40

04 按快捷键Ctrl+D取消选区。执行"选择>全部"命令，可以选择文档边界内的全部图像，如图2-41所示。按快捷键Ctrl+U，打开"色相/饱和度"对话框调整颜色，此时，整个图像的颜色都会发生改变，如图2-42和图2-43所示。

图 2-41

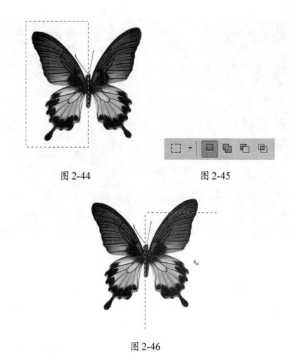

图 2-44   图 2-45

图 2-42

图 2-46

06 如果图像中已经有了一个或多个选区，则使用"选框
工具""套索工具"和"魔棒工具"继续创建新的选
区时，可以在工具选项栏中设置选区的运算方式，使新选
区与原有的选区进行运算。下面看一下怎样操作。按快捷
键Ctrl+D取消选择。使用"矩形选框工具" 创建一个选
区，如图2-47所示。选择"椭圆选框工具" ，在工具选
项栏中单击"添加到选区"按钮 ，如图2-48所示，在左
侧拖曳鼠标创建一个圆形选区，新选区会添加到原有的选区
中，如图2-49所示。

图 2-43

05 下面来看一下怎样编辑选区。打开光盘中的素材，
使用"矩形选框工具" （"套索工具""魔棒工
具"）创建选区，如图2-44所示。单击工具选项栏中的"新
选区"按钮 ，如图2-45所示，然后将光标放在选区内，
光标会变为 形状，单击并拖曳鼠标可以移动选区，如图
2-46所示。按→、←、↑、↓键，则能够以1像素的单位距
离轻移选区。

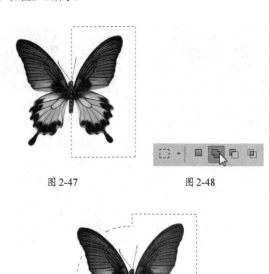

图 2-47   图 2-48

图 2-49

07 按快捷键Ctrl+Z撤销操作。单击"从选区减去"按钮 ，此时创建新选区时可在原有选区中减去当前绘制的选区，如图2-50和图2-51所示。

图2-50　　　　　　　图2-51

08 按快捷键Ctrl+Z撤销操作。单击"与选区交叉"按钮 ，此时创建新选区时，只保留原有选区与当前创建的选区相交的部分，如图2-52和图2-53所示。

图2-52　　　　　　　图2-53

09 创建选区以后，为了防止操作失误而造成选区丢失，或者以后还要使用该选区，可以将选区保存。执行"选择>存储选区"命令，打开"存储选区"对话框，输入选区的名称，如图2-54所示，单击"确定"按钮，可以将选区保存到通道中，如图2-55所示。也可以直接单击"通道"面板中的 按钮来保存选区。

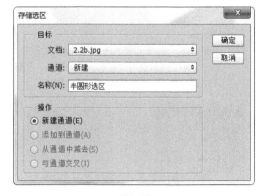

图2-54

图2-55

10 当需要使用选区时，可按住Ctrl键并单击保存选区的通道，如图2-56所示，将选区载入图像中，如图2-57所示。

图2-56

图2-57

2.3 实战图层：个性化 iPad 屏幕

图层是 Photoshop 的核心功能，它承载了图像，而且许多其他功能，如图层样式、混合模式、蒙版、滤镜、文字、3D 和调色等命令都依托于图层而存在。

2.3.1 了解图层的原理

图层就像是一张张堆叠在一起的透明纸，每张纸（图层）上都承载着不同的图像内容，上面纸张（图层）的透明区域会显示出下面纸张（图层）的内容，我们看到的图像便是这些纸张（图层）堆叠在一起时的效果，如图2-58所示。有了图层，就可以单独修改一个图层上的图像，而不会破坏其他图层上的图像。

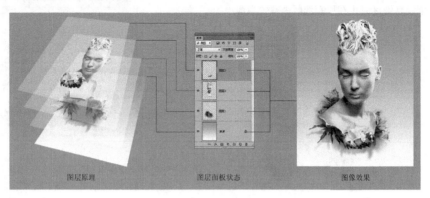

图层原理　　　　　　　图层面板状态　　　　　　图像效果

图 2-58

2.3.2　了解图层的编辑方法

"图层"面板用来创建和管理图层，如图 2-59 所示。

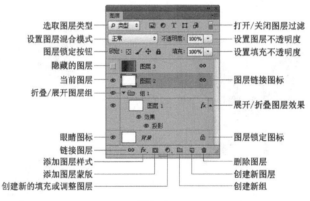

图 2-59

● 选择图层：单击一个图层即可选中该图层，如图 2-60 所示，所选图层称为"当前图层"。如果要选择多个图层，可按住 Ctrl 键并分别单击它们，如图 2-61 所示。

图 2-60　　　　　　图 2-61

● 新建图层：单击"图层"面板中的 按钮，即可在当前图层上面新建一个图层，如图 2-62 所示。新建的图层会自动成为当前图层。

● 复制图层：将一个图层拖曳到 按钮上，即可复制该图层，如图 2-63 所示。此外，按快捷键 Ctrl+J，可以复制当前图层。

图 2-62　　　　　　图 2-63

● 合并图层：如果要将两个或多个图层合并，可以选中它们，然后执行"图层>合并图层"命令或按快捷键 Ctrl+E，如图 2-64 和图 2-65 所示。

图 2-64　　　　　　图 2-65

- 删除图层：将一个图层拖曳到"图层"面板底部的 🗑 按钮上，即可删除该图层。此外，选择一个或多个图层后，按 Delete 键也可将其删除。

- 锁定图层：单击"锁定透明像素"按钮 ▨ 后，可以将编辑范围限定在图层的不透明区域内，图层的透明区域会受到保护；单击"锁定图像像素"按钮 🖌 后，只能对图层进行移动和变换操作，不能在图层上绘画、擦除或应用滤镜；单击"锁定位置"按钮 ✛ 后，图层不能移动。对于设置了精确位置的图像，锁定位置后就不必担心被意外移动了；单击"锁定全部"按钮 🔒，可以锁定以上全部选项。

- 显示/隐藏图层：单击一个图层前面的眼睛图标 👁，可以隐藏该图层，如图 2-66 所示。如果要重新显示图层，在该图层的眼睛图标 👁 处单击鼠标即可，如图 2-67 所示。

图 2-66

图 2-67

- 调整堆叠顺序：将一个图层拖曳到另一个图层的上面或下面，即可调整图层的堆叠顺序。需要注意，改变图层顺序会影响图像的显示效果。

- 调整不透明度：在"图层"面板中，"不透明度"选项用来控制图层及图层组中绘制的像素和形状的不透明度，如果对图层应用了图层样式，那么图层样式的不透明度也会受到该值的影响；"填充"选项只影响图层中绘制的像素和形状的不透明度，不会影响图层样式的不透明度。例如，如图 2-68 所示为添加了"外发光"样式的图像，当调整图层的不透明度时，会对图像和"外发光"效果产生影响，如图 2-68 所示，而调整填充不透

明度时，则仅影响图像，"外发光"效果的不透明度不会发生改变，如图 2-69 所示。

图 2-68

图 2-69

- 调整混合模式：混合模式决定了像素的混合方式，可用于合成图像、制作选区和特殊效果。选择一个图层，单击"图层"面板顶部的 ⇕ 按钮，在的打开下拉列表中可以为其选择一种混合模式。如图 2-70 所示是将"图层1"设置为"亮光"模式后的图像混合效果。

图 2-70

- 创建图层组：图层组类似于文件夹，将多个图层放在一个图层组内，可以使"图层"面板的结构更加清晰，也便于查找图层。选择多个图层，如图 2-71 所示，执行"图层>图层编组"命令或按快捷键 Ctrl+G，即可将它们编入一个图层组中，如图 2-72 所示。创建图层组后，可以将图层拖入组中或拖出组外。单击 ▼ 按钮，可以关闭（或展开）组。

图 2-71   图 2-72

2.3.3 将图标贴在 iPad 屏幕上

01 按快捷键Ctrl+O，打开光盘中的素材，这是两个PSD格式的分层文件，如图2-73和图2-74所示。

图 2-73

图 2-74

02 将小图标设置为当前操作的文档。选择"移动工具" ▶⊕，在"图层"面板中单击"卡通4"，选中该图层，如图2-75所示。将光标放在画面中，按住鼠标按键向另一个文档的窗口拖曳，如图2-76所示。在标题栏停留片刻，待切换到该文档后，再将光标拖曳到画面中，如图2-77所示。释放鼠标，即可将卡通形象拖入到iPad文档中，如图2-78所示。

Point 将卡通形象拖入iPad文档后，可以使用"移动工具" ▶⊕在画面中单击并拖曳鼠标，移动图像的位置。

03 按Ctrl+Tab键，切换到图标文档，选择"卡通3"图层，如图2-79所示，采用同样的方法，将其也拖入iPad文档中，与前一个图标并排摆放，如图2-80所示。

图 2-75   图 2-76

图 2-77   图 2-78

图 2-79   图 2-80

04 执行"视图>显示>智能参考线"命令，启用智能参考线。切换到图标文档，分别选择"卡通2"和"卡通1"图层，将它们拖入iPad文档。由于启用了智能参考线，拖曳图像时，画面中会出现紫色的参考线，基于它就可以整齐地排列图像了，如图2-81和图2-82所示。

图 2-81   图 2-82

05 在"图层"面板中，按住Ctrl键单击这几个图标层，将它们同时选中，如图2-83所示，执行"图层>图层

编组"命令，或按快捷键Ctrl+G，将它们编入一个图层组中，如图2-84所示。

图2-83　　　　　　　图2-84

06 在图层组的名称上双击鼠标，然后在显示的文本框中修改组的名称，如图2-85所示。如果要观察或使用组中的图层，可以单击组前面的 ► 按钮，将组展开，如图2-86所示，再次单击该图标则关闭组。

图2-85　　　　　　　图2-86

 图层组就像一个文件夹，将图层编入组之后，可以减少层占用"图层"面板的空间。当图层数量较多时，用图层组来管理层是非常有效的。

07 采用前面的方法，将图标文档中的其他图标拖入iPad文档，并编入一个组中，如图2-87和图2-88所示。

图2-87　　　　　　　图2-88

08 按住Ctrl键单击这几个图标图层，将它们同时选中，如图2-89所示。选择"移动工具" ►✛，分别单击工具选项栏中的"垂直居中对齐"按钮 ▊⬜、"水平居中分布"按钮 ⬍▊，让选中的这几个图层对齐并均匀分布排列，如图2-90所示。

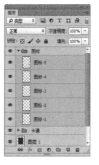 

图2-89　　　　　　　图2-90

2.4 实战图层样式：卡通钥匙链

图层样式也称为"图层效果"。这是一种可以为图层添加特效的神奇功能，能够让平面的图像和文字呈现立体效果，还能生成真实的投影、光泽和图案。

2.4.1 了解图层样式

图层样式需要在"图层样式"对话框中设置，有两种方法可以打开该对话框：一种方法是在"图层"面板中选择一个图层，单击该面板底部的 *fx* 按钮，在打开的菜单中选择需要的样式，如图2-91所示；另一种方法是双击一个图层，如图2-92所示，直接打开"图层样式"对话框，然后在左侧的列表中选择需要添加的效果，如图2-93所示。

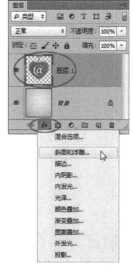 

图2-91　　　　　　　图2-92

单击可显示"样式"面板中的各种效果　当前添加的效果　效果参数　　　　效果预览

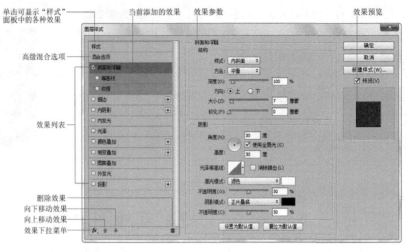

图 2-93

此外，Photoshop 还提供了预设的样式。选中一个图层，如图 2-94 所示，单击"样式"面板中的一个样式，如图 2-95 所示，即可将样式添加到所选图层中，如图 2-96 所示。

Point 添加图层样式后，可以在"图层"面板中单击效果名称前的眼睛图标👁，从而隐藏/显示效果。

2.4.2 制作钥匙链

01 按快捷键Ctrl+N，创建一个800×600像素大小的文件，如图2-97所示。单击"图层"面板底部的 🔲 按钮，新建一个图层，如图2-98所示。

图 2-94

图 2-97　　　　　图 2-98

02 将前景色设置为黄色。选择"椭圆工具" ⬭ ，在工具选项栏中单击 ⬍ 按钮，在打开的下拉列表中选择"像素"选项，按住Shift键绘制一个黄色的正圆形，如图2-99所示。单击"图层"面板中的"锁定透明像素"按钮 ▦ ，将该图层的透明区域保护起来，如图2-100所示。将前景色设置为橙色，再绘制3个椭圆形，由于锁定了透明像素，因此，不会绘制到黄色圆形之外的区域，如图2-101所示。

图 2-95

图 2-96

图 2-99　　　　　图 2-100

图 2-101

03 双击该图层，在打开的"图层样式"对话框中选择"投影"选项，调整投影的颜色和参数，如图2-102所示。选择"内发光"选项，调整发光颜色和参数，如图2-103所示。

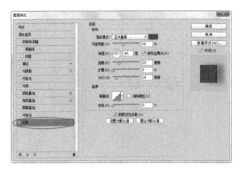

图 2-102

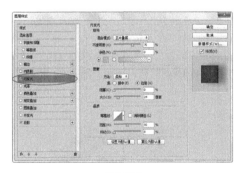

图 2-103

04 选择"斜面和浮雕"选项，设置参数如图2-104所示。单击"确定"按钮关闭该对话框，效果如图2-105所示。

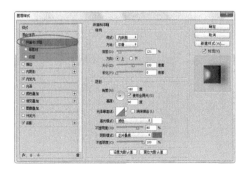

图 2-104

图 2-105

05 新建一个图层。绘制一组黄色的小圆点和两个大眼睛，如图2-106所示。按住Alt键，将"图层1"的效果图标 fx 拖曳到"图层2"上，为该图层复制相同的效果，如图2-107和图2-108所示。

图 2-106

图 2-107

图 2-108

06 由于"图层2"中的图形较小，复制后的样式并不能够体现出如"图层1"那样的立体效果，因而还需要修改样式的参数。双击"图层2"，在打开的对话框中选择"投影"选项，将"距离"和"大小"参数均改为9像素，如图2-109所示。选择"内发光"选项，将"大小"参数改为7像素，如图2-110所示。选择"斜面和浮雕"选项，将"大小"参数改为13像素，如图2-111所示，效果如图2-112所示。

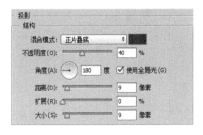

图 2-109

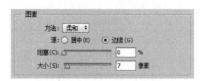

图 2-110

图 2-111

图 2-112

07 选择"背景"图层，单击 <img /> 按钮，在该图层上方新建一个图层，如图2-113所示。使用"矩形选框工具" <img /> 创建一个细长的选区，使用"渐变工具" <img /> 填充线性渐变，按快捷键Ctrl+D取消选区，如图2-114所示。

图 2-113

图 2-114

08 按住Shift键并单击"图层2"，选中如图2-115所示的3个图层，按快捷键Alt+Ctrl+E，将这三个图层中的图像盖印到一个新的图层中，如图2-116所示。

图 2-115

图 2-116

09 按快捷键Ctrl+T，显示定界框，将图像缩小，按Enter键确认操作。按快捷键Ctrl+U，打开"色相/饱和度"对话框，将图形调整为蓝色，如图2-117和图2-118所示。

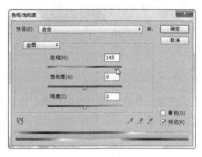

图 2-117

图 2-118

10 使用"移动工具" <img /> ，按住Alt键并拖曳蓝色图形进行复制，将复制后的图形缩小，再通过"色相/饱和度"命令调整它的颜色（色相参数设置为180），使图形变红色，如图2-119所示。在"图层"面板中，将红色图形所在的图层移动到蓝色图形的下方，如图2-120所示。

图 2-119

图 2-120

11 最后可以根据自己的喜好，为钥匙链设计一个底图，添加相应的标题、主体文字和不同颜色的圆角矩形，制作成为一张精美、别致的礼品卡，如图2-121所示。

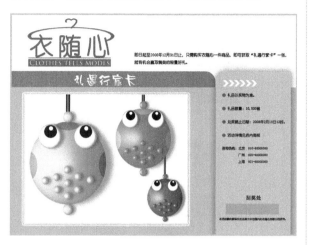

图 2-121

2.5 实战图层蒙版：微缩景观

图层蒙版是一个拥有256级色阶的灰度图像，其蒙在图层上面，起到遮盖图层的作用，然而其本身并不可见。图层蒙版主要用于合成图像。此外，在创建调整图层、填充图层或应用智能滤镜时，Photoshop会自动为其添加图层蒙版，因此，可以通过图层蒙版控制颜色调整范围和滤镜的有效范围。

2.5.1 了解图层蒙版的原理

在图层蒙版中，纯白色对应的图像是可见的，纯黑色会遮盖图像，灰色区域会使图像呈现一定程度的透明效果（灰色越深和图像越透明），如图2-122所示。基于以上原理，如果想要隐藏图像的某些区域，为其添加一个蒙版，再将相应的区域涂黑即可；想让图像呈现半透明的效果，可以将蒙版涂灰。

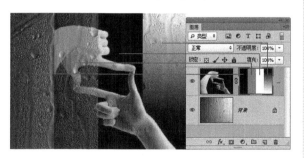

图 2-122

2.5.2 了解图层蒙版的编辑方法

● 创建图层蒙版：选中一个图层，如图2-123所示，单击"图层"面板底部的 ▣ 按钮，可为其添加一个白色的图层蒙版，如图2-124所示。如果在画面中创建了选区，则单击 ▣ 按钮后，可基于选区生成蒙版，将选区外的图像隐藏。

图 2-123　　　　图 2-124

● 编辑蒙版/编辑图像：添加图层蒙版后，蒙版缩览图外侧有一个白色的边框，它表示蒙版处于编辑状态，如图2-125所示，此时所进行的操作将应用于蒙版。如果要编辑图像，可单击图像缩览图，将边框转移到图像上，如图2-126所示。

图 2-125　　　　图 2-126

● 链接与取消链接蒙版：创建图层蒙版后，蒙版缩览图和图像缩览图的中间有一个链接图标 ⬚，表示蒙版与图像处于链接状态，此时进行变换操作，蒙版会与图像一同变换。单击链接图标 ⬚，可以取消链接，此后可单独变换图像，也可以单独变换蒙版。

● 应用与删除蒙版：选择图层蒙版所在的图层，执行"图层>图层蒙版>应用"命令，可以将蒙版应用到图像中，即删除原先被蒙版遮盖的图像。执行"图层>图层蒙版>删除"命令，可以删除图层蒙版，被蒙版遮盖的图像会重新显示出来。

2.5.3 制作微缩景观

01 按快捷键Ctrl+O，打开光盘中的素材，如图2-127所示。选择"魔棒工具" ⬚，在工具选项栏中设置"容差"为32，按住Shift键并在背景上单击鼠标，将背景全部选中，如图2-128所示。

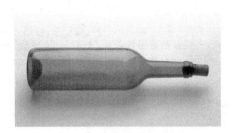

图 2-127

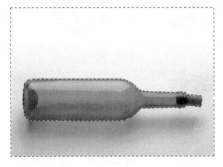

图 2-128

02 按快捷键Shift+Ctrl+I反选，将瓶子选中，如图2-129所示。按快捷键Ctrl+C复制选区内的图像，按快捷键Ctrl+V，将其粘贴到一个新图层中，如图2-130所示。

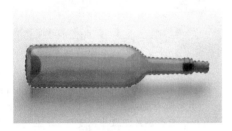

图 2-129

图 2-130

03 打开光盘中的素材，将其拖曳到瓶子文档中，如图2-131所示。按快捷键Alt+Ctrl+G，将其为瓶子图像创建为一个剪贴蒙版，将瓶子之外的风景图像隐藏，如图2-132和图2-133所示。

图 2-131

图 2-132

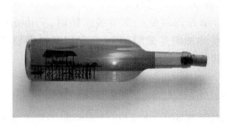

图 2-133

04 单击"添加图层蒙版"按钮 ，为风景图层添加一个蒙版。使用"画笔工具" （柔角，不透明度为30%）在瓶子的两边和风景图片的左右两边涂抹，将这些图像隐藏，使风景与瓶子自然、真实地融合在一起，如图2-134～图2-136所示。

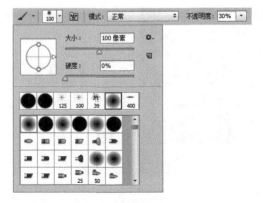

图 2-134

图 2-135

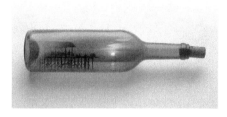

图 2-136

05 按住Ctrl键并单击"瓶子"和"风景"图层，将它们选中，如图2-137所示。按快捷键Alt+Ctrl+E，将图像盖印到一个新的图层中，如图2-138所示。

图 2-137　　　　　　　　图 2-138

06 按快捷键Ctrl+T，显示定界框，单击鼠标右键，打开快捷菜单，选择"垂直翻转"命令，将盖印的图像翻转，然后移动到瓶子的下方，使之成为瓶子的倒影，如图2-139所示。设置该图层的不透明度为30％。单击该面板中的　　按钮，为其添加一个蒙版，如图2-140所示。

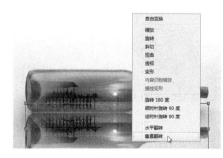

图 2-139

图 2-140

07 选择"渐变工具"　　，填充默认的前景色到背景色线性渐变，将图像的下半部分隐藏，使倒影效果更加真实，如图2-141和图2-142所示。

图 2-141

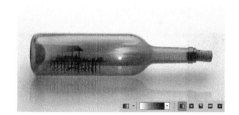

图 2-142

2.6 实战剪贴蒙版：神奇放大镜

剪贴蒙版可以用一个图层中包含像素的区域来限制其上层图像的显示范围。它的最大优点是可以通过一个图层来控制多个图层的可见内容，而图层蒙版和矢量蒙版都只能控制一个图层。

2.6.1 了解剪贴蒙版

选择一个图层，如图2-143所示，执行"图层 > 创建剪贴蒙版"命令（快捷键为Alt+Ctrl+G），即可将该图层与下方图层创建为一个剪贴蒙版组，如图2-144所示。

图 2-143

图 2-144

在剪贴蒙版组中，最下面的图层称为"基底图层"，它的名称带有下画线，位于它上面的图层称为"内容图层"，它们的缩览图是缩进的，并带有↓形状图标（指向基底图层），如图 2-145 所示。基底图层中的透明区域充当了整个剪贴蒙版组的蒙版，也就是说，它的透明区域就像蒙版一样，可以将内容层中的图像隐藏起来，因此，只要移动基底图层，就会改变内容图层的显示范围，如图 2-146 所示。

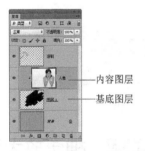

——内容图层
——基底图层

图 2-145

图 2-146

Point 剪贴蒙版可用于多个图层，即可以通过一个图层来控制多个图层的显示区域。前提是在"图层"面板中，这些图层必须是上下相邻的。

2.6.2 制作放大镜效果

01 打开光盘中的素材，如图 2-147 和图 2-148 所示。

图 2-147

图 2-148

02 选择"移动工具" ⊹，将红色汽车拖曳到绿色汽车文档中，在操作时按住 Shift 键。在"图层"面板中会自动生成"图层 1"，如图 2-149 和图 2-150 所示。

图 2-149

图 2-150

 Point 将一个图像拖入另一个文档时，按下Shift键可以使拖入的图像位于该文件的中心。

03 打开光盘中的素材，如图2-151所示。选择"魔棒工具" ，在放大镜的镜片处单击鼠标，创建选区，如图2-152所示。

图 2-151

图 2-152

04 单击"图层"面板底部的 按钮，新建一个图层。按快捷键Ctrl+Delete，在选区内填充背景色（白色），按快捷键Ctrl+D，取消选区，如图2-153和图2-154所示。

图 2-153

图 2-154

05 按住Ctrl键并单击"图层0"和"图层1"，将它们选中，如图2-155所示，使用"移动工具" 将其拖入汽车文档中。单击"链接图层"按钮 ，将两个图层链接在一起，如图2-156和图2-157所示。

图 2-155

图 2-156

图 2-157

图 2-160

图 2-161

链接图层后，对其中的一个图层进行移动、旋转等变换操作时，另外一个图层也同时变换，这将在后面的操作中发挥重要的作用。

06 选择"图层3"，将其拖曳到"图层1"的下方，如图2-158和图2-159所示。

图 2-158

图 2-162

08 选择"移动工具"，在画面中单击并拖曳鼠标，移动"图层3"，放大镜中总是显示另一辆汽车，画面效果生动、有趣，如图2-163和图2-164所示。

图 2-159

07 按住Alt键，将光标移动到分隔"图层3"和"图层1"的线上，此时光标显示为形状，如图2-160所示，单击鼠标创建剪贴蒙版，如图2-161所示，现在放大镜中显示的是另外一辆汽车，如图2-162所示。

图 2-163

图 2-164

27 实战矢量蒙版：使用矢量蒙版

矢量蒙版通过钢笔、自定形状等矢量工具创建的路径和矢量形状来控制图像的显示区域，它与分辨率无关，无论怎样缩放都能保持光滑的轮廓，因此，常用来制作Logo、按钮或其他Web设计元素。

2.7.1 了解矢量蒙版

使用"自定形状工具"  创建一个矢量图形，如图 2-165 所示，执行"图层 > 矢量蒙版 > 当前路径"命令，即可基于当前路径创建矢量蒙版，路径区域外的图像会被蒙版遮盖，如图 2-166 和图 2-167 所示。

图 2-165

图 2-166　　　　　图 2-167

Point 创建矢量蒙版后，单击矢量蒙版缩览图，进入蒙版编辑状态，此时可以使用"自定形状工具" 或"钢笔工具" 在画面中绘制新的矢量图形，并将其添加到矢量蒙版中。使用"路径选择工具" 单击并拖曳矢量图形可将其移动，蒙版的遮盖区域也随之改变。如果要删除图形，可将其选中，然后按下Delete键。

2.7.2 使用矢量蒙版

01 按快捷键Ctrl+O，打开光盘中的两个素材，如图 2-168和图2-169所示。

图 2-168

图 2-169

02 使用"移动工具" ，将蝴蝶图像拖曳到另一个文档中。单击"路径"面板中的路径层，画面中会显示路径图形，如图2-170和图2-171所示。

图 2-170

图 2-171

03 执行"图层>矢量蒙版>当前路径"命令，使用该路径创建矢量蒙版，将路径图形以外的图像隐藏，如图2-172和图2-173所示。

图 2-172

图 2-173

04 双击"图层1"，打开"图层样式"对话框，添加"投影"和"描边"效果，如图2-174～图2-176所示。

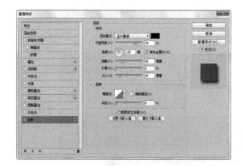

图 2-174

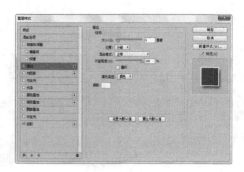

图 2-175

图 2-176

05 下面再向矢量蒙版中添加一些图形。首先观察矢量蒙版，其周围有一个白色的矩形框，如图2-177所示，这表示蒙版处于当前编辑状态。如果没有矩形框，则在蒙版上单击鼠标。选择"自定形状工具"，在工具选项栏中单击按钮，打开下拉列表，选择"路径"选项，再单击按钮，打开"形状"面板，选择心形图形，如图2-178所示。

图 2-177

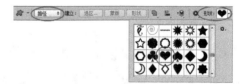

图 2-178

06 在小房子周围单击并拖曳鼠标绘制图形，即可将其添加到矢量蒙版中，如图2-179和图2-180所示。

图 2-179   图 2-180

07 如果要删除矢量蒙版，可以在蒙版上单击鼠标右键，打开快捷菜单，选择"删除矢量蒙版"命令，如图2-181所示；如果选择"停用矢量蒙版"命令，则可暂时停用矢量蒙版，蒙版缩览图上会出现一个红色的"×"；如果要重新启用蒙版，可按住Shift键并单击蒙版缩览图；如果选择"栅格化矢量蒙版"命令，则可将矢量蒙版转换为图层蒙版，如图2-182所示。

图 2-181   图 2-182

2.8 实战路径：为餐具贴Logo

Photoshop中包含矢量工具，可以绘制矢量图形。矢量图形与光栅图像相比，最大的特点是可以任意缩放和旋转而不会出现锯齿，并且矢量图形在选择和修改时也十分方便。

2.8.1 了解路径与锚点

路径是用"钢笔工具"或形状工具创建的矢量对象。一条完整的路径由一个或多个直线段或曲线段组成，用来连接这些路径段的对象是锚点，如图2-183所示。锚点分为两种，一种是平滑点，另一种是角点，平滑的曲线由平滑点连接而成，如图2-184所示，直线和转角曲线由角点连接而成，如图2-185和图2-186所示。

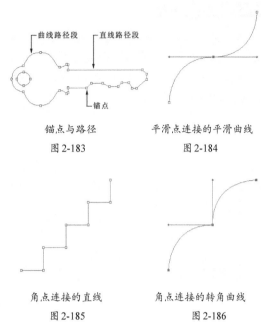

锚点与路径   平滑点连接的平滑曲线
图 2-183   图 2-184

角点连接的直线   角点连接的转角曲线
图 2-185   图 2-186

在曲线路径段上，每个锚点都包含一条或两条方向线，方向线的端点是方向点，如图2-187所示。移动方向点可以改变方向线的长度和方向，从而改变曲线的形状。当移动平滑点上的方向线时，可以同时影响该点两侧的路径段，如图2-188所示；移动角点上的方向线时，只影响与该方向线同侧的路径段，如图2-189所示。

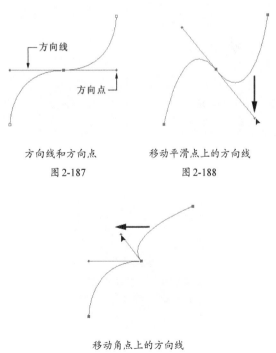

方向线和方向点   移动平滑点上的方向线
图 2-187   图 2-188

移动角点上的方向线
图 2-189

2.8.2 了解钢笔工具

选择"钢笔工具" ，在工具选项栏中单击 ✥ 按钮，在打开的下拉列表中选择"路径"选项，在文档窗口单击鼠标可以创建锚点，释放鼠标按键，并在其他位置单击鼠标可以创建路径。

● 绘制直线：在文档中的不同区域单击鼠标可创建直线路径，如图2-190和图2-191所示。

图 2-190

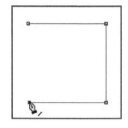

图 2-191

● 绘制曲线：如果要绘制光滑的曲线，可以单击并拖曳鼠标创建一个平滑点，然后在其他位置单击并拖曳鼠标继续创建平滑点，两点可连接曲线。如果向与前一条方向线的相反方向拖曳鼠标，可创建C形曲线，如图2-192和图2-193所示；如果按照与前一条方向线相同的方向拖曳鼠标，则可创建S形曲线，如图2-194所示。拖曳鼠标的同时还可以调整曲线的斜度。

图 2-192

图 2-193

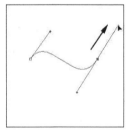

图 2-194

● 绘制转角曲线：转角曲线是与上一段曲线之间出现转折的曲线。绘制一段曲线后，将光标放在最后一个平滑点上，按住Alt键（光标变为 状）并单击该点，将其转换为只有一条方向线的角点，然后在其他位置单击并拖曳鼠标，便可绘制转角曲线，如图2-195~图2-197所示。

将光标放在平滑点上

图 2-195

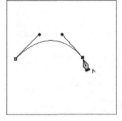

按住 Alt 键单击

图 2-196

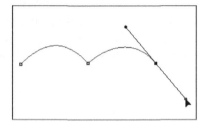

在另一处单击并拖曳鼠标

图 2-197

● 结束绘制：如果要结束一段开放式路径的绘制，可以按住Ctrl键（转换为"直接选择工具" ）并在空白处单击鼠标、单击其他工具，或者按下Esc键也可以结束路径的绘制。

Point 使用"路径选择工具" 单击路径可以选择路径。选择路径后，可以拖曳鼠标将其移动。使用"直接选择工具" 单击路径可以选择锚点。此外，使用"直接选择工具" 和"转换点工具" 可以调整方向线。使用"直接选择工具" 拖曳平滑点上的方向线时，方向线始终保持为一条直线状态，锚点两侧的路径段都会发生改变；使用"转换点工具" 拖曳方向线时，可单独调整平滑点任意一侧的方向线，而不会影响另一侧的方向线和同侧的路径段。

2.8.3 了解绘图模式

Photoshop中的"钢笔工具" 、"矩形工具" 、"椭圆工具" 和"自定形状工具" 等都属于矢量工具，选择其中的一个工具后，需要先在工具选项栏中选择相应的绘制模式，然后再进行绘图操作。根据选项的不同，这些工具可以创建不同类型的对象，包括形状图层、工作路径和图像。

选择"形状"选项后，可在单独的形状图层中创建形状。形状图层由填充区域和形状两部分组成，填充区域定义了形状的颜色、图案和图层的不透明度，形状则是一个矢量图形，它同时出现在"路径"面板中，如图2-198所示。

图 2-198

选择"路径"选项后，可创建工作路径，它出现在"路径"面板中，如图2-199所示。路径可以转换为选区或创建矢量蒙版，也可以填充和描边从而得到光栅化的图像。

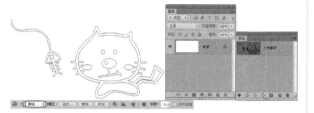

图 2-199

选择"像素"选项后，可以在当前图层上绘制图像（填充颜色为前景色）。由于不能创建矢量图形，因此，"路径"面板中也不会有路径，如图2-200所示。该选项不能用于"钢笔工具"。

图 2-200

2.8.4 制作贴图效果

01 按快捷键Ctrl+N，打开"新建"对话框，在"文档类型"下拉列表中选择Web选项，在"画板大小"下拉列表中选择"Web最小尺寸（1024,768）"选项，单击"确定"按钮，新建一个文件。

02 使用"横排文字工具" T 输入文字，如图2-201所示。如果读者没有这种字体，可以使用光盘中的素材进行操作。按快捷键Ctrl+T显示定界框，在工具选项栏中设置垂直缩放比例为78%，水平斜切为-30.4度，如图2-202所示，按Enter键，对文字进行变形处理。

03 按住Ctrl键并单击文本图层的缩览图，载入文字的选区，如图2-203和图2-204所示。

图 2-201

图 2-202

图 2-203

图 2-204

04 打开"路径"面板菜单，选择"建立工作路径"命令，如图2-205所示，在打开的对话框中设置"容差"为0.8像素，如图2-206所示。"容差"值用于定义锚点的数量，该值越高，锚点越少，生成的路径与原选区的差别就越大。单击"确定"按钮，将选区保存为工作路径，如图2-207所示。

图 2-205

图 2-206   图 2-207

05 由于工作路径是临时路径，如果取消了对它的选择（在"路径"面板空白处单击鼠标），再绘制新的路径时，原工作路径将被新绘制的工作路径替换掉，因此，还需要保存工作路径。双击工作路径的名称，在打开的“存储路径”对话框中输入一个新名称，也可以使用默认的名称，单击“确定”按钮即可保存路径，如图2-208和图2-209所示。

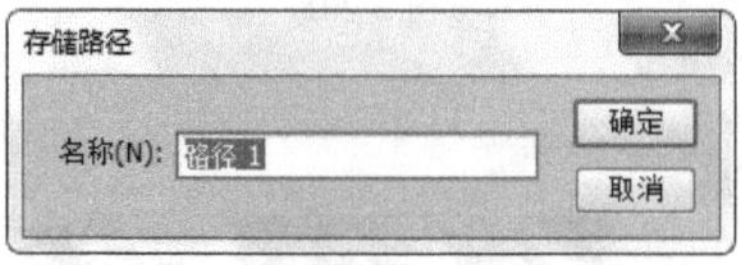

图 2-208

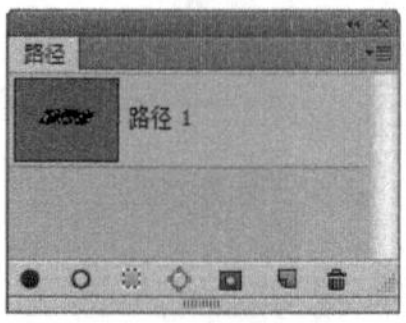

图 2-209

06 使用“直接选择工具”，在路径上单击鼠标，显示锚点，如图2-210所示，拖曳锚点改变路径的形状，如图2-211所示。移动下面笔画的锚点，由于该转折处存在多个锚点，只移动一个锚点，路径的形状并不理想，如图2-212所示。此时可将该位置的锚点都移开，如图2-213所示，然后用“删除锚点工具”在如图2-214所示的两个锚点上单击鼠标，将它们删除，再按住Ctrl键切换为“直接选择工具”，拖曳方向线，调整路径的形状，如图2-215所示。

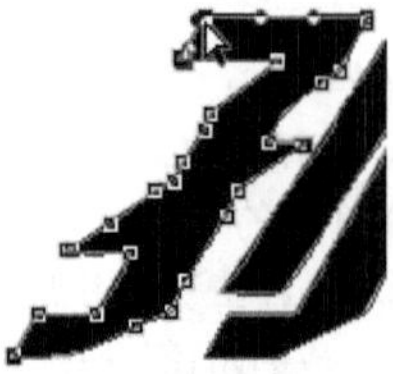

图 2-210

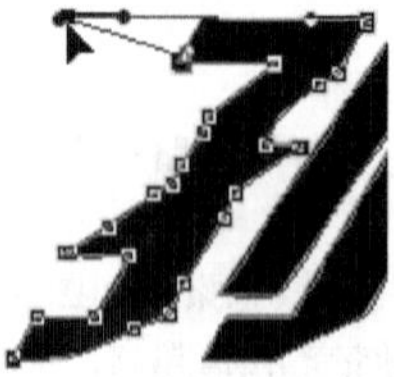

图 2-211

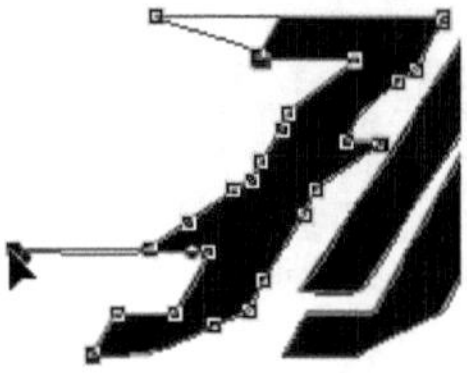

图 2-212

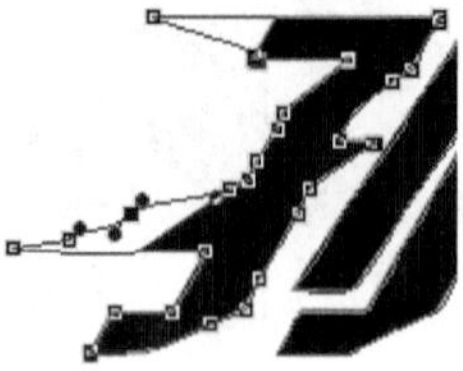

图 2-213

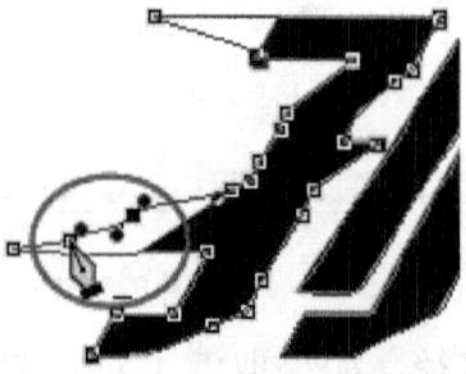

图 2-214

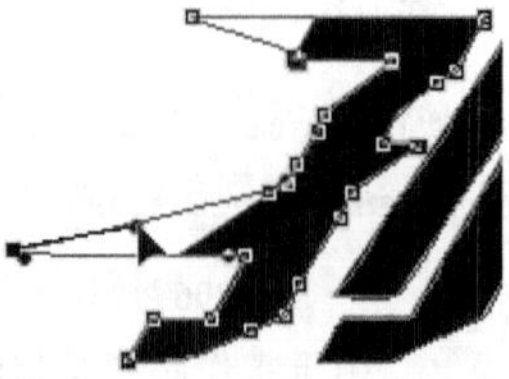

图 2-215

07 采用同样的方法编辑其他路径，如图2-216所示。

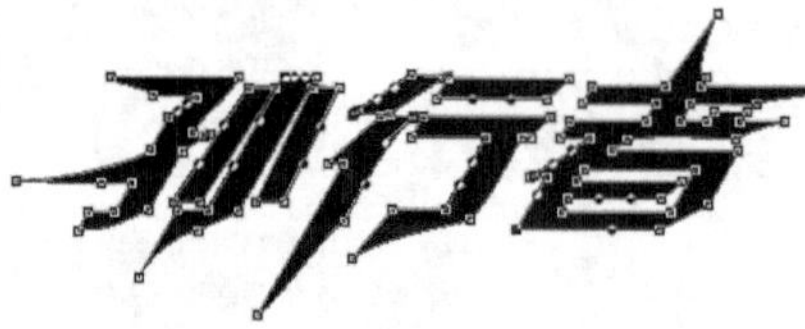

图 2-216

08 选择文字图层，按Delete键删除。再新建一个图层，如图2-217所示。单击“路径”面板中的“用前景色填充路径”按钮，填充路径区域。在“路径”面板的空白处单击鼠标，隐藏路径，效果如图2-218所示。

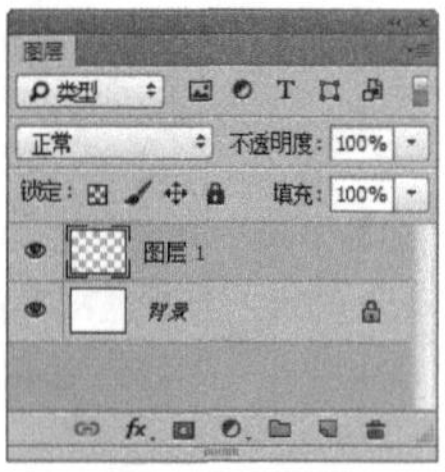

图 2-217

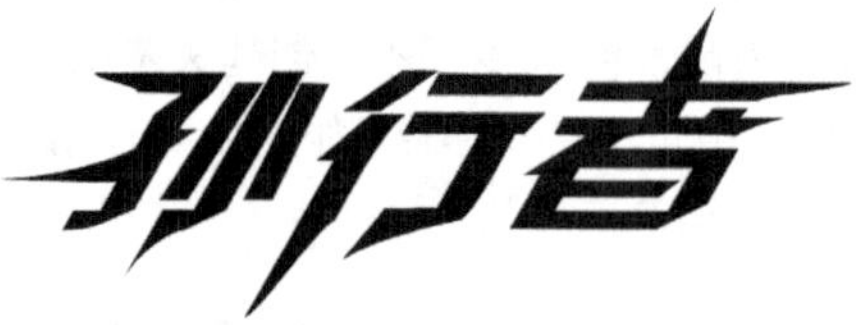

图 2-218

09 双击“图层1”，打开“图层样式”对话框，添加“渐变叠加”效果，如图2-219和图2-220所示。

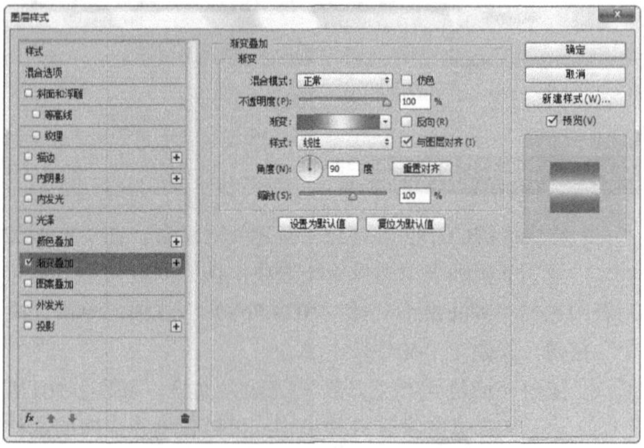

图 2-219

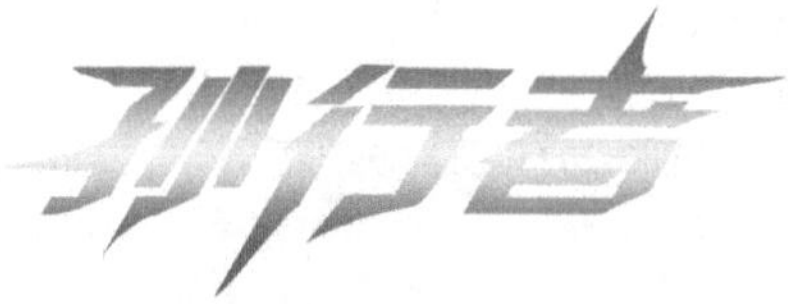

图 2-220

10 将"背景"图层选中。选择"钢笔工具"，在工具选项栏中单击按钮，在打开的下拉列表中选择"形状"选项，将前景色设置为黑色，基于文字的轮廓绘制路径，如图2-221和图2-222所示。

图 2-221

图 2-222

11 按住Ctrl键并单击"创建新图层"按钮，在当前图层的下方新建一个图层。选择"自定形状工具"，在工具选项栏中单击按钮，打开形状面板，在面板菜单中选择"台词框"形状库，将其加载到面板中，然后选择如图2-223所示的形状。将前景色设置为浅灰色，绘制该图形，如图2-224所示。

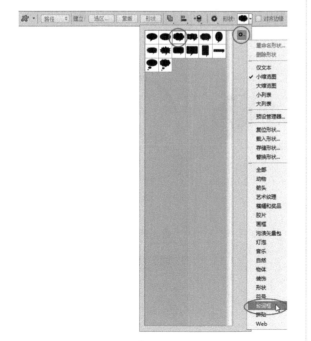

图 2-223

图 2-224

12 选择除"背景"图层以外的其他图层，按快捷键Ctrl+E合并。打开光盘中的素材，将标志贴在餐具表面，设置图层的混合模式为"正片叠底"。执行"编辑>变换>变形"命令，显示变形网格，对标志进行扭曲，效果如图2-225所示。

图 2-225

2.9 实战文字：使用文字工具

　　Photoshop 中的文字是由以数学方式定义的形状组成的，在将其栅格化以前，可以任意缩放或调整文字的大小而不会出现锯齿，也可以随时修改文字的内容、字体和段落等属性。

2.9.1 了解文字功能

　　在 Photoshop 中可以通过3种方法创建文字，即在点上创建、在段落中创建和沿路径创建。Photoshop提供了4个文字工具，其中，"横排文字工具" T 和"直排文字工具" ↓T 用来创建点文字、段落文字和路径文字，"横排文字蒙版工具" 和"直排文字蒙版工具" ↓T 用来创建文字状选区。

　　输入文字之前，可以在工具选项栏或"字符"面板中设置文字的字体、大小和颜色等属性，创建文字之后，可以通过工具选项栏、"字符"面板和"段落"面板修改字符和段落属性，如图2-226～图2-228所示。

图 2-226

图 2-227

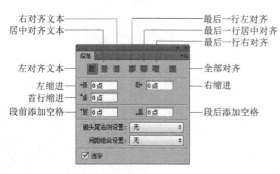

图 2-228

2.9.2 使用文字工具

01 按快捷键Ctrl+O，打开光盘中的素材，如图2-229所示。选择"横排文字工具" T，在工具选项栏中设置字体和大小，并将文字颜色设置为红色，如图2-230所示。

图 2-229

图 2-230

02 在图像中单击鼠标，为文字设置插入点，单击点会出现闪烁的 I 形光标，如图2-231所示，此时可输入文字，如图2-232所示。如果要开始新的一行，可以按Enter键。

图 2-231

图 2-232

03 将光标放在字符外，单击并拖曳鼠标可以移动文字，如图2-233所示。单击工具选项栏中的 ✓ 按钮，或者单击其他工具，结束文字的编辑，"图层"面板会出现一个文字图层，如图2-234所示。

图 2-233

图 2-234

04 如果要添加文字，可以用"横排文字工具" **T** 在文字上单击鼠标，设置文字插入点，然后输入文字，如图2-235和图2-236所示。

图 2-235

图 2-236

05 如果要修改文字内容，则可以单击并拖曳鼠标，选择需要修改的文字，如图2-237所示，然后输入新内容，如图2-238所示。此外，选择文字后，还可以在工具选项栏中修改其字体、大小和颜色，或者按Delete键将其删除。

图 2-237

06 单击工具选项栏中的 ✓ 按钮，结束文字的编辑。将文字图层隐藏或删除。下面来看一下怎样创建段落文字。选择"横排文字工具" **T** ，在工具选项栏中将文字调小，如图2-239所示。单击并拖曳鼠标，为文字范围定义一个外框，如图2-240所示，输入文字（文字到达外框边界时会自动换行），如图2-241所示。如果要开始新的段落，可按Enter键。

图 2-238

图 2-239

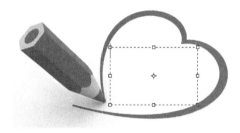

图 2-240

图 2-241

07 拖曳定界框上的控制点可以调整外框的大小，也可以旋转文字，如图2-242和图2-243所示。如果文字超出外框所能容纳的范围，外框右下角会出现田状图标。编辑完文字后，可以单击工具选项栏中的 ✓ 按钮。

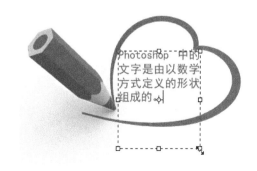

图 2-242

图 2-243

08 单击该文字图层和"图层1"前面的眼睛图标 👁，将这两个图层隐藏，如图2-244所示。下面来看一下怎样创建路径文字。打开"路径"面板，单击心形路径层，在画面中显示该路径，如图2-245和图2-246所示。

图 2-244　　　　　图 2-245

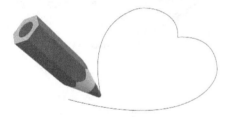

图 2-246

09 选择"横排文字工具" T，将光标放在路径上，当光标变为 I 形状时，如图2-247所示，单击鼠标，设置文字插入点，然后输入文字，文字会在路径上排列，如图2-248所示。

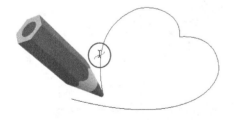

图 2-247

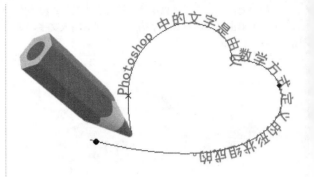

图 2-248

10 选择"直接选择工具" ▷ 或"路径选择工具" ▶，将光标定位在文字上，光标会变为 ▮ 状，如图2-249所示，单击并沿路径拖曳鼠标可以移动文字，如图2-250所示。朝向路径的另一侧单击拖曳鼠标，则可将文字翻转到路径的另一边。此外，使用"直接选择工具" ▷ 修改路径的形状，则文字的排列形状也会随之改变。

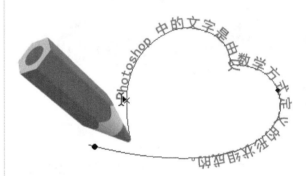

图 2-249

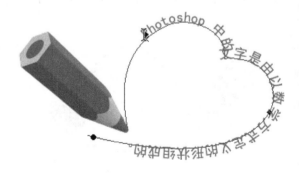

图 2-250

11 单击 ✔ 按钮，结束文字的编辑。将该图层隐藏，选择并显示"心心相通"图层，如图2-251和图2-252所示。下面来对文字进行变形处理。

图 2-251

图 2-252

12 执行"文字>文字变形"命令,打开"变形文字"对话框。"样式"下拉列表中包含15种变形样式,选择其中一种,然后设置变形参数,如图2-253所示。单击"确定"按钮关闭对话框,即可创建变形文字,如图2-254所示。如果要修改变形样式或参数,可再次执行"文字变形"命令,打开"变形文字"对话框进行操作。

图 2-253

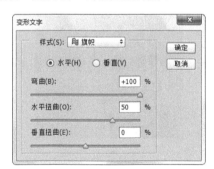

图 2-254

2.10 实战滤镜:制作全景地球

位图(如照片和图像素材等)是由像素构成的,每一个像素都有自己的位置和颜色值,滤镜能够改变像素的位置和颜色,从而生成各种特效。

2.10.1 了解滤镜

如果想让 Photoshop 的所有滤镜都出现在"滤镜"菜单中,可以执行"编辑>首选项>增效工具"命令,打开"首选项"对话框,选中"显示滤镜库的所有组和名称"选项,然后关闭对话框。

以下是滤镜的使用规则和技巧。

- 使用滤镜处理某个图层中的图像时,需要选择该图层,并且图层必须是可见的(缩览图前面有眼睛图标 👁)。
- 如果创建了选区,如图 2-255 所示,滤镜只处理选区中的图像,如图 2-256 所示;如果未创建选区,则处理当前图层中的全部图像,如图 2-257 所示。
- 滤镜的处理效果是以像素为单位进行计算的,因此,相同的参数处理不同分辨率的图像,其效果也会有所不同。
- 滤镜可以处理图层蒙版、快速蒙版和通道。
- 只有"云彩"滤镜可以应用在没有像素的区域,其他滤镜都必须应用在包含像素的区域,否则不能使用这些滤镜,但外挂滤镜除外。

图 2-255

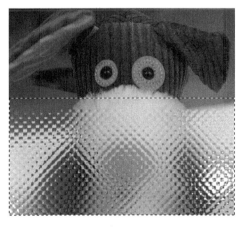

图 2-256

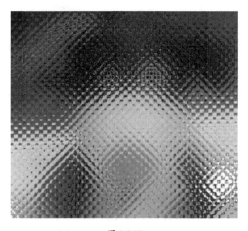

图 2-257

● "滤镜"菜单中显示为灰色的命令是不可使用的命令，通常情况下，这是由于图像模式不匹配。在 Photoshop 中，RGB 模式的图像可以使用所有滤镜，其他模式则会受到限制。在处理非 RGB 模式的图像时，可以先执行"图像 > 模式 > RGB 颜色"命令，将图像转换为 RGB 模式，再应用滤镜。

● 在任意滤镜对话框中按住 Alt 键，"取消"按钮就会变成"复位"按钮，如图 2-258 所示，单击该按钮，可以将参数恢复到初始状态。

图 2-258

● 使用一个滤镜后，"滤镜"菜单的第一个命令便会出现该滤镜的名称，如图 2-259 所示，执行该命令或按快捷键 Ctrl+F，可以快速应用该滤镜。如果要修改滤镜参数，可以按快捷键 Alt+Ctrl+F，打开滤镜对话框重新设定。

图 2-259

● 应用滤镜的过程中如果要终止处理，可以按下 Esc 键。

2.10.2 制作全景地球

01 打开光盘中的素材，如图 2-260 所示。

图 2-260

02 执行"图像 > 图像大小"命令，打开"图像大小"对话框，单击 **8** 按钮取消比例约束，将"宽度"设置为与"高度"相同的数值，即 768 像素，单击"确定"按钮，将画布调整为正方形，如图 2-261 和图 2-262 所示。

图 2-261

图 2-262

03 执行"图像 > 图像旋转 > 180 度"命令，将图像旋转 180 度，如图 2-263 所示。执行"滤镜 > 扭曲 > 极坐标"命令，在打开的对话框中选择"平面坐标到极坐标"选项，如图 2-264 所示，效果如图 2-265 所示。

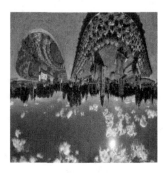

图 2-263

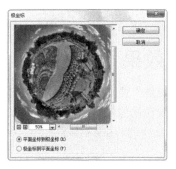

图 2-264

图 2-265

04 使用"椭圆选框工具" ⬭，按住Shift键创建一个正圆形选区，如图2-266所示。按快捷键Ctrl+C复制图像。按快捷键Ctrl+N，创建一个42厘米×28厘米，分辨率为72像素/英寸的RGB模式文件。使用"渐变工具" ▬ 填充径向渐变，如图2-267所示。

图 2-266

图 2-267

05 按快捷键Ctrl+V，将制作好的星球粘贴到该文档中，如图2-268所示。按快捷键Ctrl+T，显示定界框，拖曳

控制点旋转图像，如图2-269所示。按Enter键确认。

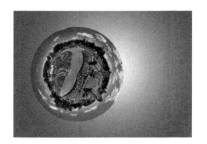

图 2-268

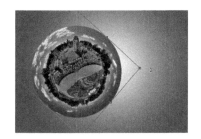

图 2-269

06 执行"图层>图层样式>外发光"命令，打开"图层样式"对话框，添加"外发光"和"内发光"效果，如图2-270～图2-272所示。

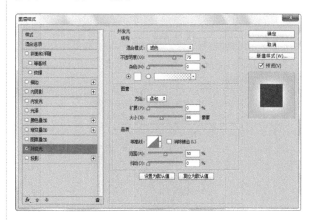

图 2-270

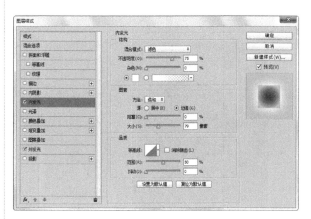

图 2-271

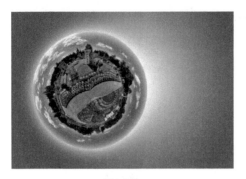

图 2-272

07 选择"横排文字工具" **T** ，打开"字符"面板设置字体、大小和颜色，如图2-273所示。在画面中单击鼠标，输入一行文字，如图2-274所示。

图 2-273　　　　　　图 2-274

08 按Enter键换行，在"字符"面板中将文字大小设置为24点，再输入一行小字，如图2-275所示。最终效果如图2-276所示。

图 2-275

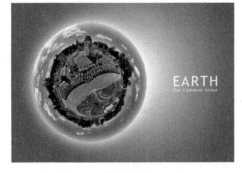

图 2-276

2.11　实战智能滤镜：制作铅笔素描效果

智能滤镜是一种非破坏性的滤镜，它可以达到与普通滤镜完全相同的效果，但它是作为图层效果出现在"图层"面板中的，因而不会真正改变图像中的任何像素。

2.11.1　了解智能滤镜

选择要应用滤镜的图层，如图2-277所示，执行"滤镜 > 转换为智能滤镜"命令，弹出提示对话框，单击"确定"按钮，将图层转换为智能对象，此后应用的滤镜即为智能滤镜，如图2-278所示。

图 2-277

图 2-278

添加智能滤镜后，双击"图层"面板中的智能滤镜，如图2-279所示，可以重新打开相应的滤镜对话框，此时可以重新修改相应参数，如图2-280和图2-281所示。

图 2-279　　　　　　图 2-280

图 2-281

智能滤镜还包含一个图层蒙版，单击蒙版缩览图，可以进入蒙版编辑状态，如果要遮盖某一处滤镜效果，可以用黑色涂抹蒙版；如果要显示某一处滤镜效果，则用白色涂抹蒙版，如图 2-282 所示；如果要减弱滤镜效果的强度，可以用灰色涂抹，滤镜将呈现不同级别的透明度，如图 2-283 所示。

图 2-282

图 2-283

2.11.2 制作铅笔素描

01 打开光盘中的素材，如图2-284和图2-285所示。执行"滤镜>转换为智能滤镜"命令，弹出提示对话框，单击"确定"按钮，将图像转换为智能对象，该图层缩览图的右下角会出现 🔲 形状智能对象图标，如图2-286所示。

图 2-284

图 2-285

图 2-286

02 执行"滤镜>素描>绘图笔"命令，打开"绘图笔"对话框设置参数，如图2-287所示，单击"确定"按钮，创建素描效果，如图2-288所示。

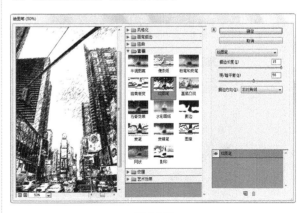

图 2-287

图 2-288

03 应用智能滤镜以后，图层下面会出现一个滤镜列表，而且，Photoshop还会为滤镜添加一个图层蒙版。单击蒙版将其选中，如图2-289所示。选择"渐变工具" ，在工具选项栏中单击"线性渐变"按钮，如图2-290所示。

图 2-289

图 2-290

04 在画面顶部单击并向下拖曳鼠标，填充默认的黑-白线性渐变，如图2-291和图2-292所示。蒙版中的黑色会遮盖智能滤镜，从而显示出原有的图像，蒙版中的灰色则会部分遮盖图像，使滤镜的效果逐渐变弱。

图 2-291

图 2-292

2.12 实战画笔：超现实主义图像合成

"画笔工具" 使用前景色绘制线条，可以产生类似于传统毛笔的绘画效果。

2.12.1 了解画笔

选择"画笔工具" 后，可以在"画笔"面板中设置工具的属性，如图2-293所示。"画笔"面板是最重要的面板之一，它可以设置绘画工具（画笔、铅笔和历史记录画笔等），以及修饰工具（涂抹、加深、减淡、模糊和锐化等）的笔尖种类、画笔大小和硬度。如果只需对画笔进行简单调整，可以单击工具选项栏中的按钮，打开画笔下拉面板进行设置，如图2-294所示。

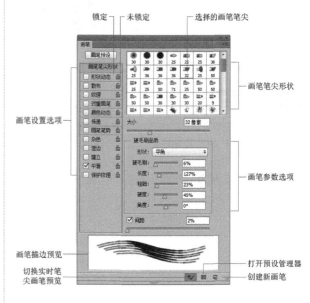

图 2-293

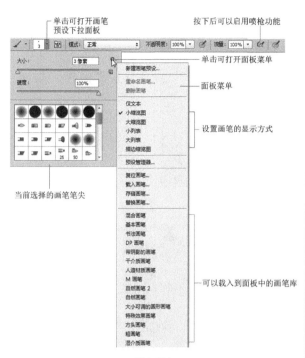

单击可打开画笔
预设下拉面板

按下后可以启用喷枪功能

单击可打开面板菜单

面板菜单

设置画笔的显示方式

可以载入到面板中的画笔库

当前选择的画笔笔尖

图 2-294

2.12.2 创建图像合成效果

01 按快捷键Ctrl+O，打开光盘中的素材，如图2-295所示。按快捷键Ctrl+U，打开"色相/饱和度"对话框，将图像的颜色调淡，如图2-296和图2-297所示。

图 2-295   图 2-296

图 2-297

02 打开光盘中的素材，这是一个PSD格式分层素材文件，选择"气球"图层，如图2-298所示，使用"移动工具" ▶♦ 将其拖曳到背景素材文档中，如图2-299所示。

图 2-298   图 2-299

03 单击"图层"面板底部的 按钮，新建一个图层。选择"渐变工具" ，在工具选项栏中单击"线性渐变"按钮 ，并选择"前景-透明"渐变，如图2-300所示。在画面顶部填充渐变，如图2-301所示。

图 2-300   图 2-301

04 按快捷键Alt+Ctrl+G，创建剪贴蒙版，将渐变图层的显示范围限定在下面的气球区域内，设置该图层的混合模式为"柔光"，使气球的顶部变暗，如图2-302和图2-303所示。

图 2-302   图 2-303

05 选择并显示PSD素材文档中的"鸽子"图层，如图2-304所示。使用"移动工具" ▶♦ 将其拖曳到气球文档中，如图2-305所示。

图 2-304　　　　　　　图 2-305

图 2-310　　　　　　　图 2-311

06 按住Alt+Shift键（锁定水平方向）并向左侧拖曳鼠标，复制出一只鸽子，如图2-306所示。按快捷键Ctrl+T，显示定界框，单击鼠标右键，在打开的快捷菜单中选择"水平翻转"命令，翻转图像，如图2-307所示，按Enter键确认。

图 2-306　　　　　　　2-307

图 2-312

09 选择并显示PSD文档中的图层组，如图2-313所示，将其拖入背景素材文档中，如图2-314所示。

图 2-313　　　　　　　图 2-314

10 选择并显示PSD文档中"树枝"图层，如图2-315所示，将其拖入背景素材文档中，如图2-316所示。

07 选择并显示PSD文档中的"树、草地"图层，如图2-308所示，将其拖入背景素材文档中，如图2-309所示。

图 2-308　　　　　　　图 2-309

08 使用"矩形选框工具"，选取草地上面的树木，如图2-310所示，单击"图层"面板底部的 按钮，创建蒙版，将选区外的图像隐藏，如图2-311和图2-312所示。

图 2-315　　　　　　　图 2-316

11 选择"魔棒工具" ，在工具选项栏中设置"容差"为15，取消选中"连续"和"对所有图层取样"选项，如图2-317所示，在树枝的白色背景上单击鼠标，创建选区，如图2-318所示。

容差：15 ☑消除锯齿 □连续 □对所有图层取样

图2-317   图2-318

12 按Delete键删除所选图像，按快捷键Ctrl+D取消选区，如图2-319所示。按快捷键Ctrl+T，显示定界框，拖曳控制点，将图像缩小并放到瓶子上面，按Enter键确认，如图2-320所示。

图2-319   图2-320

13 选择并显示PSD文档中的"组2"，如图2-321所示，将其拖入背景素材文档中，如图2-322所示。

图2-321   图2-322

14 单击"图层"面板底部的  按钮，新建一个图层，如图2-323所示。选择"画笔工具" ，在工具选项栏的画笔下拉面板菜单中选择"载入画笔"命令，如图2-324所示，在弹出的对话框中选择光盘中的画笔库，如图2-325所示，单击"载入"按钮将其载入。

 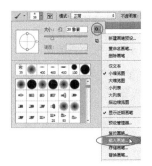

图2-323   图2-324

图2-325

15 打开"画笔"面板，选择载入的星光笔尖，设置角度为45°，并调整其他参数，如图2-326～图2-328所示。

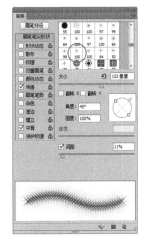 

图2-326   图2-327

图2-328

16 将前景色设置为白色，在画面中绘制星星，如图2-329所示。按] 键，将画笔调大，再绘制几个稍大的星星，如图2-330所示。

图 2-329   图 2-330

2.13 实战图案：圆环成像

填充是指在图像或选区内部填充颜色或图案；描边是指为选区描绘可见的边缘。进行填充和描边操作时，可以使用"填充""描边"命令，或者使用"油漆桶工具"。

2.13.1 了解填充

在 Photoshop 中，可以使用"油漆桶工具" 👆 和"填充"命令，在图像中填充颜色或图案。设置好前景色后，使用"油漆桶工具" 👆 在图像上单击鼠标，即可填充与鼠标单击点颜色相近的区域，如图2-331所示为原图像，如图2-332和图2-333所示为填色效果。

图 2-331   图 2-332

图 2-333

如果在工具选项栏中将"填充"设置为"图案"，然后选择一个图案，如图 2-234 所示，则可以使用所选图案填充图像，如图 2-335 所示。此外，执行"编辑 > 填充"命令，也可以填充颜色或图案。在进行填充时，如果有选区，则只填充选区内的图像。

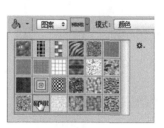 

图 2-334   图 2-335

2.13.2 了解描边

描边是指使用颜色对选区进行描边，使之可见。如图 2-336 所示为创建的选区，执行"编辑 > 描边"命令即可进行描边，如图 2-337 和图 2-338 所示。

图 2-336   图 2-337

图 2-338

2.13.3 制作由圆环拼贴成的人像

01 打开光盘中的素材，如图2-339所示。单击"图层"面板中的 🔲 按钮，新建一个图层。将前景色设置为洋红色，用柔角的"画笔工具" ✏ 在人物以外的区域涂抹，如图2-340所示。

图 2-339　　　　　　　　图 2-340

02 将图层的混合模式设置为"正片叠底"，以改变背景颜色，如图2-341和图2-342所示。

图 2-345

04 单击"图层"面板底部的 ⬤ 按钮，在弹出的菜单中，选择"色相/饱和度"命令，创建"色相/饱和度"调整图层，设置参数，如图2-346所示，效果如图2-347所示。

图 2-341　　　　　　　　图 2-342

03 按快捷键Ctrl+E，将当前图层与下面的图层合并，如图2-343所示。执行"滤镜>像素化>马赛克"命令，在打开的对话框中设置"单元格大小"参数为60，如图2-344和图2-345所示。通过该滤镜将人像处理为马赛克状方块，后面还要定义一个圆环图案，在图像中填充该图案后，每个马赛克方块都会对应一个圆环。

图 2-346　　　　　　　　图 2-347

05 按快捷键Ctrl+N，打开"新建"对话框，设置文件大小，在"背景内容"下拉列表中选择"透明"选项，创建一个透明背景的文件，如图2-348所示。由于创建的文档太小，还需要按快捷键Ctrl+0放大窗口，以方便操作，如图2-349所示。

 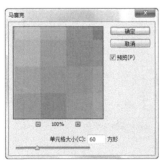

图 2-343　　　　　　　　图 2-344

图 2-348　　　　　　　　图 2-349

06 选择"椭圆工具" ⬭ ，在工具选项栏中选择"形状"选项，将前景色设置为白色，按住Shift键绘制一个正圆形，在绘制时可以同时按住空格键移动图形位置，如图2-350所示。按快捷键Ctrl+C复制，按快捷键Ctrl+V进行粘贴，再按快捷键Ctrl+T显示定界框，按住Shift+Alt键并拖曳

控制点，以圆心为中心向内缩小图形，如图2-351所示。按
Enter键确认。

 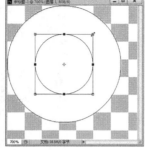

图 2-350　　　　　　图 2-351

07 使用"路径选择工具" ▶，单击并拖出一个选框，
选中两个圆形，如图2-352所示，单击工具选项栏中
的 ■ 按钮，在下拉列表中选择"排除重叠形状" ⬚ 选
项，通过路径运算，在两个圆形中间生成孔洞，如图2-353
所示。

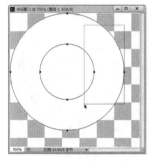 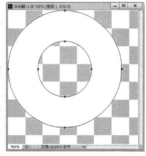

图 2-352　　　　　　图 2-353

08 单击"图层"面板底部的 *fx* 按钮，在弹出的菜单中
选择"投影"命令，打开"图层样式"对话框，添加
"投影"效果，如图2-354和图2-355所示。

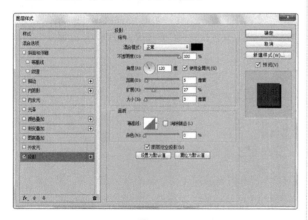

图 2-354

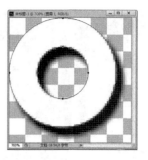

图 2-355

09 执行"编辑>定义图案"命令，打开"图案名称"对
话框，如图2-356所示，单击"确定"按钮，将圆环
图像定义为图案，然后关闭该文档。

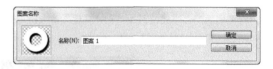

图 2-356

10 切换到人物文档。在调整图层上面新建一个图层，
填充白色，将该图层的"填充"参数设置为0%，如
图2-357所示。双击该图层，打开"图层样式"对话框，在
图案选项中选择前面定义的圆环图案，将混合模式设置为
"叠加"，使图形叠加到人物图像上，如图2-358和图2-359
所示。

图 2-357

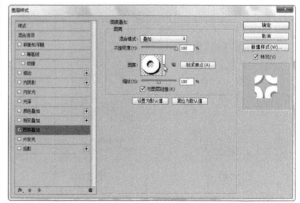

图 2-358

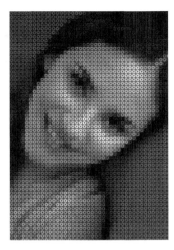

图 2-359

11 选择"背景"图层，单击"图层"面板底部的 按钮，在弹出的菜单中选择"色调分离"命令，创建"色调分离"调整图层，如图2-360和图2-361所示，如图2-362所示为最终效果。如果放大窗口观察即可看到，整个图像都是由一个个小圆环组成的，并且每个马赛克方块都在一个圆环中。

图 2-360

图 2-361

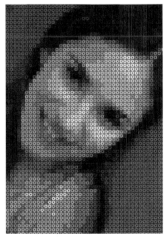

图 2-362

2.14 实战调整图层：调整照片影调

调整图层是一种不含像素的透明图层，它可以将颜色和色调调整应用于图像，但不会永久改变像素值，因此，它是一种非破坏性的调整工具。

2.14.1 了解调色工具

Photoshop 的"图像"菜单中包含用于调整色调和颜色的各种命令，如图2-363所示。其中，一部分常用命令也通过"调整"面板提供给了用户，如图2-364所示。因此，用户可以通过两种方式来使用调整命令。第一种是直接用"图像"菜单中的命令来处理图像；第二种是使用调整图层来应用这些调整命令。这两种方式可以达到相同的调整结果，它们的不同之处在于，"图像"菜单中的命令会修改图像的像素数据，而调整图层则不会，它是一种非破坏性的调整功能。

图 2-363

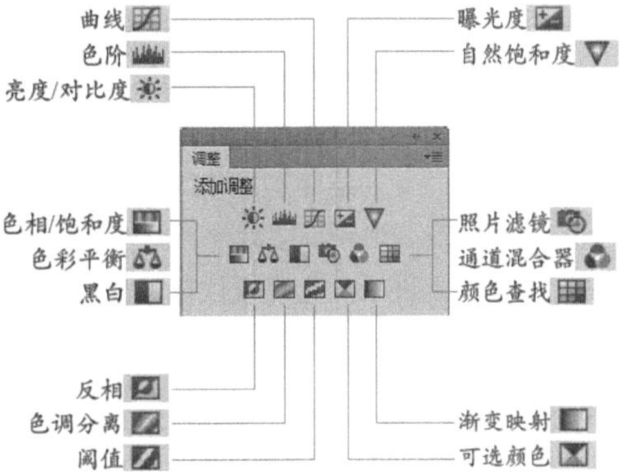

图 2-364

63

例如，如图 2-365 所示为原图像，假设要用"色相/饱和度"命令调整其颜色。使用"图像 > 调整 > 色相/饱和度"命令来操作，"背景"图层中的像素就会被修改，如图 2-366 所示。如果使用调整图层操作，则可在当前图层的上面创建一个调整图层，调整命令通过该图层对下面的图像产生影响，调整结果与使用"图像"菜单中的"色相/饱和度"命令完全相同，但下面图层的像素没有任何变化，如图 2-367 所示。

图 2-365

图 2-366

图 2-367

使用"调整"命令调整图像后，效果就不能改变了。而调整图层则不然，只需单击它，便可在"调整"面板中修改参数，如图 2-368 所示。单击调整图层前面的眼睛图标，将调整图层隐藏，可以使图像恢复为原来的状态，如图 2-369 所示。此外，将调整图层拖曳到"删除图层"按钮上，也可以恢复图像。

图 2-368

图 2-369

修改调整图层的不透明度，可以降低调整强度，如图 2-370 所示。在调整图层的蒙版中涂抹黑色或填充黑白渐变，可以控制调整范围（蒙版中的黑色可以隐藏调整效果），如图 2-371 所示。

图 2-370

图 2-371

 创建调整图层后，它会影响其下方的所有图层，因此，将一个图层拖至调整图层的下方，调整便会对该图层产生影响；将调整图层下面的图层拖至调整图层上面，则会消除对该图层的影响。

2.14.2 调整照片影调

01 打开光盘中的素材，如图2-372所示。在这张照片中，右上角图像的色调较暗，曝光有些不足，下面来进行校正。

图 2-372

02 单击"调整"面板中的 按钮，创建"色阶"调整图层，如图2-373所示。在"属性"面板中，向左侧拖曳中间调滑块，同时观察图像，让右上角的图像显示出细节，如图2-374和图2-375所示。此时虽然其他图像的色调会过于明亮，但可以通过蒙版来进行修正。

图 2-373　　　　　　图 2-374

图 2-375

03 选择"渐变工具" ，在工具选项栏中单击"线性渐变"按钮 ，如图2-376所示，在画面右上角单击并向左下方拖曳鼠标填充渐变，用蒙版遮盖调整图层，使其只影响较暗的图像，如图2-377和图2-378所示。

图 2-376　　　　　　图 2-377

04 单击"调整"面板中的 按钮，创建"色相/饱和度"调整图层。拖曳"饱和度"滑块，增加饱和度，使色彩变得鲜艳，如图2-379所示。如图2-380所示为原图，如图2-381所示为调整后的效果。

图 2-378　　　　　　图 2-379

图 2-380　　　　　　图 2-381

2.15　实战通道：铂金蝴蝶

通道用来保存图像信息、颜色信息和选区，可以用来制作特效、调色和抠图。

2.15.1　了解通道的类型与操作方法

打开一幅图像时，Photoshop会自动创建颜色信息通道，如图2-382和图2-383所示。通道分为3种，即颜色通道、Alpha通道和专色通道。颜色通道保存了图像的颜色信息；Alpha通道用来保存选区；专色通道用来存储专色。

图 2-382

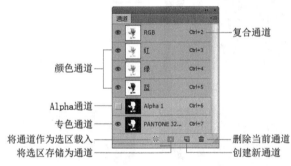

图 2-383

● 选择通道：单击"通道"面板中的一个通道，即可选择该通道，文档窗口中会显示所选通道的灰度图像，如图2-384所示。按住 Shift 键并单击其他通道，可以选中多个通道，此时窗口中会显示所选颜色通道的复合信息。

图 2-384

● 返回到RGB复合通道：选中通道后，可以使用绘画工具和滤镜对其进行编辑。当编辑完成后，如果想要返回到默认的状态来查看彩色图像，可单击RGB复合通道，此时，所有颜色通道重新被激活，如图2-385所示。

图 2-385

● 复制与删除通道：将一个通道拖曳到"通道"面板底部的 ▣ 按钮上，可以复制该通道。将一个通道拖曳到 🗑 按钮上，则可删除该通道。复合通道不能复制，也不能删除。颜色通道可以复制，但如果删除了，图像就会自动转换为多通道模式。

2.15.2　制作铂金质感蝴蝶

01 打开光盘中的素材，如图2-386和图2-387所示。

图 2-386　　　　　　　　图 2-387

02 下面需要复制一个通道用于特效制作，由于这个图像的颜色接近于黑白色，在"通道"调板中红、绿、蓝3个通道的差别并不明显，如图2-388所示，将"蓝"通道拖曳到"创建新通道"按钮 ▣ 上进行复制，如图2-389所示。

图 2-388　　　　　　　　图 2-389

03 按住Ctrl键并单击"图层1"的缩览图，载入蝴蝶的选区，如图2-390和图2-391所示。

图 2-390　　　　　　　图 2-391

 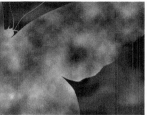

图 2-398　　　　　　　图 2-399

04 按快捷键Shift+Ctrl+I反选，在选区内填充白色，通道效果如图2-392所示。按快捷键Ctrl+D取消选择，按快捷键Ctrl+I反相，将蝴蝶翅膀转换为白色，如图2-393所示。

08 执行"滤镜>渲染>光照效果"命令，在"纹理"下拉列表中选择"蓝 拷贝"通道，在图像预览区域调整光照方向和光照范围，如图2-400所示，为蝴蝶添加光照，如图2-401所示。

图 2-392　　　　　　　图 2-393

05 按快捷键Ctrl+L，打开"色阶"对话框，选择"设置白场吸管工具"，在如图2-394所示的位置上单击鼠标，将该点定义为图像中最亮的区域，在"色阶"对话框中可以看到，白色滑块自动移向左侧，如图2-395所示。

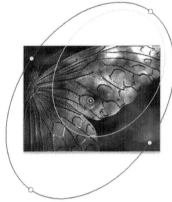 

图 2-400

 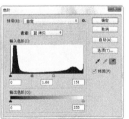

图 2-394　　　　　　　图 2-395

06 选择"设置黑场吸管工具"，在如图2-396所示的位置上单击鼠标，将该点定义为图像中最暗的点，如图2-397所示。

图 2-401

09 设置该图层的混合模式为"正片叠底"，如图2-402所示。复制当前图层，设置混合模式为"滤色"，如图2-403和图2-404所示。

 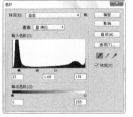

图 2-396　　　　　　　图 2-397

07 复制"图层1"，此时可以回到图层工作状态。单击"锁定透明像素"按钮，如图2-398所示。执行"滤镜>渲染>云彩"命令，由于锁定了图层的透明区域，可以将滤镜限定在蝴蝶形状内，如图2-399所示。

图 2-402　　　　　　　图 2-403

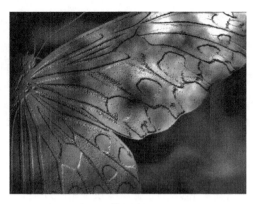

图 2-404

10 复制"图层1拷贝2"图层，将混合模式设置为"正常"，如图2-405所示。执行"滤镜>滤镜库>纹理>龟裂缝"命令，设置参数，如图2-406所示。

图 2-405

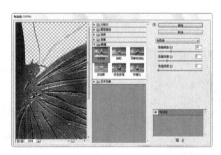

图 2-406

11 按住Ctrl键并单击"蓝 拷贝"通道，载入该通道的选区，如图2-407和图2-408所示。按Delete键，删除选区内的图像，然后取消选区，如图2-409所示。

图 2-407　　　　图 2-408

图 2-409

12 按快捷键Ctrl+M，打开"曲线"对话框，将曲线调整为如图2-410所示的形状，使蝴蝶翅膀产生荧光效果，如图2-411所示。

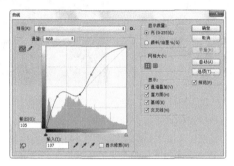

图 2-410

图 2-411

13 选择"图层1拷贝2"图层，如图2-412所示，分别使用"加深工具" 和 "减淡工具" 对图像进行细微调整，增强金属质感，如图2-413所示。

图 2-412　　　　图 2-413

14 为当前图层添加"内发光"图层样式，如图2-414和图2-415所示。

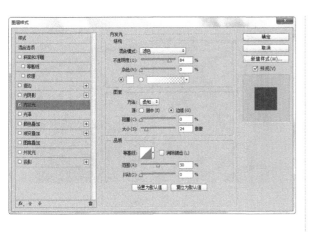

图 2-414

图 2-415

2.15.3 制作彩色宝石

01 新建"图层2",如图2-416所示。使用"套索工具" ⚲ 创建几个自由形状的选区,填充黑色,如图2-417所示。

图 2-416

图 2-417

02 双击"图层2",打开"图层样式"对话框,选择"投影"选项,选中"使用全局光"选项,将角度设置为35度,其他参数如图2-418所示。选择"内阴影"选项,设置不透明度为30%,其他参数如图2-419所示。

图 2-418

图 2-419

03 选择"内发光"选项,设置参数,如图2-420所示。选择"斜面和浮雕"选项,设置参数,如图2-421所示。

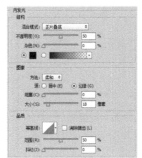

图 2-420

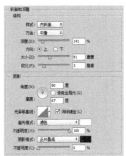

图 2-421

04 选择"等高线"选项,单击▷按钮,打开下拉面板,选择"锥形"样式,设置范围为90%,如图2-422所示。选择"光泽"选项,设置颜色为白色,其他参数如图2-423所示。

图 2-422

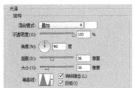

图 2-423

05 选择"渐变叠加"选项,调整渐变颜色和参数,如图2-424所示。最后,将"高级混合"选项中的"填充不透明度"设置为70%,并选中"将内部效果混合成组"选项,如图2-425所示。

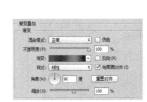

图 2-424

图 2-425

06 单击"确定"按钮关闭对话框,图像效果如图2-426所示。

图 2-426

07 复制"图层2",如图2-427所示。新建"图层3",将其与"图层2拷贝"同时选中,如图2-428所示。按快捷键Ctrl+E合并,将合并后的图层名称设置为"图层3",图层效果也会转换到图层中,如图2-429所示。

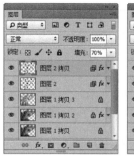

图 2-427　　　　　　　图 2-428

图 2-429

08 使用"移动工具" ▶⊹ ，将该图层向左侧拖曳，按快捷键Shift+Ctrl+U去色，如图2-430所示。按快捷键Ctrl+L，打开"色阶"对话框，向中间拖曳阴影和高光滑块，增加图像的对比度，如图2-431和图2-432所示。

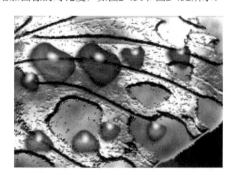

图 2-430

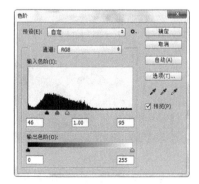

图 2-431

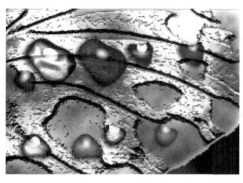

图 2-432

09 设置该图层的不透明度为85%。使用"矩形选框工具" ⟦⟧ 单独选取每个水珠，按快捷键Ctrl+T显示定界框，调整其大小和角度。按住Ctrl+Alt键并拖曳被选中的水珠进行复制，通过这种方式可增加水珠的数量，但不会生成新的图层，完成后的效果如图2-433所示。

图 2-433

2.16　实战3D：制作立体玩偶

Photoshop 可 以 打 开 和 编 辑 U3D、3DS、OBJ、KMZ和DAE等格式的3D文件。这些3D文件可以来自于不同的3D程序，包括Adobe Acrobat 3D Version 8、3ds Max、Alias、Maya，以及 GoogleEarth 等。

2.16.1　了解3D界面

在 Photoshop 中打开、创建或编辑 3D 文件时，会自动切换到3D界面中，如图2-434所示。Photoshop 能够保留对象的纹理、渲染和光照信息，并将 3D 模型放在3D 图层上，在其下面的条目中显示对象的纹理。

3D场景　3D对象　3D工具　3D对象使用的材质　3D图层

图 2-434

3D 文件包含网格、材质和光源等属性。其中，网格相当于3D模型的骨骼，如图2-435所示；材质相当于3D模型的皮肤，如图2-436所示；光源相当于太阳或白炽灯，可以使3D场景亮起来，让3D模型可见，如图2-437所示。

图 2-435

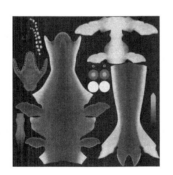

图 2-436

图 2-437

2.16.2 了解3D工具

在 Photoshop 中打开3D 文件后，选择"移动工具" ，在其工具选项栏中包含一组3D 工具，如图2-438所示，使用这些工具可以修改3D模型的位置、大小，还可以修改3D场景视图，调整光源位置。

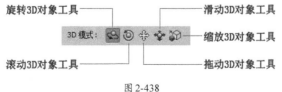

图 2-438

● 旋转3D 对象工具 ：在3D 模型上单击鼠标，选择模型，如图2-439所示，上下拖曳鼠标可以使模型围绕其 X 轴旋转，如图2-440所示；两侧拖曳鼠标可围绕其 Y 轴旋转，如图2-441所示。

图 2-439

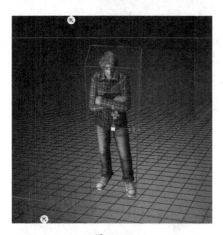

图 2-440

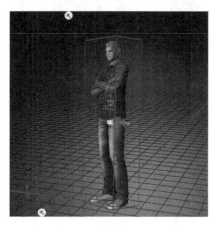

图 2-441

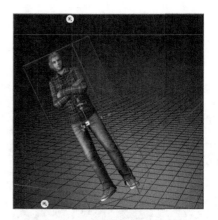

图 2-442

图 2-443

图 2-444

- 滚动 3D 对象工具 ⟳：在 3D 对象两侧拖曳鼠标，可以使模型围绕其 Z 轴旋转，如图 2-442 所示。

- 拖曳 3D 对象工具 ✛：在 3D 对象两侧拖曳鼠标，可以沿水平方向移动模型，如图 2-443 所示；上下拖曳鼠标可沿垂直方向移动模型。

- 滑动 3D 对象工具 ✦：在 3D 对象两侧拖曳鼠标，可以沿水平方向移动模型，如图 2-444 所示；上下拖曳鼠标可以将模型拉近或推远。

- 缩放 3D 对象工具 ⬚：单击 3D 对象并上下拖曳鼠标，可以放大或缩小模型。

 切换到 3D 操作界面后，如果在模型以外的空间单击鼠标（当前工具为"移动工具" ▶✛），则可通过操作调整相机视图，同时保持 3D 对象的位置不变。

2.16.3 制作 3D 玩偶

01 打开光盘中的素材，如图 2-445，玩偶图像位于单独的图层中，如图 2-446 所示。

图2-445　　　　　图2-446

02 执行"3D>从所选图层新建3D凸出"命令，即可从选中的图层中生成3D对象，如图2-447所示。单击"3D"面板中的"图层1"，如图2-448所示，在"属性"面板中为玩偶选择凸出样式，设置"凸出深度"为12，如图2-449和图2-450所示。

图2-447　　　　　图2-448

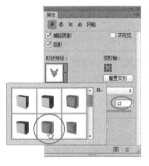 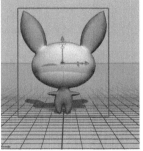

图2-449　　　　　图2-450

03 使用"旋转3D对象"工具 调整玩偶的角度和位置，如图2-451所示。单击场景中的 图标，显示光源，在画面中调整光源的照射方向，如图2-452所示，完成后的效果如图2-453所示。如图2-454所示为玩偶不同角度的展示效果。

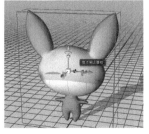 

图2-451　　　　　图2-452

图2-453　　　　　图2-454

2.17　实战视频：在视频中添加文字和特效

在Photoshop中可以打开和编辑3GP、3G2、AVI、DV、FLV、F4V、MPEG-1、MPEG-4、QuickTime MOV和WAV等格式的视频文件。

2.17.1　了解视频功能

在Photoshop中打开视频文件时，如图2-455所示，会自动创建一个视频组，组中包含视频图层，如图2-456所示。视频组中可以创建其他类型的图层，如文本和图像和形状图。可以使用任意工具在视频上进行编辑、绘制、应用滤镜、蒙版、变换，以及添加图层样式、修改混合模式。如图2-457所示为复制视频图像后的效果。进行编辑之后，既可作为QuickTime影片进行渲染，也可将文档存储为PSD格式，以便在Premiere Pro、After Effects等应用程序中播放。

图2-455

73

图 2-456

图 2-457

执行"窗口 > 时间轴"命令，打开"时间轴"面板，如图 2-458 所示。"时间轴"面板可以反映常用的视频编辑器，并提供完美的视频效果，使用面板底部的工具可以浏览各个帧、放大或缩小时间显示、删除关键帧和预览视频等。

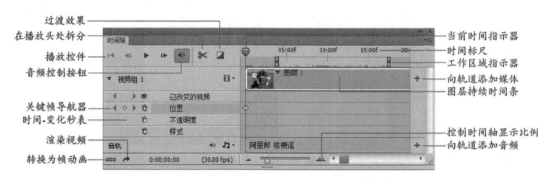

图 2-458

2.17.2 修改视频文件

01 打开光盘中的素材，如图2-459所示。选择"横排文字工具" **T**，在"字符"面板中设置文字属性，如图2-460所示，在画面中输入文字"我的视频短片"，如图2-461和图2-462所示。

02 打开"时间轴"面板，将文字剪辑拖曳到视频前方，如图2-463和图2-464所示。

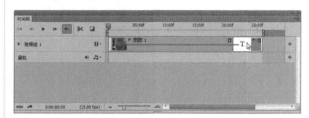

图 2-463

图 2-459　　　　图 2-460

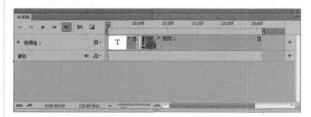

图 2-464

图 2-461

图 2-462

03 按快捷键Ctrl+J，复制文字图层，如图2-465所示。将其拖曳到视频图层后方，如图2-466所示。

图 2-465

图 2-466

04 双击文字缩览图，如图2-467所示，进入文本编辑状态，将文字内容修改为"谢谢观看！"，如图2-468所示。

图 2-467　　　　　　图 2-468

05 关闭视频组，如图2-469所示。按住Ctrl键并单击"图层"面板底部的按钮，在视频组下方新建一个图层，如图2-470所示。将前景色调整为淡红色，按快捷键Alt+Delete，为该图层填色，如图2-471所示。

图 2-469　　　　图 2-470　　　　图 2-471

06 单击"时间轴"面板中的"转到第一帧"按钮，切换到视频的起始位置，再将图层时间条拖曳到视频的起始位置，如图2-472所示。

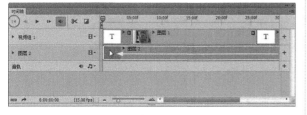

图 2-472

07 展开文字列表，如图2-473所示。单击按钮弹出菜单，将"渐隐"过渡效果拖曳到文字上，如图2-474所示。

图 2-473

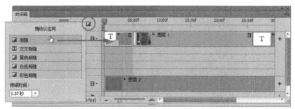

图 2-474

08 在文字与视频衔接处再添加一个"渐隐"过渡效果，如图2-475所示，将光标放在滑块上，如图2-476所示，拖曳滑块，调整渐隐效果的时间长度，如图2-477所示。

图 2-475　　　　图 2-476　　　　图 2-477

09 采用同样的方法，为视频及最后面的文字也添加"渐隐"过渡效果，如图2-478所示。

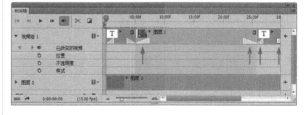

图 2-478

10 在后方文字上单击鼠标右键，打开快捷菜单，选择"旋转和缩放"选项，设置缩放样式为"缩小"，如图2-479所示。按空格键播放视频，如图2-480所示。可以看到，画面中首先出现一组文字，然后播放视频内容，最后以旋转的文字收尾，文字和视频的切换都呈现淡入、淡出效果。

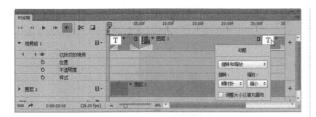

图 2-479

图 2-480

图 2-482

图 2-483

2.18 实战动画：跳跳兔

动画是在一段时间内显示的一系列图像(帧)，当每一帧较前一帧都有轻微的变化时，连续、快速地显示这些图像就会产生运动或其他视觉效果。

2.18.1 了解帧模式时间轴面板

打开"时间轴"面板，如果面板为时间轴模式，可以单击面板中的 ▭▭▭ 按钮，切换为帧模式，如图 2-481 所示。"时间轴"面板会显示动画中的每个帧的缩览图，使用面板底部的工具可以浏览各个帧、设置循环选项、添加或删除帧，以及预览动画。

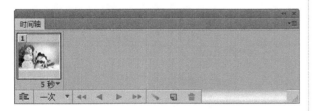

图 2-481

2.18.2 制作兔子蹦跳动画

01 打开光盘中的素材，这是一个PSD格式的分层文件，如图2-482和图2-483所示。

02 打开"动画"面板。将帧的延迟时间设定为0.1秒，循环次数设置为"永远"，如图2-484所示。单击面板底部的 ▭ 按钮，复制关键帧，如图2-485所示。

图 2-484

图 2-485

03 选择"兔子"图层，按快捷键Ctrl+J进行复制，得到"兔子 拷贝"图层，如图2-486所示，保持该图层的选中状态，将"兔子"图层隐藏，如图2-487所示。

图 2-486

图 2-487

Point 如果需要隐藏的图层是上下相邻的，即可光标放在"兔子 拷贝"层的眼睛图标 👁 上，单击鼠标并垂直向上（或向下）拖曳鼠标，即可将这几个图层隐藏，这样就不必在每个图层上都单击一下眼睛图标 👁 了。需要显示它们时，也采用相同的方法。

04 按快捷键Ctrl+T，显示定界框，如图2-488所示，按住Shift键并拖曳控制点，将图像缩小，并移动到前方，按Enter键确认，如图2-489所示。

图 2-488

图 2-489

05 单击"动画"面板底部的 按钮，复制关键帧，如图2-490所示。在"图层"面板中，按住Alt键并将"兔子"层拖曳到图层列表的顶部，释放鼠标和按键后，可以在面板顶部复制出一个图层，如图2-491所示。

图 2-490

图 2-491

06 显示该图层，将下面的图层隐藏，如图2-492所示。按快捷键Ctrl+T，显示定界框，调整图像的大小和位置，按Enter键确认，如图2-493所示。

图 2-492

图 2-493

07 单击"动画"面板底部的 按钮，复制出第4个关键帧。按住Alt键并将"兔子"层拖曳到面板顶部进行复制，隐藏下面的图层，如图2-494所示。按快捷键Ctrl+T，显示定界框，拖曳顶部的控制点，将兔子向下压一点，效果如图2-495所示。

图 2-494

图 2-495

08 单击"动画"面板底部的 按钮，复制出第5个关键帧。按住Alt键复制"兔子"层，并隐藏下面的图层，如图2-496所示。按快捷键Ctrl+T，显示定界框，调整图像的大小和位置，如图2-497所示。

图 2-496

图 2-497

09 按空格键播放动画，可以看到，兔子会从远处的门旁边蹦到我们眼前。

10 下面将该文件存储为一个GIF动画。执行"文件>导出>存储为Web所用格式"命令，在打开的对话框中选择GIF格式，如图2-498所示，单击"存储"按钮，弹出"将优化结果存储为"对话框，如图2-499所示，设置文件名和保存位置后，单击"保存"按钮关闭对话框。

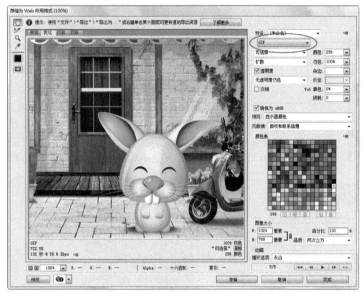

图 2-498

图 2-499

11 打开GIF文件所在的文件夹，双击该动画文件，即可播放动画。该文件还可以插入到网页中，或者通过QQ发送给好友，让其他人也能够欣赏到该动画。

学习重点

- ●像素与分辨率
- ●文件格式
- ●实战：用抓手工具查看图像
- ●实战：扭曲和变形
- ●实战：设置前景色和背景色
- ●实战：设置渐变

第3章

特效字

扫描二维码，关注李老师的个人小站，了解更多 Photoshop、Illustrator 实例和操作技巧。

3.1 关于字体设计

　　文字是人类文化的重要组成部分，也是信息传播的主要方式。字体设计以其独特的艺术感染力，广泛地应用于视觉传达设计中，好的字体设计是增强视觉传达效果、提高审美价值的一种重要组成因素。

3.1.1 字体设计的原则

　　字体设计首先应具备易读性，即在遵循形体结构的基础上进行变化，不能随意改变字体的结构、增减笔画、随意造字，切忌为了设计而设计，文字设计的根本目的是为了更好地表达设计的主题和构想理念，不能为变而变；其次要体现艺术性，文字应做到风格统一、美观实用、创意新颖，且有一定的艺术性；最后要具备思想性，字体设计应从文字内容出发，能够准确地诠释文字的精神内涵。

3.1.2 字体的创意方法

- ● 外形变化：在原字体的基础上通过拉长、压扁，或者根据需要进行弧形、波浪形等变化处理，突出文字特征或以内容为主要表达方式，如图3-1所示。

图 3-1

- ● 笔画变化：笔画的变化灵活多样，例如在笔画的长短上变化，或者在笔画的粗细上加以变化等。笔画的变化应以副笔变化为主，主要笔画变化要少，以避免因繁杂而不易识别，如图3-2所示。

图 3-2

- ● 结构变化：将文字的部分笔画放大、缩小，或者改变文字的重心、移动笔画的位置，都可以使字形变得更加新颖、独特，如图3-3和图3-4所示。

图 3-3

图 3-4

3.1.3 创意字体的类型

● 形象字体：将文字与图画有机结合，充分挖掘文字的含义，再采用图画的形式使字体形象化，如图3-5和图3-6所示。

图 3-5

图 3-6

● 装饰字体：装饰字体通常以基本字体为原型，采用内线、勾边、立体、平行透视等变化方法，使字体更加活泼、浪漫，富有诗意，如图3-7所示。

图 3-7

● 书法字体：书法字体美观流畅、欢快轻盈，节奏感和韵律感都很强，但易读性较差，因此只适宜在人名、地名等短句上使用，如图3-8所示。

图 3-8

3.2 实战：IT时空字体设计

01 打开光盘中的素材，如图3-9和图3-10所示。

图 3-9　　　　　　　　　图 3-10

02 按快捷键Ctrl+T，显示定界框，单击鼠标右键，打开快捷菜单，选择"扭曲"命令，然后拖曳控制点，对文字进行变形处理，如图3-11所示。按住Alt键并向下拖曳文字图层进行复制，如图3-12所示。

图 3-11　　　　　　　　　图 3-12

03 执行"滤镜>模糊>动感模糊"命令，对文字进行模糊处理，如图3-13和图3-14所示。再调整文字的位置，如图3-15所示。

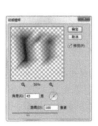

图 3-13　　　　　　　　　图 3-14

图 3-15

04 复制"IT拷贝"图层，设置其不透明度为70%，使文字的立体效果更加明显，如图3-16和图3-17所示。

图 3-16

图 3-17

05 双击 "IT" 图层, 打开 "图层样式" 对话框, 添加 "内阴影" "斜面和浮雕" 效果, 如图3-18和图3-19所示。

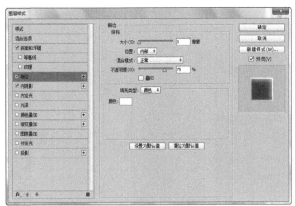

图 3-20

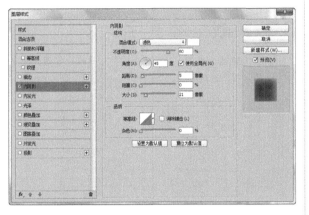

图 3-18

图 3-21

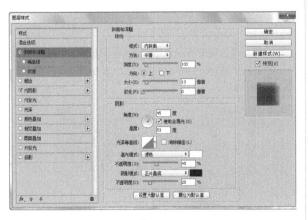

图 3-19

06 在 "图层样式" 对话框中选择 "描边" 效果, 将描边颜色设置为白色, 其他参数如图3-20所示, 文字效果如图3-21所示。

07 打开光盘中的素材, 如图3-22所示。将白色的数字图像拖曳到文字文档中, 设置混合模式为 "叠加", 不透明度为25%, 如图3-23和图3-24所示。

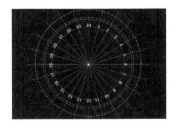

图 3-22

图 3-23

图 3-24

08 使用 "横排文字工具" T 输入文字, 打开 "字符" 面板, 设置字体、大小和间距, 如图3-25和图3-26所示。

图 3-25

图 3-26

09 为文字图层添加"描边"样式，将描边颜色设置为深蓝色，如图3-27所示，文字的效果如图3-28所示。

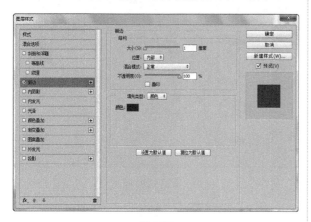

图 3-27

图 3-28

10 使用"横排文字工具" T 输入文字"时空"，在"时"字上单击并拖曳鼠标，将其选中，设置垂直缩放为130%，水平缩放为140%，基线偏移为-5点，如图3-29和图3-30所示。

图 3-29

图 3-30

11 选择文字"空"，设置垂直缩放为300%，如图3-31和图3-32所示。最终的效果如图3-33所示。

图 3-31

图 3-32

图 3-33

3.3 实战：冰雪字

01 按快捷键Ctrl+N，打开"新建"对话框，创建一个文档，如图3-34所示。

图 3-34

02 将背景色调整为深蓝色，如图3-35所示。使用"渐变工具" ■ 按住Shift键在画面中填充"蓝-黑"渐变，如图3-36所示。

图 3-35

图 3-36

03 打开“字符”面板，选择字体并设置大小，如图3-37所示。使用“横排文字工具” T 输入文字，如图3-38所示。

图 3-37

图 3-38

04 双击文字图层，打开“图层样式”对话框。在左侧列表中选择“渐变叠加”效果，添加该效果。单击渐变颜色条，如图3-39所示，打开“渐变编辑器”对话框调整颜色，其中，渐变滑块的颜色依次为蓝（R139,G183,B209）、蓝（R90,G155,B292）、紫（R76,G59,B88）、灰（R206,G206,B206）、白（R255,G255,B255），如图3-40所示，文字效果如图3-41所示。

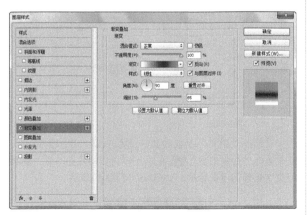

图 3-39

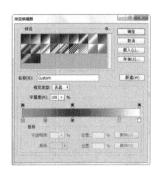

图 3-40

图 3-41

05 在左侧列表中选择“内阴影”效果，添加该效果，如图3-42和图3-43所示。

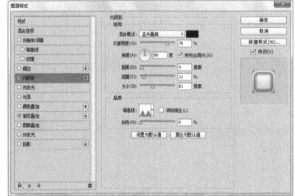

图 3-42

图 3-43

06 继续添加“外发光”效果，如图3-44和图3-45所示。

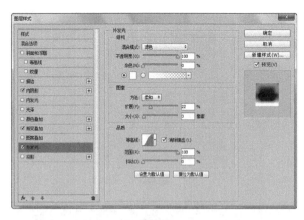

图 3-44

图 3-45

07 再添加白色的"内发光"效果，如图3-46和图3-47所示。单击"确定"按钮关闭对话框。

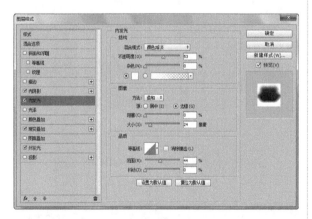

图 3-46

图 3-47

08 按快捷键Ctrl+J，复制文字图层。按快捷键Ctrl+T，显示定界框，单击鼠标右键，弹出快捷菜单，选择"垂直翻转"命令，如图3-48所示，翻转文字后，将其移动到下方，作为倒影，按Enter键确认，如图3-49所示。

图 3-48

图 3-49

09 按住Ctrl键并单击"图层"面板底部的 ![按钮] 按钮，在当前图层下方创建一个图层，如图3-50所示。按住Ctrl键并单击上一个图层，同时选中这两个图层，按快捷键Ctrl+E合并，如图3-51所示。

图 3-50   图 3-51

10 单击"图层"面板底部的 ![按钮] 按钮，添加蒙版，使用"渐变工具" ![渐变] 填充"黑-白"的线性渐变，将靠近文字底部的倒影隐藏，如图3-52和图3-53所示。

图 3-52

图 3-53

11 打开光盘中的素材，如图3-54所示。使用"移动工具" ▶♣ 将其拖入文字文档中，放在文字的后方。按快捷键Ctrl+J，复制企鹅图层，并采用与制作文字投影相同的方法，给小企鹅也制作一个投影效果，如图3-55所示。

图 3-54

图 3-55

3.4 实战：圆点字

01 按快捷键Ctrl+N，打开"新建"对话框，创建一个文件，如图3-56所示。

图 3-56

02 单击"通道"面板底部的"创建新通道"按钮 ，新建一个Alpha通道，如图3-57所示，按快捷键Ctrl+I反相，使通道变为白色，如图3-58所示。

图 3-57   图 3-58

03 选择"横排文字工具" T ，打开"字符"面板，设置字体、大小和颜色（R153,G153,B153），如图3-59所示，在画面中输入文字。选择工具箱中其他工具，结束文字的输入，文字将转换为选区，如图3-60所示。

图 3-59   图 3-60

04 按快捷键Ctrl+D，取消选择。执行"滤镜>像素化>彩色半调"命令，使文字成为圆点状，如图3-61和图3-62所示。

图 3-61   图 3-62

05 单击"通道"面板底部的 按钮，载入通道中的选区，如图3-63所示，按快捷键Shift+Ctrl+I反选，选中文字，如图3-64所示。

图 3-63   图 3-64

06 单击"图层"面板底部的 按钮，新建一个图层，如图3-65所示。将前景色设置为绿色（R89,G250,B0），按快捷键Alt+Delete，在选区内填充前景色，按快捷键Ctrl+D，取消选区，如图3-66所示。

图 3-65　　　　　　　　图 3-66

07 按快捷键Ctrl+J，复制文字图层，如图3-67所示。按快捷键Ctrl+[，将该图层移动到"图层1"的下方，如图3-68所示。

图 3-67　　　　　　　图 3-68

08 执行"滤镜>模糊>动感模糊"命令，在打开的对话框中设置参数，如图3-69所示，效果如图3-70所示。

图 3-69　　　　　　　图 3-70

09 使用"移动工具"，将模糊后的文字向右移动，如图3-71所示。打开光盘中的素材，如图3-72所示。

图 3-71

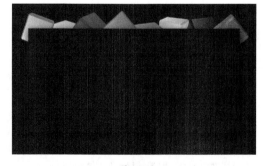

图 3-72

10 在文字文档中，按住Ctrl键并单击"图层1"和"图层1拷贝"，将它们同时选中，使用"移动工具"将文字拖入新打开的文档中，如图3-73所示。最后使用"横排文字工具" 输入一行小字，如图3-74所示。

图 3-73

图 3-74

3.5 实战：布纹字

01 按快捷键Ctrl+N，打开"新建"对话框，创建一个10厘米×6厘米，分辨率为350像素/英寸的RGB颜色模式文件。

02 选择"横排文字工具" ，打开"字符"面板，设置字体及大小，如图3-75所示。在画面中输入文字，如图3-76所示，选择工具箱中的其他工具，结束文字的输入状态。

图 3-75　　　　　　　图 3-76

03 双击文字图层，打开"图层样式"对话框，添加"投影"和"描边"效果，如图3-77～图3-79所示。

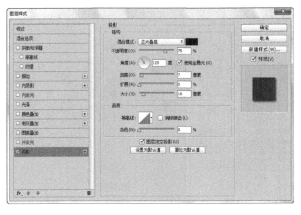

图 3-77

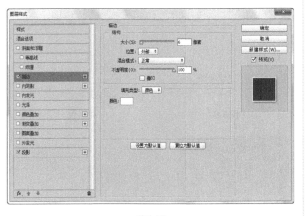

图 3-78

图 3-79

04 使用"移动工具"，按住Alt+Shift键向右侧拖曳文字进行复制，如图3-80所示。双击文字图层的缩览图，如图3-81所示，进入文字编辑状态，将复制后的文字修改为O，如图3-82所示。

图 3-80　　　　　　图 3-81

图 3-82

05 单击"移动工具"，结束文字的编辑状态。按住Alt+Shift键向右侧拖曳文字再次复制，然后采用同样的方法，双击文字的缩览图，修改文字内容，最后组成一个单词Color，其中的每个字母都位于一个单独的图层，如图3-83和图3-84所示。

图 3-83　　　　　　图 3-84

06 打开光盘中的素材，使用"移动工具"将其拖入文字文档中，生成"图层1"，将其拖曳到文字图层C的上面，如图3-85和图3-86所示。

图 3-85

图 3-86

07 按快捷键Alt+Ctrl+G，创建剪贴蒙版，在文字C中显示花布图案，如图3-87和图3-88所示。

图 3-87 　　　　　　　　　　图 3-88

08 打开光盘中的素材，如图3-89所示，将其拖入文字文档，生成"图层2"，将该图层拖曳到文字O的上面，如图3-90所示。

图 3-89 　　　　　　　　　　图 3-90

09 按快捷键Alt+Ctrl+G，创建剪贴蒙版，使用文字O限定花布的显示范围，如图3-91和图3-92所示。

图 3-91 　　　　　　　　　　图 3-92

10 打开光盘中的素材，分别放到文字图层l、o、r的上面，采用同样的方法创建剪贴蒙版，使用各字母限定花布的显示范围，如图3-93和图3-94所示。

11 打开光盘中的素材，如图3-95所示。将布纹字中除了"背景"图层以外的所有图层全部选中，使用"移动工具" 将其拖入名片文档中，如图3-96所示。

12 使用"横排文字工具" 输入一行文字，如图3-97和图3-98所示。按Enter键换行，在"字符"面板中将文字的大小改为8点，颜色设置为浅灰色，再输入一行小字，如图3-99所示。

图 3-93 　　　　　　　　　　图 3-94

图 3-95 　　　　　　　　　　图 3-96

图 3-97 　　　　　　　　　　图 3-98

图 3-99

3.6 实战：立体字

01 按快捷键Ctrl+N，打开"新建"对话框，创建一个10厘米×6厘米，分辨率为350像素/英寸的RGB模式文件。在"色板"面板中选择灰色，如图3-100所示，按快捷键Alt+Delete，填充灰色，如图3-101所示。

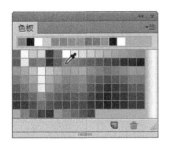

图 3-100

图 3-101

02 选择"横排文字工具" T，打开"字符"面板设置字体及大小，如图3-102所示，在画面中输入文字，如图3-103所示。选中"移动工具" ，结束文字输入。

图 3-102

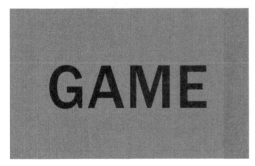

图 3-103

03 在文字图层上单击鼠标右键，打开快捷菜单，选择"栅格化文字"命令，如图3-104所示，将文字栅格化，以便对其进行变形处理。按快捷键Ctrl+T，显示定界框，按住Ctrl键并拖曳控制点，将文字调整为如图3-105所示的透视效果，按Enter键确认。

图 3-104

图 3-105

04 单击"图层"面板顶部的 按钮，锁定图层的透明区域，如图3-106所示。选择"渐变工具" ，单击工具选项栏渐变颜色条右侧的 按钮，打开下拉面板，选择一个渐变预设，如图3-107所示，为文字填充渐变色，如图3-108所示。

图 3-106

图 3-107

图 3-108

 Point 由于锁定了图层的透明区域，因此，填充渐变颜色时，只填充包含像素的区域（即文字），文字以外的透明区域不会受到影响。

05 按住Alt键，再连续按↑键，沿垂直方向向上连续复制文字图层，形成立体字，每按一下↑键，就会生成一个新的图层，如图3-109和图3-110所示。

图 3-109

图 3-110

06 按快捷键Ctrl+L，打开"色阶"对话框，向左侧拖曳中间调滑块，如图3-111所示，将最上面的文字调亮，如图3-112所示。

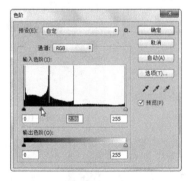

图 3-111

图 3-112

07 选择所有文字图层，如图3-113所示，按快捷键Ctrl+E合并图层，如图3-114所示。

图 3-113　　　　图 3-114

08 打开光盘中的素材，这是一个PSD格式的分层文件。使用"移动工具"，将文字拖入该文档中，并调整图层的位置，如图3-115和图3-116所示。

图 3-115　　　　图 3-116

09 打开光盘中的素材，将其拖入手机文档中，放在文字图层的下方，如图3-117和图3-118所示。

图 3-117　　　　图 3-118

3.7 实战：玉石字

01 按快捷键Ctrl+N，打开"新建"对话框，创建一个10厘米×6厘米，分辨率为350像素/英寸的RGB模式文档。

02 选择"横排文字工具" T，在"字符"面板中设置字体和大小，如图3-119所示，在画面中输入文字，如图3-120所示。单击"移动工具"，结束文字输入。

图 3-119 　　　　　　　图 3-120

03 打开光盘中的素材，如图3-121所示。执行"编辑>定义图案"命令，打开"图案名称"对话框，输入图案的名称，如图3-122所示，单击"确定"按钮，将该图像定义为一个图案。

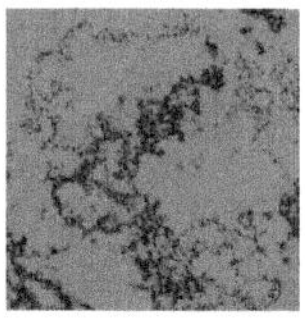

图 3-121

图 3-122

04 切换到文字文档中，单击"图层"面板底部的 fx. 按钮，选择"投影"命令，打开"图层样式"对话框，将投影颜色设置为灰色，其他参数如图3-123所示。单击对话框左侧列表中的"内阴影"效果，显示选项，设置内阴影颜色为墨绿色（R3,G69,B64），其他参数如图3-124所示。

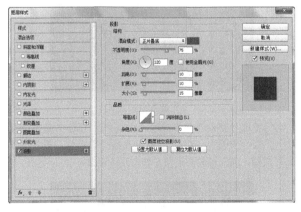

图 3-123

05 单击该对话框左侧列表中的"内发光"效果，显示选项，设置发光颜色为深绿色（R0,G133,B22），其他参数如图3-125所示。单击左侧列表中的"斜面和浮雕"效果，显示选项，设置"高光模式"的颜色为淡绿色（R210,G214,B175），"阴影模式"的颜色为墨绿色（R5,G58,B3），其他参数如图3-126所示。

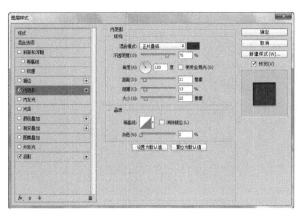

图 3-124

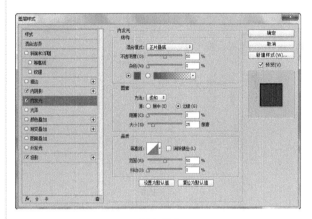

图 3-125

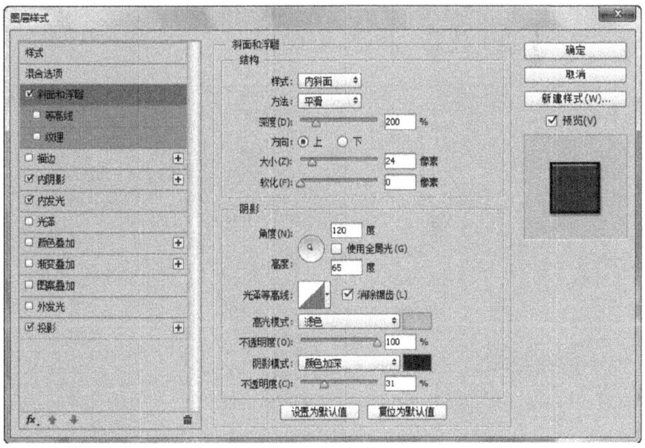

图 3-126

06 单击左侧列表中的"颜色叠加"效果，显示选项，设置叠加的颜色为绿色（R110,G245,B117），如图3-127所示。单击左侧列表中的"光泽"效果，显示选项，设置光泽颜色为淡青色（R237,G245,B253），其他参数如图3-128所示。

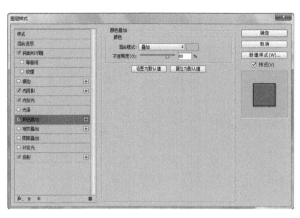

图 3-127

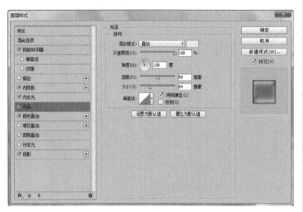

图 3-128

07 单击左侧列表中的"图案叠加"效果，显示选项，单击图案缩览图，显示下拉面板，选择前面定义的图案，如图3-129所示，设置"缩放"为25％，关闭对话框，为文字添加以上效果，如图3-130所示。

图 3-129

Jade

图 3-130

08 按快捷键Ctrl+O，打开光盘中的素材，如图3-131所示。

图 3-131

09 执行"滤镜>渲染>光照效果"命令，打开"光照效果"对话框，拖曳光源控制点调整光源方向，并设置参数，如图3-132所示。单击"确定"按钮关闭对话框，效果如图3-133所示。

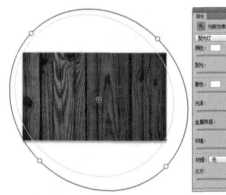

图 3-132

图 3-133

10 使用"移动工具"，将制作的玉石字拖入该文档，如图3-134所示。打开光盘中的素材，将其拖入文字文档，放在画面右下角，如图3-135所示。

图 3-134

图 3-135

3.8 实战：钻石字

01 按快捷键Ctrl+N，打开"新建"对话框，创建一个660×200像素，分辨率为72像素/英寸的RGB模式文档。

02 选择"横排文字工具" T ，在"字符"面板中选择一种字体并设置大小，如图3-136所示，在画面中输入文字，如图3-137所示。

图 3-136

图 3-137

03 按快捷键Ctrl+J，复制文字图层，如图3-138所示。按住Ctrl键单击"图层"面板底部的 按钮，在文字图层下方新建一个图层，如图3-139所示。

图 3-138　　　　　图 3-139

04 按快捷键Ctrl+Delete，将该图层填充为白色。按住Ctrl键并单击上面的文字图层，同时选取这两个图层，如图3-140所示，再按快捷键Ctrl+E合并，如图3-141所示。将下面的文字图层隐藏，如图3-142所示。

图 3-140　　　　　图 3-141

图 3-142

05 执行"滤镜>扭曲>玻璃"命令，在打开的对话框中设置参数，如图3-143所示，效果如图3-144所示。

图 3-143

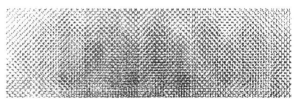

图 3-144

06 按住Ctrl键并单击被隐藏的文字图层缩览图，载入其选区，如图3-145所示。单击"图层"面板底部的 按钮，基于选区创建蒙版，选区外的图像会被蒙版遮盖，如图3-146所示。

图 3-145

图 3-146

07 单击"图层"面板底部的 **fx** 按钮，在弹出的菜单中，选择"描边"命令，打开"图层样式"对话框，设置描边颜色为黄色，其他参数如图3-147所示，效果如图3-148所示。

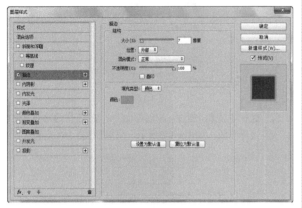

图 3-147

图 3-148

08 单击该对话框左侧列表中的"斜面和浮雕"效果，显示选项，将"样式"设置为"描边浮雕"，并选择一种光泽等高线样式，其他参数如图3-149所示，效果如图3-150所示。

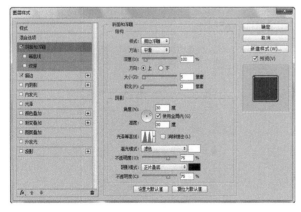

图 3-149

图 3-150

09 单击该对话框左侧列表中的"投影"效果，设置参数如图3-151所示，效果如图3-152所示。

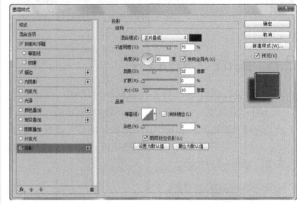

图 3-151

图 3-152

10 打开光盘中的素材，将钻石字拖入该文档，如图3-153所示。单击"图层"面板底部的 按钮，新建一个图层，如图3-154所示。

图 3-153

图 3-154

11 选择"画笔工具" ，打开画笔下拉面板，选择面板菜单中的"载入画笔"命令，如图3-155所示，在打开的对话框中选择光盘中本实例所使用的画笔文件，如图3-156所示，将其载入到面板中。

图 3-155

图 3-156

12 选择如图3-157所示的笔尖，将前景色设置为白色，在文字的高光区域单击鼠标，绘制发光效果，如图3-158所示。

图 3-157

图 3-158

3.9 实战：泥土字

01 按快捷键Ctrl+N，创建一个10厘米×6厘米，分辨率为350像素/英寸的RGB模式文档。按快捷键Ctrl+I，将"背景"图层反相为黑色。选择"横排文字工具" ，打开"字符"面板，设置字体、大小、水平缩放等参数，如图3-159所示，在画面中输入文字，如图3-160所示。

图 3-159   图 3-160

02 执行"图层>栅格化>文字"命令，将文字图层转换为普通图层。执行"滤镜>模糊>高斯模糊"命令，对文字进行模糊处理，如图3-161和图3-162所示。

图 3-161   图 3-162

03 单击"图层"面板底部的 按钮，新建一个图层。执行"滤镜>渲染>云彩"命令，生成云彩图案，如图3-163所示。执行"滤镜>模糊>高斯模糊"命令，设置模糊半径为12像素。将该图层的混合模式设置为"正片叠

底"，效果如图3-164所示。

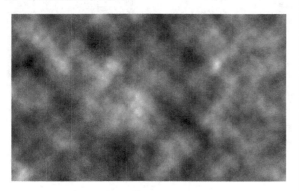

图 3-163

图 3-164

04 按快捷键Alt+Shift+Ctrl+E，将图像的当前效果盖印到一个新的图层中。执行"滤镜>其他>最大值"命令，设置参数如图3-165所示，效果如图3-166所示。

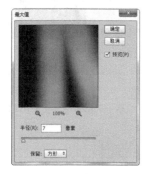

图 3-165

图 3-166

05 执行"滤镜>渲染>光照效果"命令，在"纹理通道"下拉列表中选择"红"选项，生成立体文字效果，如图3-167和图3-168所示。

图 3-167

图 3-168

06 执行"滤镜>杂色>中间值"命令，设置参数如图3-169所示。执行"滤镜>锐化>USM锐化"命令，设置参数如图3-170所示，效果如图3-171所示。

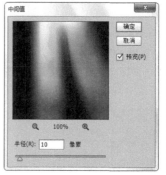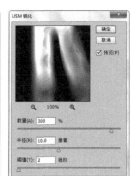

图 3-169   图 3-170

图 3-171

图 3-174

07 执行"滤镜>渲染>光照效果"命令，用该滤镜增强立体效果，如图3-172和图3-173所示。

图 3-172

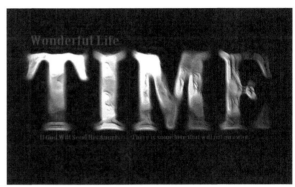

图 3-175

图 3-173

08 设置该图层的"不透明度"为70%。单击"调整"面板中的 <img> 按钮，添加"色相/饱和度"调整图层，选中"着色"选项，设置参数如图3-174所示，为文字着色。再输入两行小文字，如图3-175所示。

09 按住Alt键单击"图层"面板底部的 <img> 按钮，打开"新建图层"对话框，在"模式"下拉列表中选择"强光"，选中"填充强光中性色"选项，如图3-176所示，创建一个中性色图层。执行"滤镜>渲染>镜头光晕"命令，打开"镜头光晕"对话框，在中性色图层上添加光晕效果，如图3-177和图3-178所示。

图 3-176

图 3-177

图 3-178

3.10 实战：球形字

01 按快捷键Ctrl+O，打开光盘中的素材，如图3-179所示。选择"横排文字工具" T，在工具选项栏中选择"华文中宋"字体，大小设置为34点，颜色设置为红色，在画面左上角单击并向右下角拖曳鼠标，创建一个与画布大小相同的文本框，然后输入文字，使文字铺满整个画面，文字内容可以自定，英文、数字都可以，如图3-180所示。

图 3-179

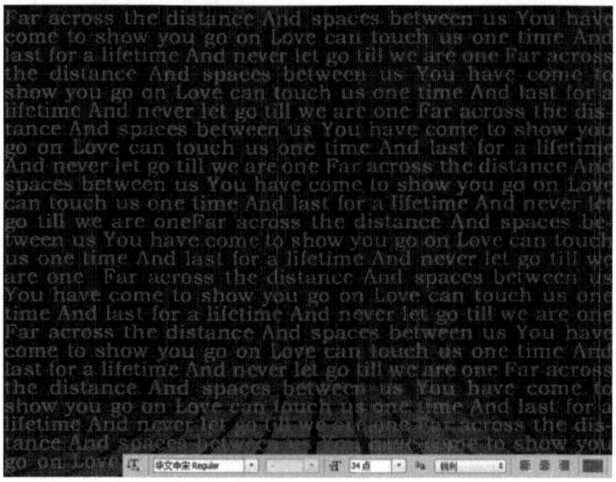

图 3-180

02 执行"图层>栅格化>文字"命令，将文字栅格化，使其转变为普通图层，如图3-181所示。使用"椭圆选框工具" ⚪ 按住Shift键创建一个圆形选区，如图3-182所示。

图 3-181

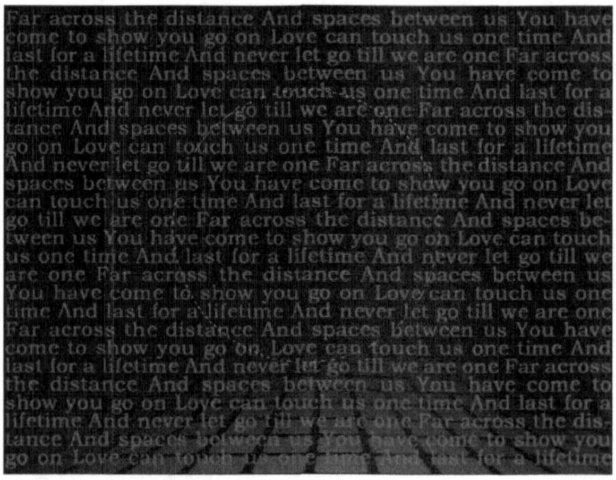

图 3-182

03 执行"滤镜>扭曲>球面化"命令，对选中的文字进行扭曲，使其产生球面凸起效果，如图3-183和图3-184所示。

图 3-183

04 单击"图层"面板底部的 ▣ 按钮，添加蒙版，将选区以外的文字隐藏，再单击文字缩览图，进入图像编辑状态，如图3-185所示。选择一个柔角"画笔工具" 🖌，在工具选项栏中设置该工具的不透明度为10%，在文字中心涂抹白色，绘制出高光效果，如图3-186所示。

图 3-184

图 3-187

图 3-188

图 3-185

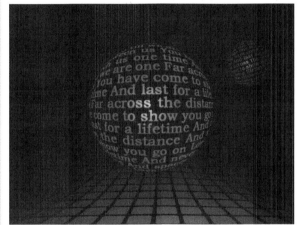
图 3-189

图 3-186

图 3-190

05 按4下快捷键Ctrl+J，复制文字图层，如图3-187所示。选择最上面的文字图层，按快捷键Ctrl+T，显示定界框，按住Shift键并拖曳控制点，对球形文字进行等比例缩小（可适当旋转），按Enter键确认。使用"移动工具" ▶♦将其移动到画面右上角，然后降低其不透明度，如图3-188和图3-189所示。

06 分别选中下面的两个文字图层，采用相同的方法，将文字缩小，适当旋转并降低不透明度，如图3-190和图3-191所示。

07 选择如图3-192所示的文字图层，按快捷键Ctrl+T，显示定界框，在图像上单击鼠标右键，打开快捷菜单，选择"垂直翻转"命令，如图3-193所示，将图像翻转。

图 3-191

图 3-192

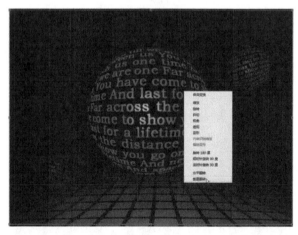

图 3-193

图 3-194

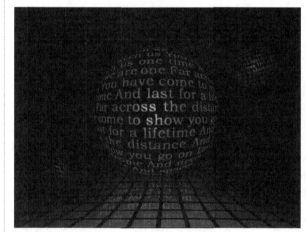

图 3-195

08 将其移动到球体的下面，作为倒影，如图3-194所示。最后设置该图层的混合模式为"叠加"，效果如图3-195所示。

3.11 实战：米粒字

01 按快捷键Ctrl+O，打开光盘中的素材，如图3-196和图3-197所示。

图 3-196   图 3-197

02 打开"通道"面板，将蓝通道拖曳到面板底部的 ⬚ 按钮上进行复制，如图3-198所示。按D键，恢复默认的前景色和背景色。执行"滤镜>像素化>点状化"命令，设置参数，如图3-199所示，效果如图3-200所示。

图 3-198   图 3-199

图 3-200

03 执行"选择>色彩范围"命令,打开"色彩范围"对话框。将光标放在黑色的块状文字上,如图3-201所示,单击鼠标进行颜色取样,拖曳该对话框中的滑块,选中文字,如图3-202所示(选中的内容为白色)。

图 3-201

图 3-202

04 单击"确定"按钮关闭对话框,创建选区,如图3-203所示。单击"图层"面板底部的 按钮,新建一个图层,如图3-204所示。

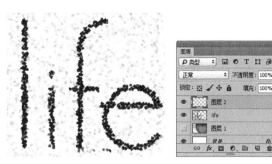

图 3-203   图 3-204

05 在选区内填充白色,如图3-205所示。按快捷键Ctrl+D,取消选区。隐藏文字图层,显示"图层1",如图3-206所示。

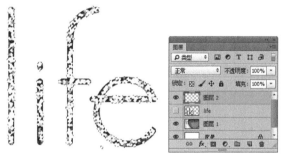

图 3-205   图 3-206

06 按快捷键Ctrl+T,显示定界框,按住Shift键拖曳控制点,将文字等比例缩小,按Enter键确认,使用"移动工具" 将其拖曳到画面右侧,如图3-207所示。

图 3-207

07 双击该图层,打开"图层样式"对话框,添加"投影""斜面和浮雕"效果,如图3-208和图3-209所示。

08 单击"确定"按钮关闭对话框,创建立体效果,如图3-210所示。最后在画面底部输入一行文字,如图3-211所示。

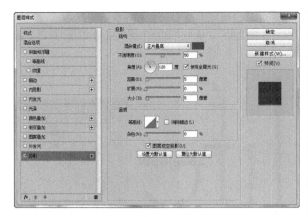

图 3-208

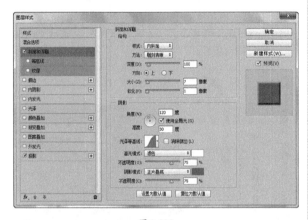

图 3-209

图 3-210

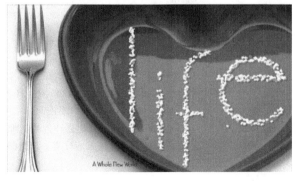

图 3-211

3.12 实战：水滴字

01 按快捷键Ctrl+N，打开"新建"对话框，创建一个20厘米×10厘米，72像素/英寸的RGB模式文档。

02 选择"横排文字工具" **T**，在"字符"面板中设置字体和大小，如图3-212所示，在画面中输入文字，如图3-213所示。

图 3-212　　　　　　　　　图 3-213

03 按住Ctrl键并单击"创建新图层"按钮 ，在文字下方新建一个图层，然后填充白色，如图3-214所示。按住Ctrl键单击文字图层，将这两个图层同时选中，如图3-215所示，按快捷键Ctrl+E合并图层，如图3-216所示。

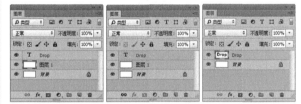

图 3-214　　　　　　图 3-215　　　　　　图 3-216

04 执行"滤镜>像素化>晶格化"命令，对文字进行变形处理，如图3-217和图3-218所示。

图 3-217　　　　　　　　　图 3-218

05 执行"滤镜>模糊>高斯模糊"命令，对文字进行模糊处理，使文字的边缘变得光滑，如图3-219和图3-220所示。

06 执行"图像>调整>阈值"命令，对文字的边缘进行简化处理，如图3-221和图3-222所示。

07 选择"魔棒工具" ，在工具选项栏中取消选中"连续"选项，在黑色文字上单击鼠标，将其选中，如图3-223所示。执行"选择>修改>扩展"命令，扩展选区的边界范围，如图3-224和图3-225所示。按快捷键Alt+Delete，填充黑色，如图3-226所示。

图 3-219　　　　　图 3-220

图 3-227

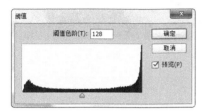

图 3-221

图 3-228

图 3-222　　　　　图 3-223

09 将文字图层的"填充"参数设置为3%，如图3-229和图3-230所示。

图 3-224

图 3-229

图 3-225

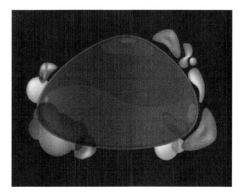

图 3-230

08 打开光盘中的素材，使用"移动工具" ，将选中的文字拖入该文档中，如图3-227所示。按快捷键Ctrl+I反相，使文字变为白色，如图3-228所示。

10 双击"图层1"，打开"图层样式"对话框，添加"投影"效果，如图3-231和图3-232所示。

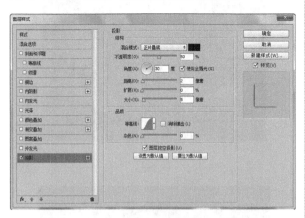

图 3-231

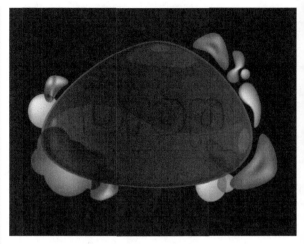

图 3-234

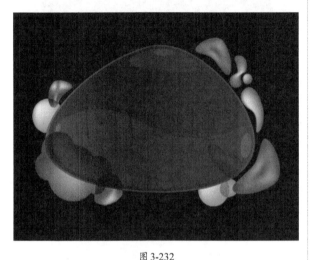

图 3-232

11 继续添加"内阴影"效果，如图3-233和图3-234所示。

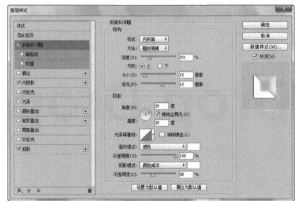

图 3-235

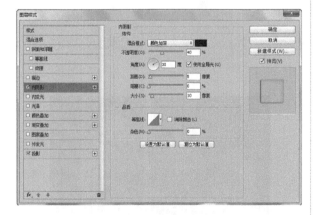

图 3-233

12 添加"斜面和浮雕"效果，生成水滴质感，如图3-235和图3-236所示。

图 3-236

13 按快捷键Ctrl+J，复制文字图层，让水滴效果更加清晰，如图3-237和图3-238所示。

图 3-237

图 3-240

图 3-241

图 3-238

14 单击"图层"面板底部的 ▢ 按钮,新建一个图层。使用"画笔工具" ✐ 绘制一些白点,如图3-239所示。将该图层的"填充"参数设置为3%,隐藏白点,如图3-240所示。

图 3-239

15 按住Alt键,将文字图层的效果图标 *fx* 拖曳到该图层中,为其复制同样的效果,如图3-241所示。按快捷键Ctrl+J,复制图层,效果如图3-242所示。

图 3-242

3.13 实战:网点字

01 按快捷键Ctrl+O,打开光盘中的素材,如图3-243所示。

图 3-243

02 选择"横排文字工具" **T**,在"字符"面板中设置字体和大小,颜色为蓝色(R33,G30,B135),如图3-244所示,在画面中输入文字,如图3-245所示。

图 3-244

图 3-247

图 3-245

图 3-248

03 在字母L上单击拖曳鼠标，将其选中，如图3-246所示。单击"字符"面板中的颜色块，如图3-247所示，打开"拾色器"对话框，修改文字颜色为（R13,G207,B255），效果如图3-248所示。采用同样的方法修改其他几个字母的颜色，如图3-249所示。

图 3-246

图 3-249

04 执行"图层>文字>文字变形"命令，打开"变形文字"对话框，选择"鱼形"样式，如图3-250和图3-251所示。

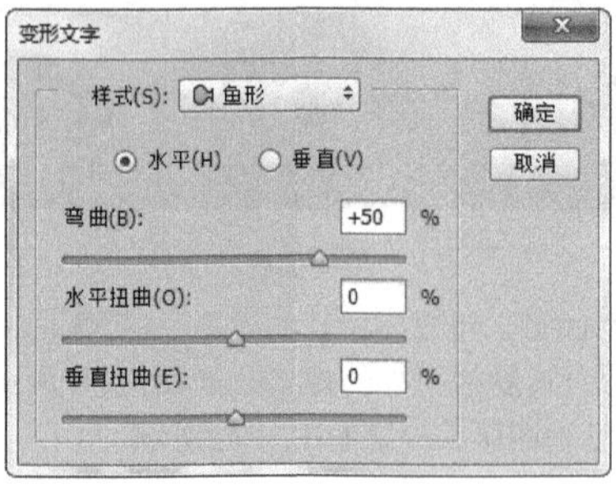

图 3-250

图 3-251

05 双击文字图层，打开"图层样式"对话框，添加"斜面和浮雕"效果，如图3-252和图3-253所示。

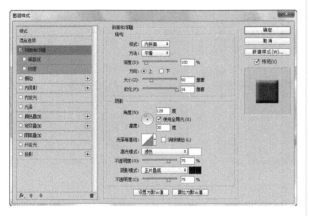

图 3-252

图 3-253

06 按住Ctrl键并单击"创建新图层"按钮，在文字图层下面新建一个图层。按住Ctrl键单击文字图层缩览图，载入文字选区，如图3-254和图3-255所示。

图 3-254

图 3-255

07 执行"选择>修改>扩展"命令，扩展选区范围，如图3-256和图3-257所示。

图 3-256

图 3-257

08 执行"编辑>描边"命令，对选区进行描边，描边颜色为白色，如图3-258所示，按快捷键Ctrl+D，取消选区，如图3-259所示。

图 3-258

图 3-259

09 单击"图层"面板底部的 *fx.* 按钮，打开"图层样式"对话框，为该图层添加"斜面和浮雕"效果，如图3-260和图3-261所示。

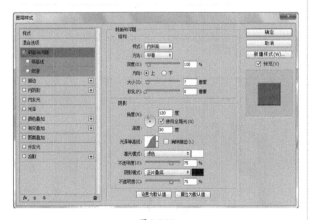

图 3-260

10 选择左侧列表中的"渐变叠加"效果，设置参数，如图3-262所示，效果如图3-263所示。

11 按Ctrl键单击文字图层缩览图，载入文字选区，如图3-264所示。执行"选择>修改>扩展"命令，扩展选区范围，如图3-265和图3-266所示。

图 3-261

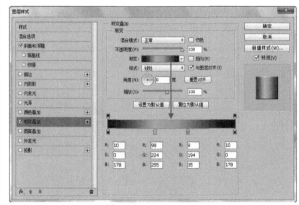

图 3-262

图 3-263

图 3-264

图 3-265

图 3-266

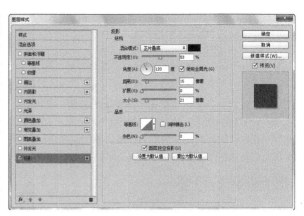

图 3-269

12 按住Ctrl键单击"创建新图层"按钮 ▢ ，在当前图层下面新建一个图层，如图3-267所示。按D键，恢复默认的前景色和背景色，按快捷键Ctrl+Delete，在选区内填充白色，然后按快捷键Ctrl+D，取消选区，如图3-268所示。

图 3-267

图 3-270

图 3-271

图 3-268

13 为该图层添加"投影"效果，如图3-269所示。将图层稍微向右下角移动，如图3-270所示。

14 按快捷键Ctrl+N，打开"新建"对话框，创建一个透明背景的文档，如图3-271所示。

15 按快捷键Ctrl+0，放大窗口。选择"椭圆工具" ⬭ ，在工具选项栏中单击 ⬍ 按钮，在打开的下拉列表中选择"像素"选项，按住Shift键创建一个白色的正圆形，如图3-272所示。执行"编辑>定义图案"命令，将圆形定义为图案，如图3-273所示。

图 3-272

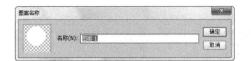

图 3-273

16 切换到文字文档，在文字图层上面新建一个图层，如图3-274所示。执行"编辑>填充"命令，打开"填充"对话框，选择自定义的圆形图案，如图3-275所示，将其填充到新建的图层中，如图3-276所示。

图 3-274 　　　　　　　　 图 3-275

图 3-276

17 按快捷键Ctrl+T，显示定界框，在工具选项栏中输入旋转角度为45度，如图3-277所示，按Enter键确认，如图3-278所示。

图 3-277

图 3-278

18 使用"移动工具" 按住Shift+Alt键向右上方拖曳鼠标，复制网点，将文字全部覆盖，如图3-279所示。按快捷键Ctrl+E向下合并图层，再按快捷键Alt+Ctrl+G，创建剪贴蒙版，将网点的显示范围限制在文字区域内，如图3-280所示。

图 3-279

图 3-280

19 单击"图层"面板顶部的 按钮，锁定该图层的透明区域，如图3-281所示。选择"画笔工具" ，将前景色调整为比文字稍浅的颜色，在各个文字上涂抹，为网点着色，如图3-282所示。

图 3-281

图 3-282

3.14 实战：糖果字

01 按快捷键Ctrl+N，打开"新建"对话框，创建一个14
厘米×6.5厘米，分辨率为200像素/英寸的RGB模式文
档。选择"渐变工具" ，打开"渐变编辑器"对话框，
调整渐变颜色，如图3-283所示，在画面中填充径向渐变，
如图3-284所示。

图 3-283

图 3-284

02 选择"横排文字工具" ，在"字符"面板中设置
字体和大小，如图3-285所示，在画面中输入文字，
如图3-286所示。

图 3-285

图 3-286

03 打开光盘中的素材，如图3-287所示。执行"编辑>
定义图案"命令，弹出"图案名称"对话框，如图
3-288所示，单击"确定"按钮，将纹理定义为图案。后面
的操作中会用到它。

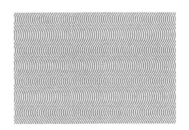

图 3-287

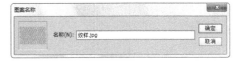

图 3-288

04 切换到文字文档中。双击文字图层，打开"图层样
式"对话框，添加"投影"和"内阴影"效果，设置
参数如图3-289和图3-290所示，文字效果如图3-291所示。

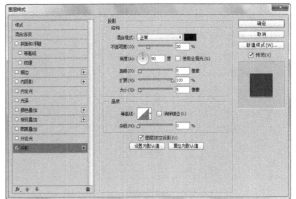

图 3-289

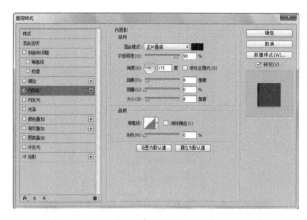

图 3-290

图 3-291

05 在该对话框的左侧列表中选择"外发光"和"内发光"选项，添加这两种效果，设置参数如图3-292和图3-293所示。

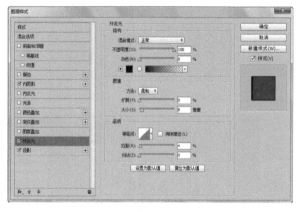

图 3-292

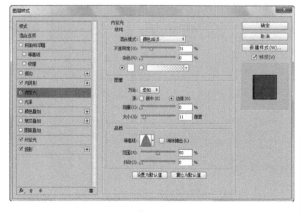

图 3-293

06 在左侧列表中选择"斜面和浮雕"和"颜色叠加"选项，添加这两种效果，设置参数如图3-294和图3-295所示。

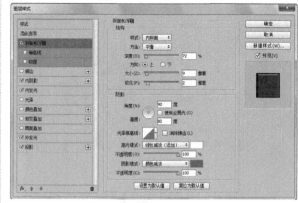

图 3-294

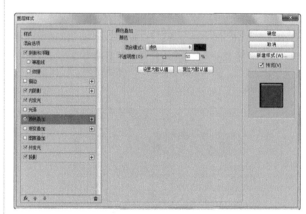

图 3-295

07 在左侧列表中选择"渐变叠加"选项，设置参数如图3-296所示，文字效果如图3-297所示。

08 在左侧列表中选择"图案叠加"选项，单击"图案"选项右侧的三角按钮，打开下拉面板，选择自定义的图案，设置图案的缩放比例为150%，如图3-298所示，效果如图3-299所示。

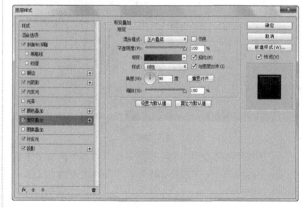

图 3-296

图 3-297

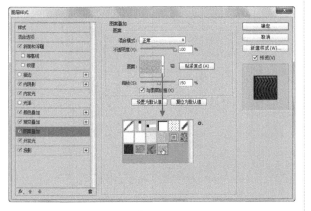

图 3-298

图 3-301

图 3-302

图 3-299

09 在左侧列表中选择"描边"选项，设置参数如图3-300所示，效果如图3-301所示。按Enter键关闭对话框。

10 按住Alt键并双击"背景"图层，将其转换为普通图层，它的名称会变为"图层0"，如图3-302所示。下面来为其添加效果。双击该图层，打开"图层样式"对话框，为其添加"图案叠加"效果，将"混合模式"设置为"叠加"，并选中自定义的图案，设置缩放比例为50%，如图3-303所示，效果如图3-304所示。

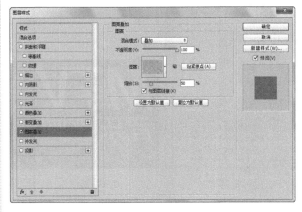

图 3-303

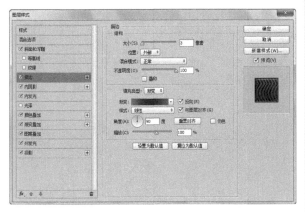

图 3-300

图 3-304

3.15 实战：霓虹灯字

01 按快捷键Ctrl+N，打开"新建"对话框，创建一个25厘米×35厘米，分辨率为72像素/英寸的RGB模式文件。按D键，将前景色设置为黑色，按快捷键Alt+Delete，为"背景"图层填充黑色。

02 选择"横排文字工具" T，在"字符"面板中选择一种字体，设置大小，并单击 T 按钮，以创建倾斜的文字，如图3-305所示。在画面中输入文字，如图3-306所示。

图 3-305　　　　　图 3-306

03 按Enter键换行，在"字符"面板中将文字大小和间距都设置为195点，如图3-307所示，再输入一行文字，如图3-308所示。单击工具箱中的其他工具，结束文字的编辑状态。

图 3-307　　　　　图 3-308

04 单击"图层"面板底部的 fx. 按钮，选择"内发光"命令，打开"图层样式"对话框。设置混合模式为"正常"，不透明度为100%，其他参数如图3-309所示。单击渐变颜色条，将发光设置为渐变，同时打开"渐变编辑器"对话框，调整渐变颜色，如图3-310所示。

图 3-309　　　　　图 3-310

05 单击该对话框左侧的"外发光"选项，添加"外发光"效果。设置混合模式为"滤色"，不透明度为55%，将发光颜色设置为红色（R255,G72,B0），其他参数如图3-311所示。

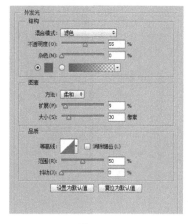

图 3-311

06 选择左侧列表中的"投影"选项，添加"投影"效果。设置混合模式为"颜色减淡"，不透明度为50%，并调整投影颜色为（R144,G129,B3），其他参数如图3-312所示，文字效果如图3-313所示。

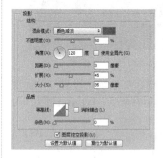 

图 3-312　　　　　图 3-313

07 按快捷键Ctrl+O，打开光盘中的素材，如图3-314所示。使用"移动工具"，将制作的霓虹灯字拖入该文档，如图3-315所示。

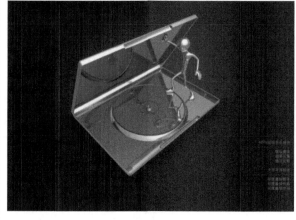

图 3-314

图 3-315

3.16 实战：不锈钢字

01 按快捷键Ctrl+O，打开光盘中的素材，如图3-316所示。

图 3-316

02 打开"通道"面板，按住Ctrl键单击Alpha1通道，载入该通道中保存的文字选区，如图3-317和图3-318所示。

图 3-317

03 单击"图层"面板底部的 按钮，新建一个图层。将前景色设置为灰色（R179,G179,B179），按快捷键Alt+Delete，在选区内填色，按快捷键Ctrl+D，取消选区，如图3-319和图3-320所示。

图 3-318

图 3-319

图 3-320

04 双击"图层1"，打开"图层样式"对话框，在左侧的列表中选择"投影""斜面和浮雕""等高线"效果，设置参数如图3-321～图3-323所示，效果如图3-324所示。

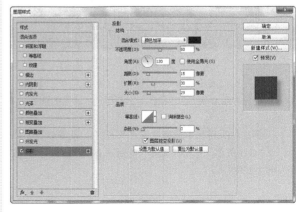

图 3-321

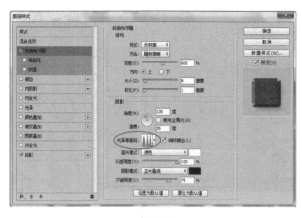

图 3-322

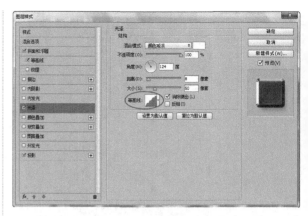

图 3-325

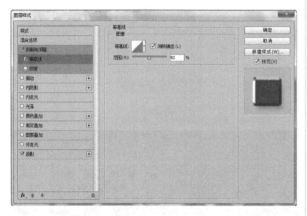

图 3-323

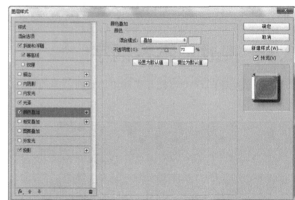

图 3-326

图 3-324

图 3-327

05 在左侧列表中选择"光泽"和"颜色叠加"效果，设置参数如图3-325和图3-326所示，效果如图3-327所示。

06 在左侧的列表中选择"描边"选项，设置参数如图3-328所示，单击"确定"按钮关闭对话框，文字效果如图3-329所示。

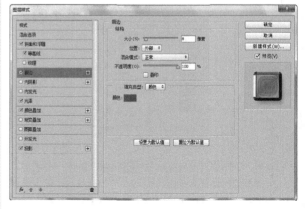

图 3-328

图 3-329

3.17 实战：生锈铁字

01 按快捷键Ctrl+O，打开光盘中的素材，如图3-330所示。执行"编辑>定义图案"命令，打开"图案名称"对话框，如图3-331所示，单击"确定"按钮，将纹理素材定义为图案。

图 3-330

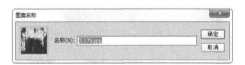

图 3-331

02 打开光盘中的素材，如图3-332和图3-333所示。

图 3-332

图 3-333

03 双击"钢铁"图层，打开"图层样式"对话框，添加"斜面和浮雕"效果，如图3-334所示。在左侧的列表中选择"纹理"选项，单击"图案"右侧的三角按钮，打开下拉面板，选择前面定义的图案并设置参数，如图3-335所示，文字效果如图3-336所示。

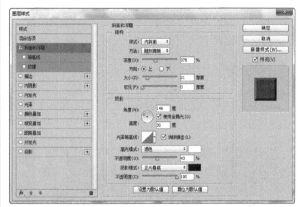

图 3-334

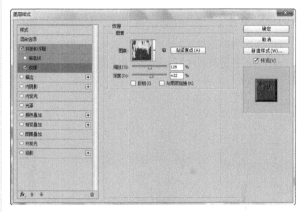

图 3-335

图 3-336

04 在左侧的列表中选择"图案叠加"选项，添加"图案叠加"效果，还是使用自定义的图案，将其映射到文字表面，如图3-337和图3-338所示。

117

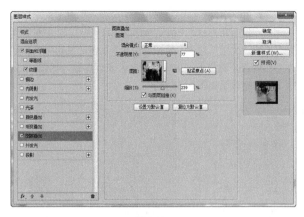

图 3-337

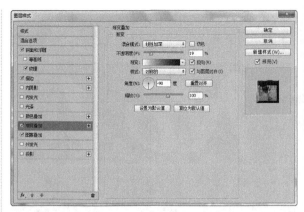

图 3-341

图 3-338

05 在左侧的列表中选择"描边"选项，添加"描边"效果，将图案应用到文字的描边轮廓上，如图3-339和图3-340所示。

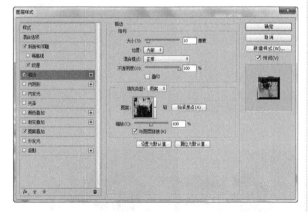

图 3-339

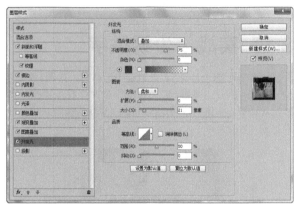

图 3-342

图 3-340

06 在左侧的列表中选择"渐变叠加"选项，添加黑-白渐变叠加效果，如图3-341所示。再添加"外发光"和"投影"效果，如图3-342和图3-343所示，文字效果如图3-344所示。

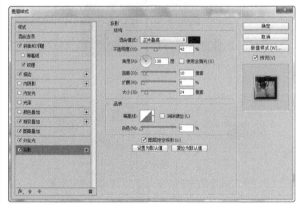

图 3-343

图 3-344

07 打开"字符"面板，选择字体并设置大小，如图 3-345所示。使用"横排文字工具" T 输入文字，如图3-346所示。

图 3-345

图 3-346

08 按住Alt键，将"钢铁"图层的效果图标 *fx* 拖曳到 Steel图层上，如图3-347所示，释放鼠标后再释放Alt 键，为该图层复制该效果，如图3-348和图3-349所示。

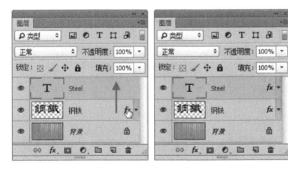

图 3-347　　　　　　　图 3-348

图 3-349

09 执行"图层>图层样式>缩放效果"命令，单独对效 果进行缩放处理，如图3-350和图3-351所示。

图 3-350

图 3-351

3.18 实战：瓷砖拼贴字

01 按快捷键Ctrl+N，打开"新建"对话框，创建一个10 厘米×7.5厘米，分辨率为350像素/英寸的RGB文档，如图3-352所示。执行"滤镜>渲染>云彩"命令，效果如图 3-353所示。

图 3-352

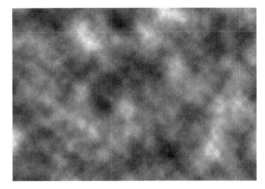

图 3-353

02 执行"滤镜>像素化>马赛克"命令，生成马赛克拼 贴块效果，如图3-354和图3-355所示。

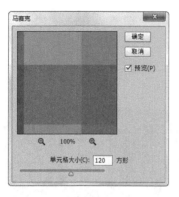

图 3-354

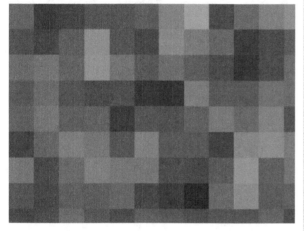

图 3-355

03 按快捷键Shift+Ctrl+S，弹出"另存为"对话框，将文件保存为PSD格式文件，如图3-356所示。按快捷键Ctrl+J，复制"背景"图层，单击"图层1"前面的眼睛图标，将该图层隐藏，选择"背景"图层，将其填充为白色，如图3-357所示。

图 3-356　　　　　　　　图 3-357

04 选择"横排文字工具" **T**，在工具选项栏中设置字体及大小，在画面中输入文字，如图3-358所示。按快捷键Ctrl+E，将文字图层合并到"背景"图层中，如图3-359所示。

ONLY ONLY

图 3-358

图 3-359

05 执行"滤镜>扭曲>置换"命令，打开"置换"对话框，设置参数，如图3-360所示，单击"确定"按钮，弹出"选择一个置换图"对话框，选择前面保存的"马赛克"文件，如图3-361所示，单击"打开"按钮，使用该文件扭曲文字，效果如图3-362所示。

图 3-360　　　　　　　图 3-361

ONLY ONLY

图 3-362

06 显示"图层1"，设置混合模式为"正片叠底"，如图3-363和图3-364所示。

图 3-363

图 3-364

07 按快捷键Ctrl+L，打开"色阶"对话框，拖曳滑块调整色调，如图3-365和图3-366所示。

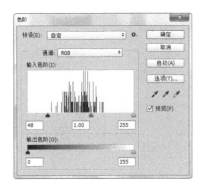
图 3-365

图 3-366

08 按快捷键Ctrl+J，复制"图层1"，如图3-367所示。执行"滤镜>风格化>查找边缘"命令，在各个马赛克块的边缘生成边线，如图3-368所示。

图 3-367

图 3-368

09 单击"调整"面板中的 按钮，创建"渐变映射"调整图层，选择如图3-369所示的预设渐变，用它来为马赛克文字着色，如图3-370所示。

图 3-369

图 3-370

3.19 实战：个性印章字

01 按快捷键Ctrl+N，打开"新建"对话框，创建一个6厘米×5厘米，分辨率为300像素/英寸的RGB模式文档。

02 选择"自定形状工具" ，在工具选项栏单击 按钮，在打开的下拉列表中选择"像素"选项，打开形状下拉面板，选择面板菜单中的"全部"命令，加载所有形状，选择如图3-371所示的图形。单击"图层"面板底部的 按钮，新建一个图层。按住Shift键（锁定图形的比例）并在画面中拖曳鼠标，创建一个图形，如图3-372所示。

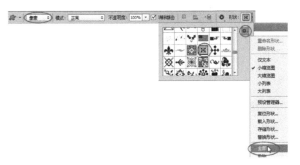
图 3-371

图 3-372

03 使用"矩形选框工具" 创建一个选区，选取中央的图像，如图3-373所示，按Delete键将其删除，只保留边框，如图3-374所示。

图 3-373　　　　　　　　图 3-374

图 3-378　　　　　　　　图 3-379

04 选择"横排文字工具" **T**，在"字符"面板中设置
字体和大小，如图3-375所示，输入文字，如图3-376
所示。

图 3-375　　　　　　　　图 3-376

 输入"乐"字以后，可以按Enter键换行，再输入
"播报"二字。

05 按快捷键Ctrl+E，将文字合并到下面的图层中，如图
3-377所示。

图 3-377

06 选择"魔棒工具" ，在工具选项栏中将"容差"
设置为15，取消选中"连续"选项，在黑色的文字
上单击鼠标，将文字和边框都选中，如图3-378所示。执行
"滤镜>渲染>云彩"命令，效果如图3-379所示。

07 按快捷键Ctrl+D，取消选区。执行"滤镜>杂色>添
加杂色"命令，设置参数如图3-380所示，效果如图
3-381所示。

图 3-380　　　　　　　　图 3-381

08 执行"滤镜>模糊>高斯模糊"命令，对图像进行轻
微模糊处理，减弱颗粒感的强度，如图3-382和图
3-383所示。

图 3-382　　　　　　　　图 3-383

09 按快捷键Ctrl+L，打开"色阶"对话框，拖曳滑块增
加色调的对比度，使文字更加清晰，如图3-384和图
3-385所示。

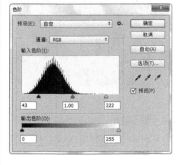

图 3-384　　　　　　　　图 3-385

10 打开光盘中的素材，如图3-386所示，使用"移动工具" 将文字拖入该文档，如图3-387所示。

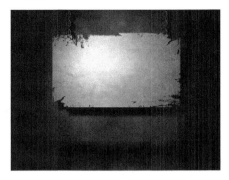

图 3-386

图 3-387

11 设置"图层1"的混合模式为"颜色加深"，如图3-388所示。按快捷键Ctrl+J，复制图层，再设置该图层的"不透明度"为60%，如图3-389和图3-390所示。

图 3-388　　　　　　　图 3-389

图 3-390

3.20 实战：塑料充气字

01 按快捷键Ctrl+N，打开"新建"对话框，创建一个10厘米×6厘米，分辨率为350像素/英寸的RGB模式文档。

02 选择"横排文字工具" T，在"字符"面板中设置字体和大小，如图3-391所示，输入文字，如图3-392所示。单击工具选项栏中的 ✔ 按钮，结束文字的输入。

图 3-391　　　　　　图 3-392

03 双击文字图层，打开"图层样式"对话框，添加"斜面和浮雕"效果，如图3-393所示，其中"阴影模式"的颜色为橙色。单击左侧列表中的"等高线"效果，选择一个预设的等高线样式，如图3-394所示。

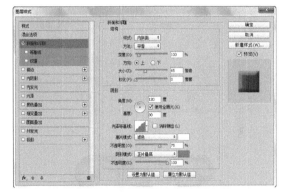

图 3-393

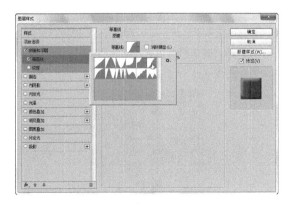

图 3-394

04 单击左侧列表中的"颜色叠加"效果，将颜色设置为橙色（R253,G103,B3），如图3-395和图3-396所示。

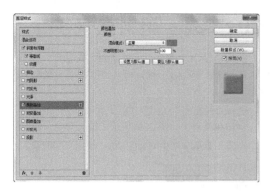

图 3-395

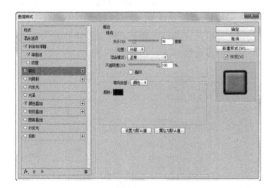

图 3-396

05 单击左侧列表中的"描边"效果，设置描边颜色为黑色，其他参数如图3-397所示，效果如图3-398所示。

图 3-397

图 3-398

06 单击"图层"面板底部的 ▢ 按钮，新建一个图层。按住Ctrl键并单击文字图层的缩览图，载入文字选区，如图3-399所示。

图 3-399

07 执行"编辑>描边"命令，设置描边颜色为白色，如图3-400所示，按快捷键Ctrl+D，取消选区，如图3-401所示。

图 3-400   图 3-401

08 使用"横排文字工具" T 输入一行文字，并在"字符"面板中修改字体的大小，如图3-402和图3-403所示。按快捷键Shift+Ctrl+[，将文字图层调整到"背景"图层上面，如图3-404所示。

图 3-402   图 3-403

图 3-404

09 单击"图层"面板底部的 fx 按钮，打开"图层样式"对话框，选择"颜色叠加"效果，将叠加的颜色设置为橙色（R253,G103,B3），如图3-405所示。选择左侧列表中的"描边"效果，设置描边颜色为黑色，如图3-406所示，效果如图3-407所示。

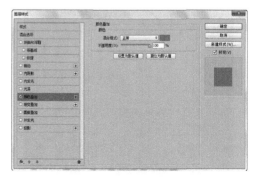

图 3-405

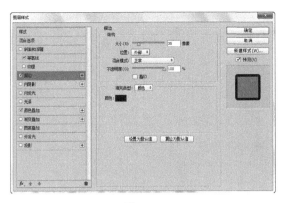

图 3-406

图 3-407

图 3-411　　　　　图 3-412

13 双击该图层，打开"图层样式"对话框，为其添加"斜面和浮雕"和"等高线"效果，如图3-413～图3-415所示。

10 单击"图层"面板底部的 按钮，新建"图层2"。按住Ctrl键并单击drink文字图层的缩览图，载入选区，如图3-408所示。

图 3-408

11 执行"编辑>描边"命令，设置描边颜色为白色，如图3-409所示，按快捷键Ctrl+D，取消选区，如图3-410所示。

图 3-409　　　　　图 3-410

12 按住Ctrl键并单击下面的文字图层，将这两个图层选中，如图3-411所示，按快捷键Ctrl+E合并，如图3-412所示。

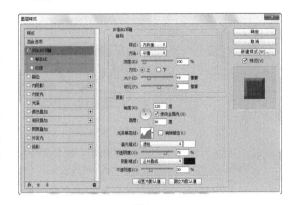

图 3-413

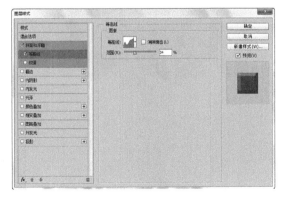

图 3-414

图 3-415

14 在"图层"面板中选中除"背景"以外的其他图层，如图3-416所示，按快捷键Ctrl+E，将它们合并，如图3-417所示。

图 3-416　　　　　　　　图 3-417

15 执行"滤镜>扭曲>球面化"命令，对文字进行扭曲处理，使其呈现膨胀效果，如图3-418和图3-419所示。

图 3-418　　　　　　　　图 3-419

16 打开光盘中的素材，如图3-420所示。将文字拖入该文档中，可以适当进行旋转，如图3-421所示。

图 3-420

图 3-421

17 双击文字所在的图层，打开"图层样式"对话框，添加"投影"效果，如图3-422和图3-423所示。

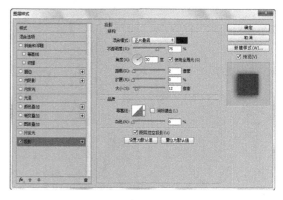

图 3-422

图 3-423

18 使用"移动工具" 按住Alt键向左侧拖曳气球，复制出一个（适当旋转）。按快捷键Ctrl+U，打开"色相/饱和度"对话框，调整气球的颜色，如图3-424和图3-425所示。

图 3-424

图 3-425

19 按住Alt键向左侧拖曳鼠标，再复制出一个，并调整颜色，如图3-426和图3-427所示。

图 3-426

图 3-427

20 使用"椭圆选框工具" 🟠 对准黄色气球边界创建一个选区，如图3-428所示，按住Alt键并单击"图层"面板底部的 ⬛ 按钮，创建蒙版，将选中的文字隐藏，如图3-429所示。

图 3-428

图 3-429

3.21 实战：岩石雕刻字

01 按快捷键Ctrl+N，打开"新建"对话框，在"文档类型"下拉列表中选择"国际标准纸张"选项，在"大小"下拉列表中选择A5选项，如图3-430所示，创建一个A5大小的文档。执行"滤镜>渲染>云彩"命令，创建云彩图案，如图3-431所示。

图 3-430   图 3-431

02 执行"滤镜>画笔描边>强化的边缘"命令，设置参数，如图3-432所示，效果如图3-433所示。

图 3-432   图 3-433

03 执行"滤镜>渲染>光照效果"命令，打开"光照效果"对话框，将"光照类型"设置为"聚光灯"，在"纹理通道"下拉列表中选择"红"，如图3-434所示，生成岩石效果，如图3-435所示。

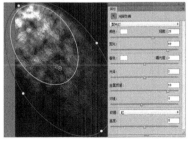

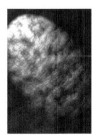

图 3-434   图 3-435

04 选择"套索工具" 🔗 ，在工具选项栏中设置"羽化"为2px，在画面中创建一个选区，如图3-436所示。按快捷键Ctrl+J，将选中的图像复制到一个新图层中。选择"背景"图层，使用"渐变工具" ▬ 填充线性渐变，如图3-437和图3-438所示。

图 3-436　　　　　　图 3-437　　　　　　图 3-438

05 选择"图层1"，按快捷键Ctrl+J进行复制。执行"滤镜>艺术效果>水彩"命令，强化石头表面的粗糙质感，如图3-439和图3-440所示。设置该图层的混合模式为"明度"，不透明度为50%，效果如图3-441所示。按快捷键Ctrl+E，将该图层与下面的图层合并。

图 3-439　　　　　　图 3-440　　　　　　图 3-441

 如果石头的立体感不够强，可以用"减淡工具" 处理石头中心，用"加深工具" 处理石头边缘。

06 选择"套索工具" ，在工具选项栏中设置羽化为40像素，在石头上面创建一个选区，如图3-442所示，按快捷键Shift+Ctrl+I反选，执行"滤镜>模糊>高斯模糊"命令，对石头边缘进行模糊处理，按快捷键Ctrl+D，取消选区，如图3-443和图3-444所示。

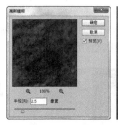

图 3-442　　　　　　图 3-443　　　　　　图 3-444

07 双击该图层，打开"图层样式"对话框，在左侧列表中选择"内发光"效果，设置参数，如图3-445所示，在石头边缘添加一圈黑边，如图3-446所示。

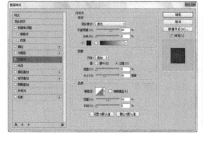

图 3-445　　　　　　　　　　　图 3-446

08 选择"横排文字工具" ，打开"字符"面板，选择字体并设置大小，如图3-447所示，在画面中输入文字"传"，"图层"面板中会生成一个文字图层，单击文字图层，结束文字的输入。再输入"奇"字，如图3-448和图3-449所示。

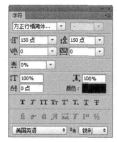

图 3-447　　　　　　　　　图 3-448

图 3-449

09 双击文字"传"的缩览图，将文字选中，单击工具选项栏中的 按钮，打开"变形文字"对话框，在"样式"下拉列表中选择"拱形"，设置参数，如图3-450所示，使文字向上凸起，如图3-451所示。

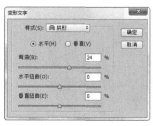

图 3-450　　　　　　　　　图 3-451

10 双击文字"奇"，单击工具选项栏中的 按钮，为其也添加变形效果，如图3-452和图3-453所示。

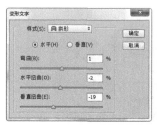

图 3-452　　　　　　　　　图 3-453

11 双击文字"传"，打开"图层样式"对话框，添加"内阴影"和"斜面和浮雕"效果，如图3-454～图3-456所示。

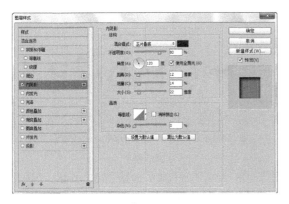

图 3-454

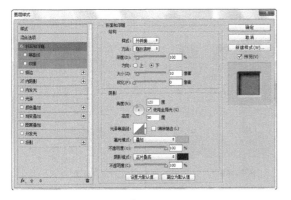

图 3-455

图 3-459　　图 3-460

3.22 实战：卡通方格字

01 按快捷键Ctrl+N，打开"新建"对话框，创建一个10厘米×6厘米，分辨率为350像素/英寸的RGB模式文档。将前景色设置为浅绿色（R132,G203,B201），背景色设置为白色。使用"渐变工具" ，按住Shift键填充线性渐变，如图3-461所示。

图 3-461

02 执行"滤镜>扭曲>波浪"命令，对渐变图像进行扭曲，如图3-462和图3-463所示。

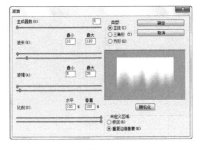

图 3-462

图 3-456

12 按住Alt键，将图层"传"的效果图标 fx 拖曳到图层"奇"上，为该图层复制相同的效果，如图3-457所示。将这两个图层的"填充"参数设置为50%，如图3-458和图3-459所示。最后，可以添加一些背景和云彩、树叶等图像作为装饰，烘托氛围，如图3-460所示。

图 3-457　　图 3-458

图 3-463

03 选择"横排文字工具" T ，在工具选项栏中设置字体及大小，在画面中输入文字，如图3-464所示。

图 3-464

04 双击文字图层，打开"图层样式"对话框，添加"投影""外发光"和"图案叠加"效果，设置参数如图3-465～图3-467所示，文字效果如图3-468所示。

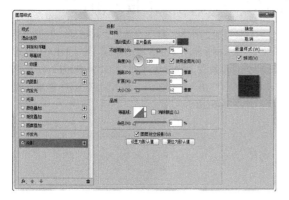

图 3-465

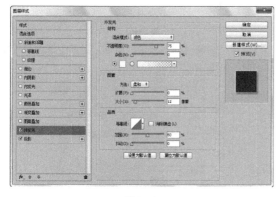

图 3-466

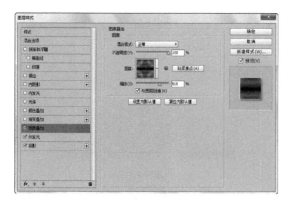

图 3-467

图 3-468

05 单击"图层"面板底部的 按钮，新建一个图层，填充白色，如图3-469所示。调整前景色为（R132、G203、B201），执行"滤镜>素描>半调图案"命令，打开"半调图案"对话框，在"图案类型"下拉列表中选择"网点"，设置参数，如图3-470所示，效果如图3-471所示。

图 3-469　　　　　　　图 3-470

图 3-471

06 按住Ctrl键单击文字图层的缩览图，载入文字选区，如图3-472所示，单击"图层"面板底部的 按钮，添加蒙版，将文字区域以外的方格图像隐藏，如图3-473所示。

图 3-472　　　　　　　图 3-473

07 将该图层的混合模式设置为"柔光"，如图3-474所示。打开光盘中的素材，将其拖曳到文字文档中，效果如图3-475所示。

图 3-474　　　　　　　图 3-475

3.23 实战：金属浮雕字

01 打开光盘中的素材，如图3-476和图3-477所示。

图 3-476　　　　　　　图 3-477

02 执行"滤镜>风格化>浮雕效果"命令，在打开的对话框中设置参数，如图3-478所示，创建浮雕立体字，如图3-479所示。

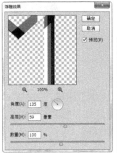 

图 3-478　　　　　　　图 3-479

03 双击文字图层，打开"图层样式"对话框，添加"颜色叠加""渐变叠加""图案叠加"效果，如图3-480~图3-483所示。

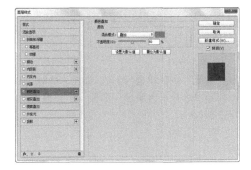

图 3-480

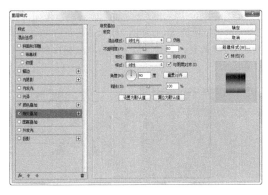

图 3-481

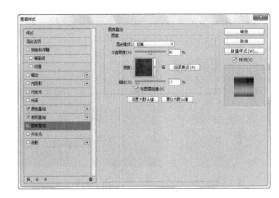

图 3-482

图 3-483

04 单击"图层"面板底部的 ■ 按钮，添加蒙版。使用柔角"画笔工具" ，在文字底部涂抹黑色，将其适当隐藏，使文字看起来像是立在草地中间的，如图3-484所示。单击"图层"面板底部的 ■ 按钮，新建一个图层。执行"滤镜>渲染>云彩"命令，生成云彩图案，如图3-485所示。

图 3-484　　　　　　　图 3-485

05 执行"滤镜>渲染>分层云彩"命令，效果如图3-486
所示。按快捷键Ctrl+L，打开"色阶"对话框，拖
曳滑块将图像调亮，得到类似于闪电状的扭曲纹理，如图
3-487所示。

 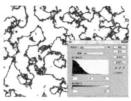

图 3-486　　　　　　图 3-487

06 按快捷键Alt+Ctrl+G，创建剪贴蒙版，将纹理的显示
范围限定在文字内部，再将纹理的混合模式设置为
"正片叠底"，如图3-488和图3-489所示。

图 3-488　　　　　　图 3-489

07 新建一个图层。使用"画笔工具"绘制几条直
线，作为文字的投影，如图3-490所示。执行"滤镜
>模糊>高斯模糊"命令，对投影进行模糊处理，如图3-491
所示，适当降低投影图层的不透明度，可以设置为75%左
右，效果如图3-492所示。投影与文字衔接的部分，可以使
用"橡皮擦工具"进行适当修改。

图 3-490　　　　　　图 3-491

图 3-492

Point 使用"画笔工具"绘制线条时，可以先在文
字底部（投影的起点）单击鼠标，然后按住Shift
键在画面底部（投影的终点）再单击鼠标，两点
之间就会自动连接为直线。

08 打开光盘中的素材，使用"移动工具"将花朵、
蘑菇、绿叶等装饰素材拖入文字文档，效果如图
3-493所示。

图 3-493

3.24 实战：透明玻璃字

01 按快捷键Ctrl+O，打开光盘中的素材，如图3-494和
图3-495所示。

图 3-494　　　　　　图 3-495

02 按两次快捷键Ctrl+J，复制"文字"图层，如图3-496
所示。将上面的两个图层隐藏，双击最下方的文字，
如图3-497所示，打开"图层样式"对话框。

图 3-496　　　　　　图 3-497

03 将"填充"参数设置为0%，如图3-498所示。在左
侧列表中选择"内阴影"选项，添加该效果，如图
3-499和图3-500所示。

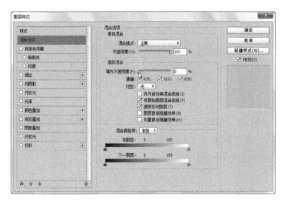

图 3-498

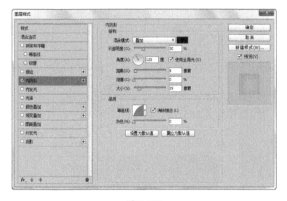

图 3-499

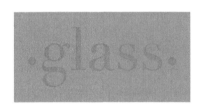

图 3-500

 Point 将"填充"参数设置为0%以后,可以让文字呈现为透明状态,但添加的各种效果会显示出来,这样就可以体现玻璃的透明质感。

04 在左侧的列表中选择"内发光"选项,添加"内发光"效果,如图3-501和图3-502所示。

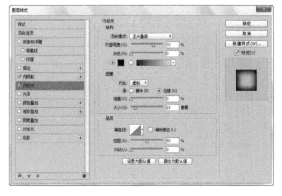

图 3-501

图 3-502

05 在左侧的列表中选择"斜面和浮雕"选项,添加"斜面和浮雕"效果,让文字凸出,并呈现圆润而光滑的质感,如图3-503和图3-504所示。

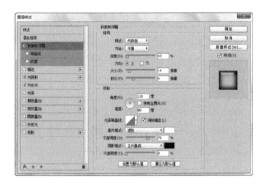

图 3-503

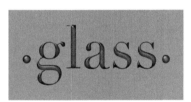

图 3-504

06 为文字添加"光泽"效果,如图3-505和图3-506所示。按Enter键关闭对话框。

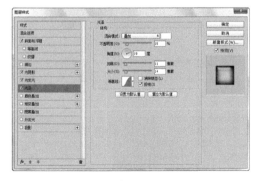

图 3-505

图 3-506

07 选择中间的文字图层，并将其显示出来，如图3-507所示。设置"填充"参数为0%，如图3-508所示。

图 3-507　　　　　　　图 3-508

08 双击该图层，打开"图层样式"对话框，添加"投影"效果，如图3-509和图3-510所示。

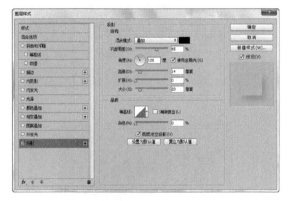

图 3-509

图 3-510

09 为其添加"内发光"效果，设置发光颜色为白色，并选择一种"等高线"样式，如图3-511和图3-512所示。

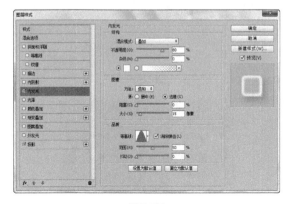

图 3-511

图 3-512

10 添加"斜面和浮雕"效果，选择一种"等高线"样式来对浮雕效果进行微调，如图3-513和图3-514所示。按Enter键关闭对话框。

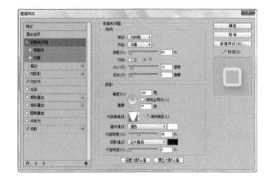

图 3-513

图 3-514

11 选中并显示最上方的文字图层，如图3-515所示。设置其"填充"参数为0%，如图3-516所示。

图 3-515　　　　　　　图 3-516

12 双击该图层，打开"图层样式"对话框，添加"投影"和"内阴影"效果，如图3-517～图3-519所示。

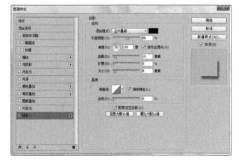

图 3-517

图 3-518

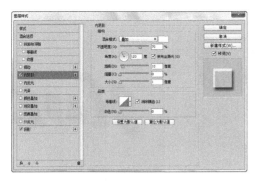

图 3-519

13 再继续添加"内发光"和"斜面和浮雕"效果，如图3-520和图3-521所示。按Enter键关闭对话框，文字效果如图3-522所示。

图 3-520

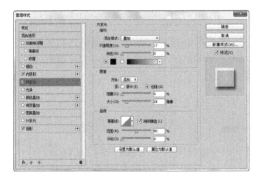

图 3-521

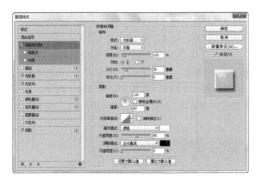

图 3-522

14 选择"背景"图层，如图3-523所示。将前景色调整为墨绿色（R52,G68,B71），按快捷键Alt+Delete填色，如图3-524所示。

图 3-523   图 3-524

15 打开光盘中的素材，将其拖入文字文档中，效果如图3-525所示。

图 3-525

3.25 实战：透明亚克力字

01 按快捷键Ctrl+N，打开"新建"对话框，创建一个10厘米×5厘米，分辨率为350像素/英寸的RGB模式文档。

02 选择"横排文字工具" **T** ，在"字符"面板中设置字体和大小，如图3-526所示，输入文字，如图3-527所示。单击工具选项栏中的 ✓ 按钮，结束文字的输入。

图 3-526   图 3-527

03 使用"横排文字工具" **T** 在字母H上单击并拖曳鼠标，将其选中，如图3-528所示，在"字符"面板中将字体大小调整为120，效果如图3-529所示。单击工具选项栏中的 ✓ 按钮，结束文字的编辑。

图 3-528   图 3-529

04 按快捷键Ctrl+T，显示定界框，拖曳控制点旋转文字，然后按Enter键确认，如图3-530所示。在文字图层上单击鼠标右键，打开快捷菜单，选择"栅格化文字"命令，将文字栅格化，使其成为普通图像，如图3-531所示。

图 3-530   图 3-531

05 按快捷键Ctrl+J，复制该图层，按Ctrl键单击文字缩览图，载入选区，如图3-532所示。执行"选择>修改>扩展"命令，扩展选区范围，如图3-533和图3-534所示。

图 3-532   图 3-533

图 3-534

06 按快捷键Alt+Delete，在选区内填充黑色，使文字的笔画变粗，按快捷键Ctrl+D，取消选区，如图3-535所示。

图 3-535

07 执行"滤镜>模糊>动感模糊"命令，对文字进行模糊处理，如图3-536和图3-537所示。

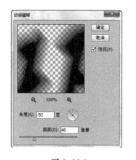

图 3-536   图 3-537

08 执行"滤镜>风格化>查找边缘"命令，得到一个反相效果的文字，如图3-538所示。单击"图层"面板底部的 按钮，新建一个图层，如图3-539所示。按住Ctrl键单击Happy文字图层的缩览图，载入文字选区。

图 3-538   图 3-539

09 执行"编辑>描边"命令，用黑色对选区进行描边，如图3-540所示。按快捷键Ctrl+D，取消选区，效果如图3-541所示。

图 3-540   图 3-541

10 按快捷键Ctrl+J，复制"图层1"，得到"图层1拷贝"。单击该图层及Happy图层前面的眼睛图标，将这两个图层隐藏，然后单击"图层1"，将其选中，如图3-542所示。执行"滤镜>模糊>动感模糊"命令，对文字进行模糊处理，如图3-543和图3-544所示。

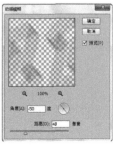

图 3-542   图 3-543

图 3-544

11 执行"滤镜>风格化>查找边缘"命令,效果如图 3-545所示。

图 3-545

12 选择"图层1拷贝",在其眼睛图标👁处单击鼠标,将该图层显示出来,设置混合模式为"正片叠底","不透明度"为50%,如图3-546和图3-547所示。

图 3-546　　　　　　图 3-547

13 选择"移动工具"▶⊕,按↑键和→键,向右上方轻移图层,如图3-548所示。新建一个图层,如图3-549所示。

图 3-548　　　　　　图 3-549

14 将前景色设置为灰色(R144,G143,B143)。按住Ctrl键单击Happy图层的缩览图,载入选区,如图3-550所示。执行"选择>修改>扩展"命令,扩展选区,如图3-551所示。按快捷键Alt+Delete,在选区内填充前景色,按快捷键Ctrl+D,取消选区,使用"移动工具"▶⊕向右上方移动图像,如图3-552所示。

图 3-550　　　　　　图 3-551

图 3-552

15 单击"图层"面板底部的*fx*按钮,在打开的菜单中选择"渐变叠加"命令,打开"图层样式"对话框并设置参数,如图3-553和图3-554所示。

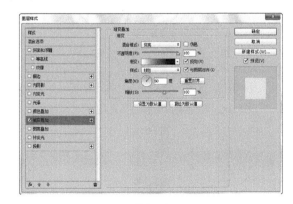

图 3-553

图 3-554

16 设置该图层的混合模式为"线性减淡(添加)","不透明度"为50%,如图3-555和图3-556所示。

图 3-555　　　　　　图 3-556

17 单击"调整"面板中的 ▦ 按钮，显示"色相/饱和度"选项，选中"着色"选项，拖曳滑块，为图像着色，如图3-557和图3-558所示。

图 3-557　　　　　　图 3-558

18 在"背景"图层上面新建一个图层，如图3-559所示。选择"魔棒工具" ，在工具选项栏中选中"连续"和"对所有图层取样"选项，如图3-560所示。

图 3-559

图 3-560

19 在白色的背景上单击鼠标，创建选区，如图3-561所示。按住Shift键，在文字H和a上形成的封闭区域内单击鼠标，将这两处背景添加到选区中，如图3-562所示。

图 3-561　　　　　　图 3-562

20 按快捷键Shift+Ctrl+I反选，选中文字，如图3-563所示，在选区内填充白色，按快捷键Ctrl+D，取消选区，如图3-564所示。

图 3-563　　　　　　图 3-564

21 在"图层"面板中按住Ctrl键单击除"背景"和Happy图层以外的其他图层，将它们选中，如图3-565

所示，按快捷键Ctrl+E合并。打开光盘中的素材，使用"移动工具" 将文字拖入该文档中，如图3-566所示。

图 3-565　　　　　　图 3-566

22 双击文字所在的图层，打开"图层样式"对话框，添加"投影"和"外发光"效果，如图3-567～图3-569所示。

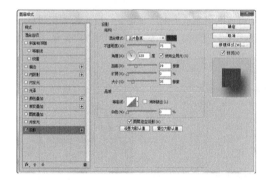

图 3-567

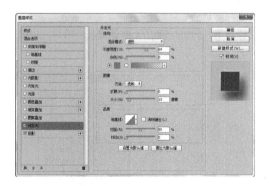

图 3-568

图 3-569

4.1 实战：像素拉伸

01 按快捷键Ctrl+N，打开"新建"对话框，创建一个95厘米×47厘米，分辨率为72像素/英寸的RGB模式文件。调整前景色，如图4-1所示，按快捷键Alt+Delete，为"背景"图层填色，如图4-2所示。

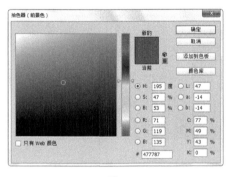

图 4-1   图 4-2

02 打开光盘中的素材，如图4-3所示，使用"移动工具" ▶✛ 将其拖入新建的文档中，放在画面的右侧，如图4-4所示。

图 4-3   图 4-4

03 按快捷键Ctrl+J，复制图层。在"图层1"下方新建一个图层，如图4-5所示。将背景色设置为白色（前景色保持不变），按快捷键Ctrl+Delete，为该图层填充白色。按住Ctrl键单击"图层1"，同时选中这两个图层，如图4-6所示，按快捷键Ctrl+E合并，如图4-7所示。

图 4-5   图 4-6   图 4-7

04 执行"滤镜>其他>位移"命令，打开"位移"对话框，将"水平"滑块拖曳到最左侧，并选中"重复边缘像素"选项，如图4-8所示，效果如图4-9所示。

图 4-8

图 4-9

05 执行"图像>画布大小"命令，在打开的对话框中将画布的高度设置为65厘米，在"画布扩展颜色"下拉列表中选择"前景"选项，如图4-10所示，单击"确定"按钮，增加画布的高度，新增的画布会填充前景色，如图4-11所示。

图 4-10

图 4-11

06 双击"图层1"，打开"图层样式"对话框，添加"投影"效果，如图4-12和图4-13所示。

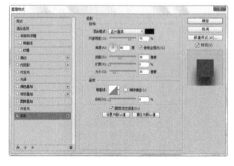

图 4-12

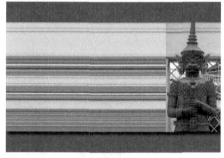

图 4-13

07 按快捷键Ctrl+M，打开"曲线"对话框，在曲线上单击鼠标，添加一个控制点，向下拖曳该点，将"图层1"中的图像调暗，如图4-14和图4-15所示。

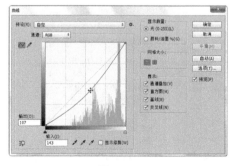

图 4-14

图 4-15

08 使用"横排文字工具" T 输入一些文字，再加入一些图形（用"自定形状工具" ✿ 绘制），如图4-16所示。选择"图层1拷贝"图层，使用"移动工具" ►✛ 将图像移动到左侧，如图4-17所示。

图4-16

图4-17

09 按住Ctrl键，单击除"背景"以外的各个图层，将它们选中，如图4-18所示，使用"移动工具" ►✛ 按住Shift键并向上拖曳，如图4-19所示。

图4-18

图4-19

10 现在塑像顶部与新背景之间的颜色还有一些反差，衔接处不够自然，需要处理一下。选择"图层1拷贝"图层，如图4-20所示。选择"快速选择工具" ✎ ，在工具选项栏中取消选中"对所有图层取样"选项，选中塑像顶部的背景图像，如图4-21所示。按住Alt键并单击"图层"面板底部的 ◑ 按钮，创建一个反相的蒙版，将选区中的图像隐藏，如图4-22和图4-23所示。

图4-20

图4-21

图4-22

图4-23

4.2 实战：透明气泡

01 按快捷键Ctrl+N，打开"新建"对话框，创建一个400像素×400像素、分辨率为72像素/英寸的RGB模式文件。将"背景"图层填充为黑色。执行"滤镜>渲染>镜头光晕"命令，在打开的对话框中设置参数，如图4-24所示，效果如图4-25所示。

图4-24

图4-25

02 执行"滤镜>扭曲>极坐标"命令，在打开的对话框中选中"极坐标到平面坐标"选项，如图4-26所示。单击"确定"按钮关闭对话框。执行"图像>图像旋转>180度"命令，旋转图像，如图4-27所示。

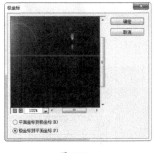

图4-26

图4-27

03 按快捷键Shift+Ctrl+F，重新打开"极坐标"对话框，选中"平面坐标到极坐标"选项，即可生成一个气泡效果，如图4-28所示。使用"椭圆选框工具" ○ ，按住Shift键创建正圆形选区，选中气泡，如图4-29所示。在创建选区时，可以同时按住空格键移动选区的位置，使选区与气泡的中心对齐。

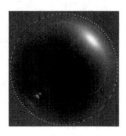

图 4-28　　　　　　　　图 4-29

04 打开光盘中的素材，如图4-30所示。使用"移动工具" ▶♦ 将气泡移动到该文档中，按快捷键Ctrl+T，显示定界框，拖曳控制点调整气泡大小，设置气泡图层的混合模式为"滤色"，如图4-31和图4-32所示。

图 4-30

图 4-31

图 4-32

4.3 实战：胶质按钮

01 按快捷键Ctrl+N，打开"新建"对话框，创建一个1024像素×768像素，分辨率为72像素/英寸的RGB模式文件。

02 将前景色设置为蓝色（R83,G198,B214）。单击"图层"面板底部的 ▢ 按钮，新建一个图层。选择"椭圆工具" ⬭ ，在工具选项栏中单击 ⬍ 按钮，在打开的下拉列表中选择"像素"选项，绘制一个椭圆形，如图4-33所示。单击"锁定透明像素"按钮 ▨ ，将图层的透明区域锁定，如图4-34所示。

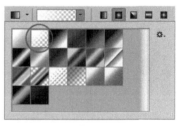

图 4-33　　　　　　　　图 4-34

03 将前景色设置为白色。选择"渐变工具" ▧ ，单击"径向渐变"按钮 ▧ ，在渐变下拉面板中选择"前景色到透明渐变"选项，如图4-35所示，在椭圆形底部填充渐变，如图4-36所示。由于锁定了透明区域，因此，渐变颜色会限定在椭圆形内部。

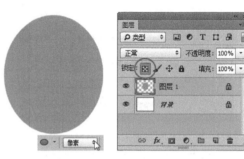

图 4-35　　　　　　　　图 4-36

04 新建一个图层，设置混合模式为"叠加"。按快捷键Alt+Ctrl+G，创建剪贴蒙版，如图4-37所示。在椭圆形的顶部填充渐变。这一次由于创建了剪贴蒙版，渐变颜色也会限定在下面的基底图层中，即椭圆形范围内，如图4-38所示。

图 4-37　　　　　　　　图 4-38

05 按快捷键Ctrl+T，显示定界框，拖曳控制点调整图形的高度，如图4-39所示。按Enter键确认操作。采用同样的方法，新建一个图层，设置混合模式为"叠加"，制作一个稍小的椭圆形作为高光，如图4-40所示。

图 4-39　　　　　　图 4-40

06 在"背景"图层上方新建一个图层，如图4-41所示。将前景色设置为蓝色。使用"渐变工具" 填充蓝色径向渐变，将其作为投影，如图4-42所示。在上面填充白色渐变，形成反光效果，如图4-43所示。通过自由变换操作，将投影图形适当压扁。

图 4-41　　　　　　图 4-42

图 4-43

07 单击"背景"图层前面的眼睛图标 ，将该图层隐藏，如图4-44所示。按快捷键Alt+Shift+Ctrl+E，将图像盖印到一个新的图层中，如图4-45所示。

图 4-44　　　　　　图 4-45

08 打开光盘中的素材。使用"移动工具" ，将按钮图形拖曳到该文档中，如图4-46所示。按住Shift+Alt键并向右侧拖曳图像，进行复制，如图4-47所示。

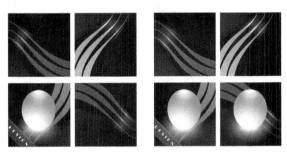

图 4-46　　　　　　图 4-47

09 按快捷键Ctrl+U，打开"色相/饱和度"对话框，拖曳"色相"滑块，调整按钮颜色，如图4-48和图4-49所示。

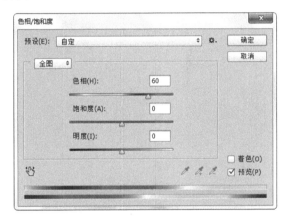

图 4-48

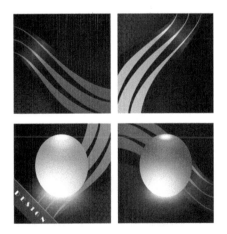

图 4-49

10 按住Shift+Alt键并拖曳图像，再复制出两个按钮，如图4-50所示。按快捷键Ctrl+U，打开"色相/饱和度"对话框，分别调整它们的颜色（其中绿色按钮的"色相"参数为-146，红色按钮的"色相"参数为97），效果如图4-51所示。

图 4-50   图 4-51

4.4 实战：彩色晶片

01 新建一个1024×768像素的文档。执行"滤镜>像素化>点状化"命令，在打开的对话框中设置参数，如图4-52所示，效果如图4-53所示。

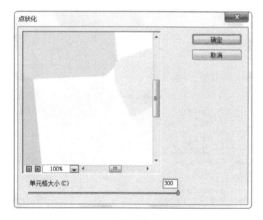

图 4-52

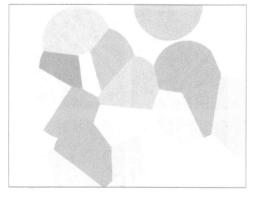

图 4-53

02 按快捷键Ctrl+J，复制"背景"图层，设置混合模式为"正片叠底"，如图4-54所示。按快捷键Ctrl+F，再次使用"点状化"滤镜处理图像，改变纹理的结构，使纹理更加丰富，如图4-55所示。按快捷键Ctrl+E，向下合并图层，如图4-56所示。

图 4-54   图 4-55

图 4-56

03 执行"滤镜>艺术效果>绘画涂抹"命令，设置参数，如图4-57所示，效果如图4-58所示。

图 4-57   图 4-58

04 单击"调整"面板中的 按钮，创建"色阶"调整图层，向右拖曳阴影滑块，使图像色调变暗如图4-59和图4-60所示。单击"调整"面板中的 按钮，创建"反相"调整图层，效果如图4-61所示。

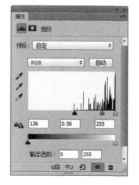

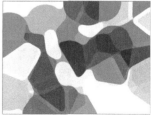

图 4-59   图 4-60

图 4-61

图 4-65　　　　　　　　图 4-66

05 单击"调整"面板中的 ▦ 按钮，创建"色相/饱和度"调整图层，分别对全图和红色进行调整，如图4-62和图4-63所示。

02 单击"图层"面板底部的 ▭ 按钮，新建一个图层。选择"画笔工具" ✐，如图4-67所示，绘制几条竖线，如图4-68所示。

图 4-62　　　　　　　　图 4-63

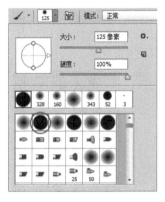

图 4-67　　　　　　　　图 4-68

06 使用"横排文字工具" T 在画面中输入文字，效果如图4-64所示。

03 单击"图层"面板顶部的"锁定透明像素"按钮 ▦，将图层的透明区域锁定，如图4-69所示。选择"魔棒工具" ✦，在工具选项栏中单击"新选区"按钮 ▭，并选中"连续"选项，在一个竖条上单击鼠标，将其选中，如图4-70所示。

图 4-64

图 4-69　　　　　　　　图 4-70

4.5 实战：彩色山峰

01 按快捷键Ctrl+N，打开"新建"对话框，设置参数，如图4-65所示，创建一个文件。按D键，将前景色设置为黑色，按快捷键Alt+Delete填色，如图4-66所示。

04 选择"渐变工具" ▦，单击工具选项栏中的渐变颜色条，打开"渐变编辑器"对话框，调整颜色，渐变滑块颜色分别为蓝色（R31,G67,B153）、浅蓝色（R115,G200,B255）、蓝色（R31,G67,B153），如图4-71所示，在选区内填充线性渐变，如图4-72所示。

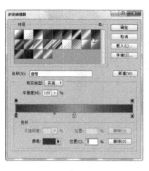

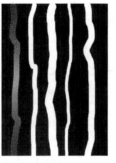

图 4-71　　　　　　　　　　图 4-72

05 其他竖条也采用相同的方法处理，即先使用"魔棒工具"  选中竖条，再用"渐变工具"  填充渐变。后面几个竖条需要改一下渐变颜色，分别为橙红色（R245,G53,B65）、黄色（R255,G251,B0）、橙红色（R245,G53,B65），如图4-73和图4-74所示。

图 4-73　　　　　　　　　　图 4-74

06 单击"图层"面板中的 按钮，解除透明区域的锁定，如图4-75所示。执行"滤镜>扭曲>旋转扭曲"命令，对竖条进行扭曲，如图4-76和图4-77所示。

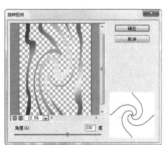

图 4-75　　　　　　　　　　图 4-76

图 4-77

07 按快捷键Ctrl+E，向下合并图层，如图4-78所示。按下Ctrl+J复制图层，如图4-79所示。单击"图层1"前面的眼睛图标  ，将该图层隐藏，然后选中"背景"图层，如图4-80所示。

图 4-78　　　　　　　　　　图 4-79

图 4-80

08 执行"滤镜>风格化>风"命令，打开"风"对话框，设置参数，如图4-81所示，效果如图4-82所示。连按9次快捷键Ctrl+F，重复应用"风"滤镜，效果如图4-83所示。

图 4-81　　　　　　　　　　图 4-82

图 4-83

09 选择并显示"图层1",设置其混合模式为"滤色","不透明度"为60%,让图形的轮廓变亮,如图4-84所示。最后可以加一些文字和图形作为装饰,如图4-85所示。

图 4-84   图 4-85

4.6 实战:炫光花朵

01 按快捷键Ctrl+N,打开"新建"对话框,创建一个21厘米×29.7厘米,分辨率为300像素/英寸的RGB模式文件。按D键,将前景色设置为黑色,按快捷键Alt+Delete,为"背景"图层填充黑色,如图4-86所示。新建一个图层,如图4-87所示。

图 4-86   图 4-87

02 将前景色设置为白色。选择"自定形状工具",单击工具选项栏中的 ÷ 按钮,在打开的下拉列表中选择"像素"选项。打开"形状"下拉面板,选择一个图形,如图4-88所示,按住Shift键并拖曳鼠标绘制图形,如图4-89所示。

图 4-88

图 4-89

03 双击"图层1"打开"图层样式"对话框,添加"内发光"和"描边"效果,如图4-90和图4-91所示。在"图层"面板中,将该图层的"填充"参数设置为0%,将图形隐藏,只显示所添加的效果,如图4-92所示。

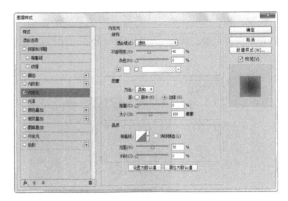

图 4-90

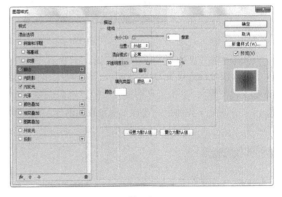

图 4-91

图 4-92

04 按快捷键Ctrl+T，显示定界框，移动中心点，如图4-93所示，在工具选项栏中输入旋转角度为45度，按Enter键旋转图形，如图4-94所示。

图 4-93　　　　　　　图 4-94

05 按住Alt+Shift+Ctrl键，再连按7次T键，重复变换操作，每按一次T键，就会复制出一个新的图形，而且，每一个图形都会较前一个图形旋转45度，如图4-95和图4-96所示。

图 4-95　　　　　　　图 4-96

06 单击"图层"面板中的 按钮，新建一个图层，将其混合模式设置为"叠加"，如图4-97所示。选择"渐变工具" ，单击工具选项栏中的"径向渐变"按钮 ，打开渐变下拉面板，选择一个预设的渐变，如图4-98所示。

 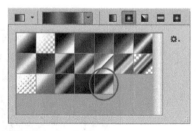

图 4-97　　　　　　　图 4-98

07 在图形中心单击鼠标并向外侧拖曳，填充渐变，如图4-99所示。如图4-100～图4-102所示为使用其他渐变颜色填充图层生成的效果。

图 4-99　　　　　　　图 4-100

图 4-101　　　　　　　图 4-102

4.7 实战：水晶花瓣

01 按快捷键Ctrl+N，打开"新建"对话框，创建一个600像素×600像素，分辨率为72像素/英寸的RGB模式文件。

02 打开"通道"面板，单击"创建新通道"按钮 ，新建一个Alpah通道，如图4-103所示。选择"渐变工具" ，按下Shift键填充线性渐变，如图4-104所示。

图 4-103　　　　　　　图 4-104

03 执行"滤镜>扭曲>波浪"命令，在打开的对话框中设置参数，如图4-105所示，效果如图4-106所示。

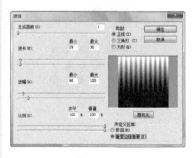 

图 4-105　　　　　　　图 4-106

04 执行"滤镜>扭曲>极坐标"命令，在打开的对话框中选择"平面坐标到极坐标"选项，如图4-107所示，效果如图4-108所示。

图4-107　　　　　图4-108

05 执行"滤镜>素描>铬黄"命令，打开"铬黄渐变"对话框，设置参数，如图4-109所示。

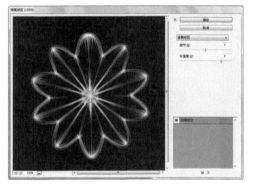

图4-109

06 按快捷键Ctrl+L，打开"色阶"对话框，向左拖曳灰色的中间调滑块，增加图像亮度的范围，如图4-110所示。单击"通道"面板底部的按钮，载入该通道中的选区，如图4-111所示，按快捷键Ctrl+C，复制选区内的图像。

图4-110　　　　　图4-111

07 单击"图层"面板底部的按钮，新建一个图层。按快捷键Ctrl+V，将复制的图像粘贴到图层中，效果如图4-112所示。按快捷键Ctrl+J，复制该图层。按快捷键Ctrl+T，显示定界框。按住Shift键拖曳控制点，将图像顺时针旋转15度。按住Shift+Alt键并拖曳边界的控制点，将图像等比例缩小，如图4-113所示，按Enter键确认。

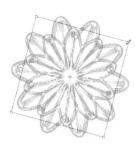

图4-112　　　　　图4-113

08 按住Shift+Ctrl+Alt键，并连续按T键，变换并复制图像（每变换一次便会生成一个新的图层），制作成如图4-114所示的效果。

图4-114

09 单击"调整"面板中的按钮，创建"色彩平衡"调整图层，分别设置"中间调"和"阴影"的参数，如图4-115~图4-117所示。

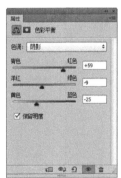

图4-115　　　　　图4-116

图4-117

10 按住Shift键并单击"图层1"，将所有组成水晶花的图层选中，如图4-118所示，按快捷键Ctrl+E合并，如

图4-119所示。按住Alt键并向下拖曳该图层，进行复制，如图4-120所示。

图 4-118

图 4-119

图 4-120

11 双击复制后的图层，打开"图层样式"对话框，添加"投影"效果，如图4-121所示。单击"确定"按钮关闭对话框。将图层的"填充"参数设置为0%，如图4-122和图4-123所示。

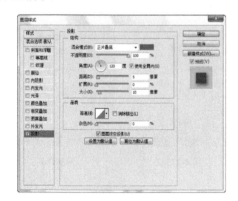

图 4-121

图 4-122

图 4-123

12 新建一个图层，按快捷键Ctrl+] 将其调整为顶层。使用"椭圆选框工具" ⬭，按住Shift键创建一个正圆形选区，使用"渐变工具" ▬ 在选区内填充线性渐变，如图4-124所示。按快捷键Ctrl+D，取消选区。按住Alt键，将"色彩平衡1副本"图层后面的 *fx* 图标拖曳到"图层1"上，为该图层复制相同的"投影"效果，如图4-125和图4-126所示。

图 4-124

图 4-125

图 4-126

13 再新建一个图层，创建一个椭圆形选区，填充白色，作为水晶光的高光，如图4-127所示。使用"橡皮擦工具" ▭ （柔角），将高光擦为如图4-128所示的形状。

图 4-127

图 4-128

14 将除"背景"图层以外的其他图层合并。执行"图像>画布大小"命令，在打开的对话框中设置画布的宽度为800像素，如图4-129所示。在"背景"图层中填充线性渐变，将水晶花移动到画面右侧，适当缩小并调整角度，如图4-130所示。

图 4-129

图 4-130

15 新建一个图层，创建一个白色的矩形，使用"多边形套索工具" ✓ 选择矩形的边角，按Delete键删除，将其制作为如图4-131所示的形状。

图 4-131

16 双击该图层，打开"图层样式"对话框，添加"描边"效果，如图4-132和图4-133所示。

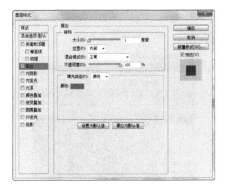

图 4-132

图 4-133

17 新建一个图层，使用"圆角矩形工具" ◼ 绘制一个圆角矩形。打开"样式"面板菜单，选择"Web样式"命令，载入该样式库，单击如图4-134所示的样式，效果如图4-135所示。

图 4-134

图 4-135

18 设置该图层的"填充"参数为18%，如图4-136所示。最后输入文字，完成制作，如图4-137所示。

图 4-136

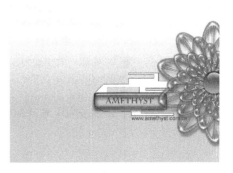

图 4-137

4.8 实战：光效书页

01 按快捷键Ctrl+N，打开"新建"对话框，设置参数，如图4-138所示，单击"确定"按钮，新建一个文件。

图 4-138

02 选择"渐变工具"，单击工具选项栏中的渐变色条，打开"渐变编辑器"对话框，调整渐变颜色，如图4-139所示。在画面左上角单击鼠标并向右下角拖曳，填充线性渐变，如图4-140所示。

图 4-139　　　　　　　　图 4-140

03 单击"图层"面板中的 ⬚ 按钮，新建"图层1"，如图4-141所示。使用"矩形选框工具" ⬚ 创建一个选区，如图4-142所示。

 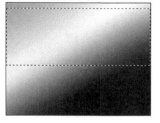

图 4-141　　　　　　　　图 4-142

04 选择"渐变工具"，打开"渐变编辑器"对话框，调整渐变颜色，如图4-143所示。单击工具选项栏中的"对称渐变"按钮，在矩形选区中间向边缘拖曳鼠标，填充对称渐变。按快捷键Ctrl+D，取消选区，如图4-144所示。

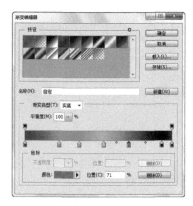

图 4-143

图 4-144

05 按快捷键Ctrl+J，复制"图层1"，得到"图层1副本"，单击该图层前面的眼睛图标 👁，将该图层隐藏，如图4-145所示。单击"图层1"，将其选中，如图4-146所示。

图 4-145　　　　　　　　图 4-146

06 执行"编辑>变换>变形"命令，图像上会显示变形网格，将光标放在网格左上角的控制点上，如图4-147所示，单击鼠标并向下拖曳，图像的形状也会随之改变，如图4-148所示。在进行变形操作时，可以按快捷键Ctrl+-，缩小视图，以扩展可调整区域。

图 4-147

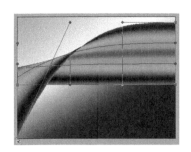

图 4-148

Point 变形网格适合进行比较随意和自由的变形操作，在变形网格中，网格点、方向线的手柄（网格点两侧的线）和网格区域都可以移动。

07 将网格右上角的控制点向下拖曳，如图4-149所示，然后再将网格右下角的控制点拖到画面的右上角，如图4-150所示。

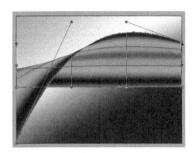

图 4-149

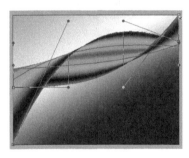

图 4-150

08 将光标放在方向线的控制点上，如图4-151所示，拖曳控制点，改变图像形状，如图4-152所示，按Enter键确认。通过变形可以使原来的水平渐变效果成为卷曲状的渐变效果，如图4-153所示。

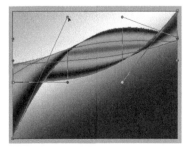

图 4-151

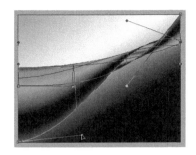

图 4-152

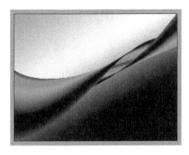

图 4-153

09 在"图层1副本"前面单击鼠标，显示该图层（眼睛图标 会重新显示出来），如图4-154所示。按快捷键Ctrl+T，显示定界框，旋转图像，如图4-155所示。

   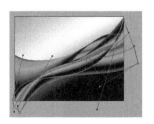

图 4-154   图 4-155

10 单击鼠标右键，打开快捷菜单，选择"变形"命令，显示变形网格，拖曳控制点改变图像的形状，如图4-156所示，按Enter键确认。使用"移动工具" ，调整这两个图形的位置，如图4-157所示。

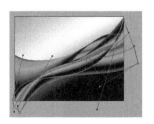   

图 4-156   图 4-157

11 按住Ctrl键并单击"图层1"，将其和"图层1副本"同时选中，如图4-158所示，按快捷键Alt+Ctrl+E进行盖印，这样即可将"图层1"及其副本中的图像合并到一个新的图层中，如图4-159所示。

图 4-158　　　　　　图 4-159

12 设置该图层的混合模式为"滤色"，不透明度为80%，如图4-160所示。按快捷键Ctrl+T，显示定界框，将图像旋转，如图4-161所示。按Enter键确认。

图 4-160　　　　　　图 4-161

13 单击"图层"面板中的 按钮，新建一个图层。将前景色设置为白色。选择"渐变工具" ，在工具选项栏中单击"菱形渐变"按钮 ，选择"前景到透明"渐变，如图4-162所示，在画面中填充菱形渐变，由于渐变范围非常小，可以生成一个白色的星形图形，如图4-163所示。再创建多个大小不同的菱形渐变，完成壁纸的制作，如图4-164所示。按快捷键Alt+Shift+Ctrl+E，将所有图层盖印到一个新的图层中。

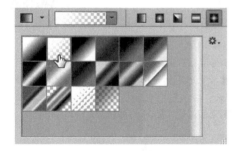

图 4-162

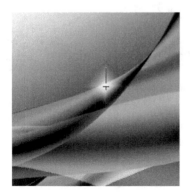

图 4-163

图 4-164

14 打开光盘中的素材，如图4-165所示。使用"移动工具" ，将前面盖印的图层移动到该文档中。按快捷键Ctrl+T，显示定界框，单击鼠标右键，打开快捷菜单，选择"水平翻转"命令，翻转图像，然后再调整图像的角度和宽度，使其能够适合页面的大小，最好稍大于页面，以便于修改，如图4-166所示。按Enter键确认操作。

图 4-165

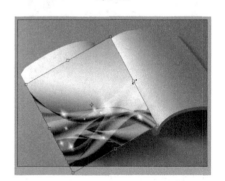

图 4-166

15 设置该图层的混合模式为"正片叠底"，如图4-167和图4-168所示。

图 4-167　　　　　　图 4-168

16 使用"橡皮擦工具" ，将超出图书页面的部分擦除，如图4-169所示。采用同样的方法制作右侧的页面，完成后的效果如图4-170所示。

图 4-169

图 4-170

4.9 实战：3D金属小熊

01 打开光盘中的素材，如图4-171所示。单击3D对象所在的图层，如图4-172所示。

图 4-171 　　　　图 4-172

02 选择"3D材质拖放工具" 。单击工具选项栏中的 按钮，打开材质下拉列表，选择"金属-黄铜（实心）"材质，如图4-173所示。将光标放在小熊模型上，单击鼠标，将所选材质应用到模型中，如图4-174所示。

图 4-173 　　　　图 4-174

03 打开"3D"面板，单击面板底部的"光源"按钮 。打开"属性"面板，在"预设"下拉列表中选择"狂欢节"选项，如图4-175所示，在3D场景中添加该预设灯光，效果如图4-176所示。

图 4-175 　　　　图 4-176

04 下面来编辑材质。单击3D面板顶部的"材质"按钮 。在"属性"面板中的"漫射"选项右侧有一个 状按钮，单击该按钮，打开下拉菜单，如图4-177所示，选择"替换纹理"命令，在弹出的对话框中选择光盘中的金属纹理素材，如图4-178所示，单击"打开"按钮，用其替换原有的材质，效果如图4-179所示。

图 4-177 　　　　图 4-178

图 4-179

05 单击"漫射"选项右侧的 ▣ 状按钮，在打开菜单中，选择"编辑纹理"命令，打开纹理素材，如图4-180所示，此时可以使用绘画工具、滤镜和调色命令等编辑材质，也可以用其他图像替换材质。打开光盘中的素材，如图4-181所示，使用"移动工具" ▣ 将其拖曳到纹理素材文档中，如图4-182所示，单击文档窗口右上角的 ▣ 按钮，关闭文档，弹出一个对话框，单击"是"按钮，即可修改材质并应将其用到模型上，如图4-183所示。

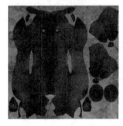

图 4-180

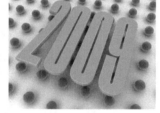

图 4-181

图 4-182

图 4-183

06 单击"漫射"选项右侧的 ▣ 状按钮，在打开的菜单中选择"编辑UV属性"命令，在弹出的"纹理属性"对话框中调整纹理位置（U比例/V比例可调整纹理的大小，U位移/V位移可调整纹理的位置），如图4-184所示，效果如图4-185所示。单击"确定"按钮关闭对话框。

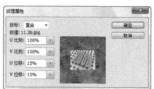

图 4-184

图 4-185

Point 单击"漫射"选项右侧的 ▣ 状按钮打开菜单后，选择"新建纹理"命令，可以新建一个材质文档；选择"移去纹理"命令，可删除3D模型的材质文件。

4.10 实战：铜质雕像

01 按快捷键Ctrl+O，打开光盘中的素材，如图4-186所示。

图 4-186

02 选择"魔棒工具" ▣ ，在工具选项栏中将"容差"参数设置为20，按住Shift键并在背景上单击鼠标，将背景全部选中，如图4-187所示。按快捷键Shift+Ctrl+I反选，选中人物，如图4-188所示。按快捷键Ctrl+C，复制选区内的图像，后面的操作中会用到。

图 4-187

图 4-188

03 单击"图层"面板底部的 按钮,新建一个图层。调整前景色为(R140,G98,B43),按快捷键Alt+Delete,在选区内填充前景色,如图4-189所示。再新建一个图层,按快捷键Ctrl+V,粘贴前面复制的图像。按快捷键Shif+Ctrl+U,进行去色处理,如图4-190所示。

图 4-189   图 4-190

04 设置该图层的混合模式为"亮光",按快捷键Ctrl+D,取消选区,如图4-191和图4-192所示。

图 4-191   图 4-192

05 将"图层2"拖曳到 按钮上进行复制,然后设置混合模式为"叠加",如图4-193和图4-194所示。

图 4-193   图 4-194

06 执行"滤镜>素描>铬黄"命令,打开"铬黄渐变"对话框,设置参数,如图4-195所示,效果如图4-196所示。

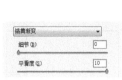

图 4-195   图 4-196

07 双击"图层2拷贝"图层,如图4-197所示,打开"图层样式"对话框。按住Alt键并单击"本图层"选项中的黑色滑块,将其分为两半,然后向右拖曳,如图4-198所示,这样可以隐藏当前图层中较暗的像素,使金属质感不会过于生硬,如图4-199所示。

图 4-197   图 4-198

图 4-199

08 按住Ctrl键并单击"图层1"的缩览图,如图4-200所示,载入人像选区,执行"编辑>合并拷贝"命令,将铜像效果复制到剪贴板中。按快捷键Ctrl+N,打开"新建"对话框,创建一个13.5厘米×9厘米,分辨率为300像素/英寸的文件。使用"渐变工具" 填充"灰-白"线性渐变,如图4-201所示。

图 4-200 图 4-201

09 按快捷键Ctrl+V，将铜像粘贴到该文档中。使用"橡皮擦工具" 将头发边缘的发丝擦掉，让头发更加齐整，如图4-202所示。按快捷键Ctrl+J，复制雕像图层。执行"编辑>变换>垂直翻转"命令，翻转图像，再用"移动工具" 向下拖曳，制作为倒影，如图4-203所示。

图 4-202 图 4-203

10 单击"图层"面板底部的 按钮，添加蒙版，使用"渐变工具" 填充黑白线性渐变，将倒影的底部隐藏，如图4-204和图4-205所示。

图 4-204

图 4-205

4.11 实战：冰雕特效

01 打开光盘中的素材，如图4-206所示。单击"图层"面板底部的 按钮，新建一个图层，设置混合模式为"线性加深"，如图4-207所示。

图 4-206 图 4-207

02 使用"快速选择工具" ，按住Shift键将两只手选中，如图4-208所示。按快捷键Shift+Ctrl+I反选。选择一个柔角"画笔工具" ，在工具选项栏中将工具的不透明度设置为50%，在键盘和背景图像上涂抹灰蓝色，如图4-209所示。

图 4-208 图 4-209

03 按快捷键Shift+Ctrl+I反选，重新选中手。选择"背景"图层，如图4-210所示，连按4次快捷键Ctrl+J进行复制。分别双击各个图层名称，将它们重新命名为"手""质感""轮廓"和"高光"，如图4-211所示。

图 4-210 图 4-211

04 选择"质感"图层，隐藏其他3个图层。执行"滤镜>艺术效果>水彩"命令，用"水彩"滤镜处理图像，如图4-212和图4-213所示。

图 4-212　　　　　　　图 4-213

图 4-218

05 双击"质感"图层,打开"图层样式"对话框,按住 Alt键并拖曳"本图层"中的黑色滑块,将滑块分开来调整,这样可以隐藏该图层中较暗的像素,只保留淡淡的纹理,如图4-214和图4-215所示。

07 按快捷键Shift+Ctrl+U去除颜色,设置该图层的混合模式为"滤色",如图4-219所示。按快捷键Ctrl+L,打开"色阶"对话框,向左侧拖曳高光滑块,将图像调亮,如图4-220和图4-221所示。

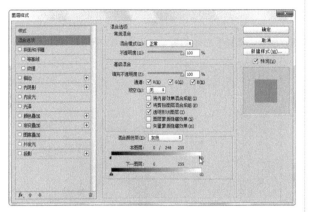

图 4-214

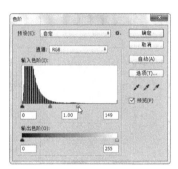

图 4-219　　　　　　　图 4-220

图 4-215

图 4-221

06 选择并显示"轮廓"图层,如图4-216所示。执行"滤镜>风格化>照亮边缘"命令,添加滤镜效果,如图4-217和图4-218所示。

08 选择并显示"高光"图层,如图4-222所示,执行"滤镜>素描>铬黄"命令,应用该滤镜,如图4-223和图4-224所示。

图 4-216　　　　　　　图 4-217

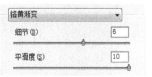

图 4-222　　　　　　　图 4-223

图 4-224

09 将该图层的混合模式设置为"滤色"，如图4-225所示。按快捷键Ctrl+L，打开"色阶"对话框，将直方图下方两个端点的滑块向中间拖曳，增加对比度，如图4-226和图4-227所示。

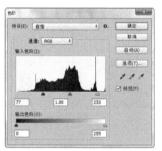

图 4-225 　　　　　　　图 4-226

图 4-227

10 选择并显示"手"图层，单击"图层"面板顶部的  按钮，锁定该图层的透明区域，如图4-228所示。按D键，恢复默认的前景色和背景色，按快捷键Ctrl+Delete，填充背景色，使手图像成为白色，设置该图层的"不透明度"为90％，如图4-229和图4-230所示。由于锁定了图层的透明区域，颜色不会填充到手外边。

图 4-228 　　　　　　　图 4-229

图 4-230

11 为了使冰雕呈现更加真实的透明质感，需要复制一些键盘图像放在手下面，让键盘透过冰雕隐约可见。选择并只显示"背景"图层，隐藏其他图层，如图4-231所示，使用"矩形选框工具" □，在工具选项栏中设置羽化为3像素，选择手右侧的键盘，如图4-232所示。

图 4-231 　　　　　　　图 4-232

12 按快捷键Ctrl+J，将选中的图像复制到一个新的图层中。使用"移动工具" ▶⊹ 将其拖曳到手上，如图4-233所示。按住Alt键并向右拖曳鼠标，再复制出一个图层，如图4-234所示。

图 4-233

图 4-234

13 按快捷键Ctrl+E，将两个键盘图层合并，然后放到"手"图层的上面，并设置"不透明度"为46％，如

图4-235所示。按快捷键Alt+Ctrl+G，创建剪贴蒙版，将键盘的显示范围限定在手中，然后显示所有图层，如图4-236和图4-237所示。

 按钮，创建"色相/饱和度"调整图层，将手调整为蓝色，选区会转换到调整图层的蒙版中，使调整图层只对手有效，而不会影响背景图像，如图4-241和图4-242所示。

图 4-235　　　　图 4-236

图 4-240　　　　图 4-241

图 4-237

14 在"图层1"上面新建一个图层。将前景色设置为白色，选择"画笔工具" ，沿手的轮廓绘制一圈白色的边线。降低该图层的"不透明度"参数（设置为33%），如图4-238和图4-239所示。

图 4-242

4.12 实战：金银纪念币

01 打开光盘中的素材，如图4-243所示。这是一个分层的PSD文件，小男孩在一个单独图层中。选择"椭圆工具" ，单击工具选项栏中的 按钮，打开下拉列表，选择"路径"选项，按住Shift键绘制一个正圆形路径，如图4-244所示。

图 4-238

图 4-243

图 4-239

15 选择"高光"图层，按住Ctrl键并单击其缩览图，载入选区，如图4-240所示。单击"调整"面板中的

图 4-244

02 选择"横排文字工具" T ，打开"字符"面板选择字体并设置大小，文字颜色设置为灰色（R191,G191,B191），如图4-245所示，在路径上单击鼠标，然后输入文字，文字会沿路径排列，如图4-246所示。

图 4-245　　　　　图 4-246

03 按快捷键Ctrl+E，将文字与下面的图层合并。执行"滤镜>风格化>浮雕效果"命令，在打开的对话框中设置参数，如图4-247所示，创建浮雕效果，如图4-248所示。

图 4-247　　　　　图 4-248

04 按快捷键Shift+Ctrl+U，去除颜色，如图4-249所示。按快捷键Ctrl+I，将图像反相，从而反转纹理的凹凸方向，如图4-250所示。

图 4-249　　　　　图 4-250

05 双击"图层1"，打开"图层样式"对话框，添加"投影"和"渐变叠加"效果，如图4-251～图4-253所示。

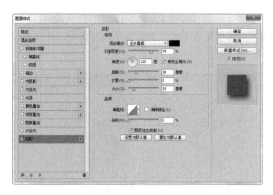

图 4-251

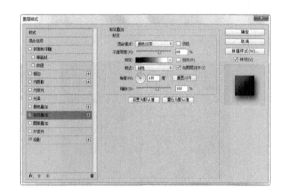

图 4-252

图 4-253

06 单击"调整"面板中的 按钮，创建"曲线"调整图层，在曲线上单击鼠标，添加3个控制点，然后拖曳这些控制点，调整曲线，如图4-254所示。单击"属性"面板底部的 按钮，创建剪贴蒙版，使该调整图层只调整硬币图像，不会影响背景图像（即桌面），如图4-255和图4-256所示。

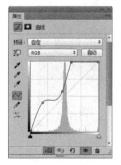

图 4-254　　　　　图 4-255

图 4-256

图 4-262

07 选择"图层1",按住Ctrl键并单击其缩览图,载入选区,如图4-257所示。执行"选择>变换选区"命令,在选区上显示定界框,如图4-258所示,按住Alt+Shift键并拖曳定界框的一角,保持中心点位置不变,将选区等比例缩小,如图4-259所示。按Enter键确认操作。

09 双击"图层2",打开"图层样式"对话框,添加"斜面和浮雕"效果,在纪念币周围形成立体边缘,完成银币的制作,如图4-263和图4-264所示。

图 4-257

图 4-258

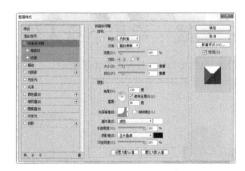

图 4-263

图 4-259

图 4-264

08 按快捷键Shift+Ctrl+I反选,按快捷键Ctrl+C,复制选区内的图像,按快捷键Ctrl+V,将其粘贴到新的图层中,得到一个圆环,如图4-260所示。快捷键Ctrl+],将该图层移动到"图层"面板的顶层,如图4-261所示。按快捷键Alt+Ctrl+G,释放剪贴蒙版,如图4-262所示。

10 按快捷键Alt+Shift+Ctrl+E盖印图层,用它来制作金币。执行"滤镜>渲染>光照效果"命令,选择"聚光灯"选项,在颜色块上单击鼠标,打开"拾色器"对话框,设置灯光颜色,设置亮部颜色为土黄色(R180,G140,B65)、暗部颜色为深黄色(R103,G85,B1),如图4-265所示,完成后的效果如图4-266所示。

图 4-260 图 4-261

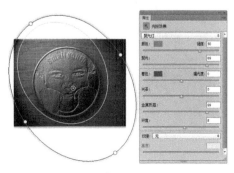

图 4-265

图 4-266

4.13 实战：铝质半身人像

01 按快捷键Ctrl+O，打开光盘中的素材，如图4-267和图4-268所示。

图 4-267　　　　　　图 4-268

02 使用"移动工具" ▶⊕，将人像拖入易拉罐文档，如图4-269所示。设置"不透明度"为50%，如图4-270所示。使用"椭圆选框工具" ◯ 创建一个选区，如图4-271所示。

图 4-269　　　　　　图 4-270

图 4-271

03 按快捷键Shift+Ctrl+I反选，使用"橡皮擦工具" ✐，将与易拉罐重叠的人像部分擦除，如图4-272所示。按快捷键Ctrl+D，取消选区，将图层的"不透明度"恢复为100%，如图4-273和图4-274所示。

图 4-272　　　　　　图 4-273

图 4-274

04 按快捷键Ctrl+U，打开"色相/饱和度"对话框，调整参数，如图4-275和图4-276所示。

图 4-275　　　　　　　图 4-276

05 按快捷键Ctrl+L，打开"色阶"对话框，将直方图底部端点的两个滑块向中间移动，增加对比度，如图4-277和图4-278所示。

图 4-277　　　　　　　图 4-278

06 单击"通道"面板底部的  按钮，载入通道中的选区，如图4-279所示。单击"图层"面板底部的 按钮，新建一个图层，设置混合模式为"叠加"。按快捷键Ctrl+Delete，填充背景色（白色），按快捷键Ctrl+D，取消选区。按快捷键Alt+Ctrl+G，创建剪贴蒙版，如图4-280和图4-281所示。

图 4-279　　　　　　　图 4-280

图 4-281

07 按住Alt键并向上拖曳"人像"图层，将其复制到面板顶部，设置混合模式为"线性减淡（添加）"，如图4-282所示。执行"滤镜>艺术效果>塑料包装"命令，在打开的对话框中设置参数，如图4-283所示，效果如图4-284所示。

图 4-282　　　　　　　图 4-283

图 4-284

08 按住Alt键并向上拖曳"人像"图层，再复制一个，设置混合模式为"差值"，"不透明度"为55％，如图4-285所示。执行"滤镜>风格化>照亮边缘"命令，在打开的对话框中设置参数，如图4-286所示，效果如图4-287所示。

图 4-285　　　　　　　图 4-286

图 4-287

09 双击该图层，打开"图层样式"对话框，按住Alt键并拖曳"本图层"选项中的黑色滑块，如图4-288所示，隐藏当前图层中较暗的色调，效果如图4-289所示。

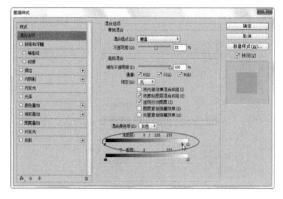

图 4-288

图 4-292

Point 载入的选区会转换到调整图层的蒙版中，使"曲线"调整只影响选中的内容，不会影响其他图像。

11 单击"图层"面板底部的按钮，新建一个图层，设置混合模式为"正片叠底"，如图4-293所示。调整前景色为（R218,G209,B201），使用柔角"画笔工具"，在人像高光与阴影衔接区域涂抹，创建中间的过渡色调，如图4-294所示（选区表示涂抹区域），效果如图4-295所示。

图 4-293　　　　图 4-294

图 4-289

10 按住Ctrl键并单击"人像 拷贝2"图层的缩览图，如图4-290所示，载入选区。单击"调整"面板中的按钮，创建"曲线"调整图层，将曲线左下角的控制点沿垂直方向向上移动，如图4-291所示，这样可以使图层中最暗的色调变灰，如图4-292所示。

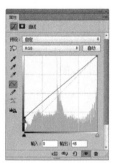

图 4-290　　　　图 4-291

图 4-295

学习重点

- 实战修图：调整分辨率
- 实战修图：用仿制图章修图
- 实战抠图：用钢笔工具抠图
- 实战磨皮：缔造完美肌肤
- 实战 Camera Raw：调整照片影调和色彩

第5章

数码照片处理

5.1 关于摄影与后期处理

在 Photoshop 中，数码照片的处理流程大致分为 6 个阶段：用 Photoshop 或 Camera Raw 调整曝光和色彩、校正镜头缺陷（如镜头畸变和晕影）、修图（如去除多余内容和人像磨皮）、裁剪照片调整构图、轻微的锐化（夜景照片需降噪），最后存储修改结果。

Photoshop 提供的裁剪、仿制图章、修复画笔、污点修复画笔、修补和加深等工具，"镜头校正""消失点""场景模糊"等滤镜，以及"色阶""曲线""色相/饱和度"等影调和色彩调整工具可以完成裁剪照片、修复图像、消除瑕疵、调整曝光和色彩，以及进行局部的锐化和模糊等一系列的修图工作。

5.1.1 广告摄影

广告业与摄影术的不断发展促成了两者的结合，并诞生了由它们整合而成的边缘学科——广告摄影。摄影是广告传媒中最好的技术手段之一，它能够真实、生动地再现宣传对象，完美地传达信息，具有很高的适应性和灵活性。

商品广告是广告摄影最主要的服务对象，商品广告的创意主要包括主体表现法、环境陪衬式表现法、情节式表现法、组合排列式表现法、反常态表现法和间接表现法。

主体表现法着重刻画商品的主体形象，一般不附带陪衬物和复杂的背景，如图 5-1 所示为 CK 手表广告。环境陪衬式表现法则把商品放置在一定的环境中，或采用适当的陪衬物来烘托主体对象。情节式表现法通过故事情节来突出商品的主体，例如，如图 5-2 所示为 Sauber 丝袜广告——我们的产品超薄透明，而且有超强的弹性。这些都是一款优质丝袜所必备的，但是如果被绑匪们用就是另外一个场景了。组合式表现法是将同一商品或一组商品在画面上按照一定的组合排列形式出现；反常态表现法通过令人震惊的奇妙形象，使人们产生对广告的关注，如图 5-3 所示为 Vögele 鞋的广告；间接表现法则间接、含蓄地表现商品的功能和优点。

图 5-1

图 5-2

图 5-3

5.1.2 摄影后期处理

从1826年法国科学家尼埃普斯将感光材料放入暗箱，拍摄了现存最早的永久影像起，摄影就改变了人们的生活。有人希望用相机记录生活中的精彩瞬间；有人将摄影作为自己的爱好；有人将摄影作为自己的职业；有人将摄影作为一种自我表达的方式，以此展现他的创造力和对世界的看法。

使用数码相机完成拍摄后，总会有一些遗憾和不尽如人意的地方，如普通用户会发现照片的曝光不准以致缺少色调层次、ISO 设置过高而出现杂色、美丽的风景中有多余的人物、照片颜色灰暗且色彩不鲜亮、人物脸上的痘痘和雀斑影响美观等。专业的摄影师或影楼工作人员会面临照片的影调需要调整、人像需要磨皮和修饰、色彩风格需要表现、艺术氛围需要营造等难题，这一切都可以通过后期处理来解决。

后期处理不仅可以解决数码照片中出现的各种问题，也为摄影师和摄影爱好者提供了二次创作的机会和可以发挥创造力的空间。传统的暗房会受到许多摄影技术条件的限制和影响，无法制作出完美的影像。计算机的出现给摄影技术带来了革命性的突破，通过计算机可以完成过去无法用摄影技法实现的创意。如图 5-4 ～图 5-6 所示为巴西艺术家 Marcela Rezo 的摄影后期作品。

图 5-5

图 5-6

如图 5-7 和图 5-8 所示为瑞典杰出的视觉艺术家埃里克·约翰松的摄影后期作品。如图 5-9 所示为法国天才摄影师 Romain Laurent 的作品，他的广告创意摄影与后期编辑工作非常的出色，润饰技巧让人印象深刻。

图 5-4

图 5-7

图 5-8

图 5-9

5.2 实战修图：用裁剪工具裁剪照片

"裁剪工具" 🔲 可以对图像进行裁剪，重新定义画布的大小。

01 打开光盘中的素材，如图5-10所示。选择"裁剪工具" 🔲，在画面中单击并拖曳鼠标，创建矩形裁剪框，如图5-11所示。

图 5-10

图 5-11

02 裁剪框与变换图像时显示的定界框相似，它也包含控制点，拖曳控制点可以拉伸和旋转裁剪框，如图5-12所示。

图 5-12

03 将光标放在裁剪框内部，单击并拖曳鼠标可以移动裁剪框，如图5-13所示。单击工具选项栏中的 ✔ 按钮或按Enter键，即可裁剪图像，如图5-14所示。

图 5-13

图 5-14

5.3 实战修图：调整照片的分辨率

使用数码相机拍摄的照片和图像素材或在网上下载的图像等，尺寸和分辨率各不相同。使用"图像大小"命令可以调整图像的像素大小、打印尺寸和分辨率。修改像素大小不仅会影响图像在屏幕上的视觉大小，还会影响图像的质量及其打印质量，同时也决定了其占用多大的存储空间。

01 按快捷键Ctrl+O，打开光盘中的素材，如图5-15所示。

图 5-15

02 执行"图像>图像大小"命令，打开"图像大小"对话框。在预览图像上单击并拖曳鼠标，定位显示中心。此时预览图像底部会出现当前显示比例的百分比，如图5-16所示。按住 Ctrl 键并单击预览图像，可以增大显示比例；按住 Alt 键并单击预览图像，可以减小显示比例。

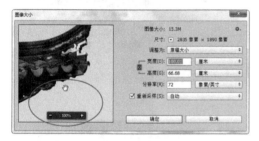

图 5-16

03 "宽度""高度"和"分辨率"选项用来设置图像的打印尺寸，操作方法有两种。第一种方法是先选中"重新采样"选项，然后修改图像的宽度和高度，这样操作会改变图像的像素数量。例如，减小图像的大小时（50厘米×33.33厘米），就会减少像素数量，此时图像虽然变小了，但画质不会改变，如图5-17和图5-18所示；而增加图像的大小（150厘米×100厘米）或提高分辨率时，会增加新的像素，此时图像尺寸虽然增大了，但画质会变差，如图5-19和图5-20所示。

图 5-17

图 5-18

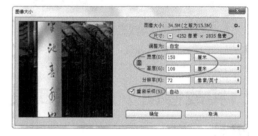

图 5-19

图 5-20

04 下面再来看第二种方法如何操作。先取消选中"重新采样"选项，再来修改图像的宽度和高度。此时图像的像素总量不会变化，也就是说，减少宽度和高度时（50厘米×33.33厘米）会自动增加分辨率，如图5-21和图5-22所示；而增加宽度和高度时（150厘米×100厘米），则会自动减少分辨率，如图5-23和图5-24所示。图像的视觉大小看起来不会有任何改变，画质也没有变化。

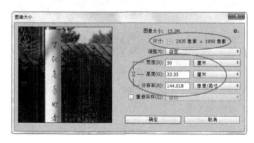

图 5-21

图 5-22

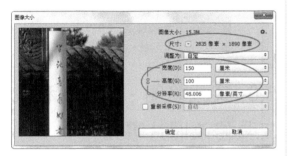

图 5-23

图 5-24

5.4 实战修图：用红眼工具去除红眼

"红眼工具" + 可以去除用闪光灯拍摄的人像照片中的红眼，以及动物照片中的白色或绿色反光。

01 按快捷键Ctrl+O，打开光盘中的素材，如图5-25所示。

图 5-25

02 选择"红眼工具" +，将光标放在红眼区域，如图5-26所示，单击鼠标即可校正红眼，如图5-27所示。另一只眼睛也采用同样的方法校正，如图5-28所示。如果对结果不满意，可以执行"编辑>还原"命令进行还原，然后设置不同的"瞳孔大小"和"变暗量"参数并再次尝试。

图 5-26

图 5-27

图 5-28

5.5 实战修图：用内容感知移动工具修图

"内容感知移动工具" ⚡ 可以将选中的对象移动或扩展到图像的其他区域，重组和混合对象，产生出色的视觉效果。

01 打开光盘中的素材，如图5-29所示。按快捷键Ctrl+J，复制"背景"图层，如图5-30所示。

图 5-29　　　　　　图 5-30

02 选择"内容感知移动工具" ，在工具选项栏中将"模式"设置为"移动"，如图5-31所示，在画面中单击并拖曳鼠标创建选区，将长颈鹿选中，如图5-32所示。

图 5-31

图 5-32

03 将光标放在选区内，然后单击并向画面左侧拖曳鼠标，如图5-33所示，释放鼠标按键后，可以将长颈鹿移动到新位置，并自动填充空缺的部分，如图5-34所示。

图 5-33

图 5-34

04 在工具选项栏中选择"扩展"选项，如图5-35所示，将光标放在选区内，单击并向画面右侧拖曳鼠标，此时可以复制出一只长颈鹿，如图5-36所示。

图 5-35

图 5-36

5.6　实战修图：用加深和减淡工具修改照片曝光

在调节照片特定区域曝光度的传统摄影技术中，摄影师通过增加曝光度以使照片中的区域变亮（减淡），或减弱光线以使照片中的某个区域变暗（加深）。Photoshop 中的"减淡工具"🔍和"加深工具"⊙正基于这种技术，可以用于处理照片的局部曝光。

01 打开光盘中的素材，如图5-37所示。这张照片的暗部区域特别暗，已经看不清楚细节，可通过"减淡工具"🔍进行处理。按快捷键Ctrl+J，复制"背景"图层，如图5-38所示。

图 5-37　　　　　　图 5-38

02 选择"减淡工具"🔍，设置工具大小为60像素，在"范围"下拉列表中选择"阴影"选项，设置"曝光度"为30%，选中"保护色调"选项，如图5-39所示，在雕

塑面部的阴影区域涂抹，进行减淡处理，如图5-40所示。注意涂抹次数不要太多，以免色调变得太淡，而失去原本自然的感觉。

图 5-39

图 5-40

03 选择"加深工具" ，在"范围"下拉列表中选择"中间调"， 如图5-41所示。仔细观察人物眉眼，在过浅的地方涂抹一下，加深色调。按] 键，将笔尖调大，在画面下方的人物身体上涂抹，使这部分色调变得稍暗一些，如图5-42所示。

图 5-41

图 5-42

04 单击"调整"面板中的 按钮，创建"曲线"调整图层，在曲线上添加控制点，适当增加图像的亮度，如图5-43和图5-44所示。

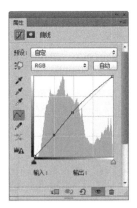

图 5-43　　　　　　　　　图 5-44

5.7 实战修图：用仿制图章修图

"仿制图章工具" 可以从图像中复制信息，将其应用到其他区域或其他图像中。该工具对于复制对象或去除图像中的缺陷非常有用。

01 打开光盘中的素材，如图5-45所示。新建一个图层，如图5-46所示。

图 5-45

图 5-46

02 选择"仿制图章工具" ，在工具选项栏中设置工具大小为"柔角50像素"，在"样本"下拉列表中选择"所有图层"选项，如图5-47所示。

图 5-47

03 将光标放在左边小狗的黑色耳朵上，按住Alt键并单击鼠标进行取样，如图5-48所示，然后释放Alt键，在右边小狗的耳朵上拖曳鼠标涂抹，将复制的图像应用到此处，如图5-49所示。

图 5-48　　　　　　　　　图 5-49

04 继续涂抹，直到把小狗的头部全都复制出来，如图5-50所示。使用"移动工具" 调整头部的位置，如图5-51所示。选择"橡皮擦工具" ，在下拉面板中选择一个柔角画笔，如图5-52所示。将头部边缘多余的区域擦除，如图5-53所示。

图 5-50　　　　　　　　　图 5-51

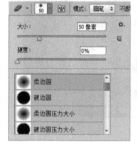 

图 5-52　　　　　　　　　图 5-53

5.8　实战修图：用修复画笔工具去除皱纹

　　"修复画笔工具" 可以校正图像中的瑕疵，使其消失在周围的图像中。与"仿制图章工具" 一样，该工具可以利用图像或图案中的样本像素来绘画，但它能够将样本像素的纹理、光照、透明度和阴影与所修复的像素进行匹配，从而使修复后的图像无人工处理的痕迹。

01 按快捷键Ctrl+O，打开光盘中的素材，如图5-54所示。

图 5-54

02 选择"修复画笔工具" ，在工具选项栏中选择一个柔角笔尖，在"模式"下拉列表中选择"替换"选项，将"源"设置为"取样"。将光标放在眼角附近没有皱纹的皮肤上，按住Alt键并单击进行取样，如图5-55所示；释放Alt键，在皱纹处涂抹进行修复，如图5-56所示。

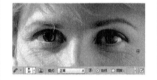 

图 5-55　　　　　　　　　图 5-56

03 继续修复眼角的皱纹，如图5-57和图5-58所示。在修复的过程中可适当调整工具的大小。采用同样的方法修复嘴角的法令纹，将百叶窗投射在面部的阴影去掉。修复后的人物会焕发出青春的光彩，效果如图5-59所示。

图 5-57　　　　　　　　　图 5-58

图 5-59

5.9 实战修图：用涂抹工具制作液化效果

使用"涂抹工具"  涂抹图像时，可拾取鼠标单击点的颜色，并沿拖移的方向展开这种颜色，从而模拟出类似于手指拖过湿油漆绘画的效果。

01 打开光盘中的素材，如图5-60所示。按快捷键 Ctrl+J，复制"背景"图层，如图5-61所示。

图 5-60　　　　　图 5-61

02 使用"吸管工具"  ，在鞋附近单击鼠标，拾取该区域颜色作为前景色，如图5-62所示。选择"画笔工具" ，在工具选项栏中设置工具大小为40像素，在鞋上涂抹，如图5-63所示。

图 5-62　　　　　图 5-63

03 再使用"吸管工具" 拾取裤子附近的颜色，然后使用"画笔工具" 在裤子上涂抹，将裤子覆盖，如图5-64所示。在工具选项栏中设置"画笔工具"的"不透明度"为20%，在过渡不均匀的颜色上涂抹，使这部分背景看起来更加自然，如图5-65所示。

图 5-64　　　　　图 5-65

04 选择"涂抹工具" ，在工具选项栏中设置工具大小为5像素，"强度"为90%，在裤子的左侧阴影区域单击鼠标，然后按住Shift键并拖曳鼠标，涂抹出一条黑线，如图5-66所示。按] 键，将笔尖调大，沿裤子的右侧边缘向下拖曳鼠标进行涂抹，如图5-67所示。

图 5-66　　　　　图 5-67

05 继续沿裤子边缘向下涂抹，制作出液体流淌的效果。像用油彩画画一样，在笔触末端画一个圈，表现水珠效果，如图5-68和图5-69所示。

图 5-68　　　　　图 5-69

06 表现裤子的折边时，可以在裤子右侧的亮面按住鼠标按键，往左侧（暗面）拖曳，将浅色像素拖到深色区域，如图5-70所示。不仅要将裤子的像素向外涂抹，也可以由背景向裤子上推移，用这种方法可将多余的部分覆盖，如图5-71所示。如图5-72所示为最终效果。

图 5-70 　　　　　　图 5-71

图 5-74

图 5-72

图 5-75

5.10　实战修图：制作全景照片

　　Photoshop 中包含一个非常好用的全景照片拼接工具——Photomerge，它可以将数码相机拍摄的多角度的场景拼合为一幅全景照片，而且可以自动校正晕影和扭曲。

01 打开光盘中的素材，如图5-73～图5-76所示。

图 5-76

02 执行"文件>自动>Photomerge"命令，打开Photomerge对话框，单击"添加打开的文件"按钮，将照片添加到该对话框的列表中。在"版面"选项组中选择"自动"选项，让Photoshop自动调整照片的位置和透视角度，选中"混合图像""晕影去除""几何扭曲校正"选项，如图5-77所示，单击"确定"按钮，Photoshop会自动将这些照片合并到一个文档中，而且还会为各个照片图层添加蒙版，将它们重叠的部分遮挡，如图5-78和图5-79所示。

图 5-73

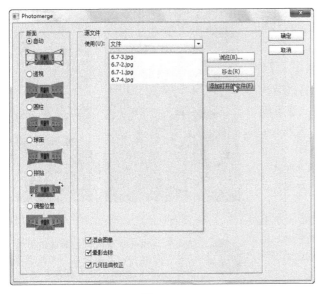

图 5-77　　　　　　　　　　　　　　　　　　图 5-78

图 5-79

03 拼合照片以后，文档的边界会出现空隙，需要裁剪图像，将多出的空白内容删除。先执行"视图>对齐"命令，取消选中"对齐"选项，再使用"裁剪工具" ⬛ 在画面中单击鼠标并拖出裁剪框，定义要保留的图像，如图5-80所示。由于取消了对齐功能，就可以拖曳裁剪框，将其准确定位到图像边缘，否则裁剪框会自动吸附到文档边界上。按Enter键将空白图像裁剪掉，如图5-81所示。

图 5-80

图 5-81

Point 用于拼接的各幅照片需要有一定的重叠内容，一般来说，重叠处应占照片的10%左右，否则Photoshop无法确认该从哪里拼合。

177

5.11 实战抠图：用快速蒙版抠图

　　快速蒙版是一种选区转换工具，它可以将选区转换为一种临时的蒙版图像，这样就能用画笔、滤镜等工具编辑蒙版，之后再将蒙版图像转换为选区，从而实现编辑选区的目的。

01 打开光盘中的素材。使用"快速选择工具" ，在娃娃身上单击并拖曳鼠标，将其选中，如图5-82所示。

02 执行"选择>在快速蒙版模式下编辑"命令，或单击工具箱底部的 按钮，进入快速蒙版编辑状态，此时未选中的区域会覆盖一层半透明的颜色，选中的区域还是显示为原图，如图5-83所示。

图 5-82　　　　　　　　　图 5-83

03 选择"画笔工具" ，在画笔下拉面板中设置画笔大小，如图5-84所示，在娃娃后面的标签上涂抹黑色，将其排除在选区外，如图5-85所示。如果涂抹到衣服区域，可按X键，将前景色切换为白色，用白色涂抹就可以将其添加到选区内。再来调整帽子和蝴蝶结的边缘部分，如图5-86和图5-87所示。

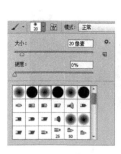

图 5-84　　　　　　　　　图 5-85

图 5-86　　　　　　　　　图 5-87

Point 　用白色涂抹快速蒙版时，被涂抹的区域会显示出图像，这样可以扩展选区；用黑色涂抹的区域会覆盖一层半透明的宝石红色，这样可以收缩选区；用灰色涂抹的区域可以得到羽化的选区。

04 执行"在快速蒙版模式下编辑"命令，或单击工具箱底部的 按钮，退出快速蒙版，切换回正常模式，如图5-88所示为修改后的选区效果。打开光盘中的素材，使用"移动工具" 将娃娃拖曳到该文档中，如图5-89所示。

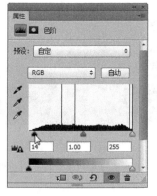

图 5-88　　　　　　　　　图 5-89

05 单击"调整"面板中的 按钮，创建"色阶"调整图层，拖曳黑色滑块，增强图像的暗部色调，如图5-90和图5-91所示。

图 5-90　　　　　　　　　图 5-91

5.12 实战抠图：用钢笔工具抠图

所谓"抠图"，是指将图像的一部分内容（如人物）选中并分离出来，以便与其他素材进行合成。例如，我们看到的广告、杂志封面等包含人物的场景效果，很多是设计人员将照片中的模特抠出，然后合成到新的场景中去的。近些年来，数码相机日益普及，越来越多的人也开始热衷于对照片进行二次创作，例如，将自己的形象合成到各大城市和自然风光中，这也要用到抠图技术。

Photoshop 提供了许多用于抠图的工具，简单的有选框、套索、磁性套索、魔棒、快速选择、钢笔等，复杂的有"色彩范围"命令、"计算"命令、通道等。此外，有些软件公司还开发出专门用于抠图的插件，如Mask Pro、Knockout等，也很好用。

01 打开光盘中的素材，如图5-92所示。选择"钢笔工具" ✒，在工具选项栏中选择"路径"选项，如图5-93所示。

图 5-92

图 5-93

02 快捷键Ctrl++，放大窗口的显示比例。在脸部与脖子的转折处单击并向上拖曳鼠标，创建一个平滑点，如图5-94所示。向上移动光标，单击并拖曳鼠标，生成第2个平滑点，如图5-95所示。

图 5-94   图 5-95

03 在发髻底部创建第3个平滑点，如图5-96所示。由于此处的轮廓出现了转折，需要按住Alt键并在该锚点上单击鼠标，将其转换为只有一条方向线的角点，如图5-97所示，这样绘制下一段路径时就可以发生转折了。继续在发髻顶部创建路径，如图5-98所示。

图 5-96   图 5-97

图 5-98

04 外轮廓绘制完成后，在路径的起点处单击鼠标，将路径封闭，如图5-99所示。下面来进行路径运算。单击工具选项栏中的"从路径区域减去"按钮 ▱，然后在两个胳膊的空隙处绘制路径，如图5-100和图5-101所示。

图 5-99　　　　　　　图 5-100

图 5-101

05 按Ctrl+Enter键，将路径转换为选区，如图5-102所示。打开光盘中的素材，使用"移动工具" ▶⊕，将抠出的图像拖放到新背景上，如图5-103所示。

图 5-102

图 5-103

5.13　实战动作：用动作自动处理照片

在 Photoshop 中，动作可以将图像的处理过程记录下来，以后对其他图像进行相同的处理时，通过该动作便可自动完成操作任务。

01 打开光盘中的素材，如图5-104所示。单击"动作"面板右上角的 ▼≡ 按钮，打开面板菜单，选择"载入动作"命令，如图5-105所示。

图 5-104

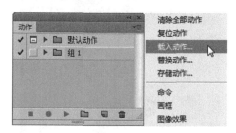

图 5-105

02 在弹出的对话框中选择"光盘/资源库/照片处理动作库"中的"Lomo风格1.atn"文件，如图5-106所示，单击"载入"按钮，将其加载到"动作"面板中，如图5-107所示。

图 5-106

图 5-107

03 单击动作组前面的 ▶ 按钮，展开列表，单击其中的动作，如图5-108所示。单击面板底部的"播放选定的动作"按钮 ▶ ，播放该动作，即可自动将照片处理为Lomo效果，如图5-109所示。光盘的动作库中包含了很多流行的调色效果，用它们处理照片既省时又省力。

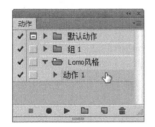

图 5-108

图 5-109

5.14 实战磨皮：缔造完美肌肤

人像照片处理过程中，有一个非常重要的环节，那就是磨皮。磨皮是指对人物的皮肤进行美化处理，去除色斑、痘痘、皱纹，让皮肤白皙、细腻、光滑，使人物显得更加年轻、漂亮。用Photoshop磨皮有很多种方法，通道磨皮是比较成熟的一种。这种方法是在通道中对皮肤进行模糊，消除色斑、痘痘等，再用曲线将色调调亮。还有一种方法就是用滤镜+蒙版磨皮，高级方法还能够用滤镜重塑皮肤的纹理。此外，有些软件公司开发出专门用于磨皮的插件，如Kodak、NeatImage等，操作简便，效果也不错。

01 打开光盘中的素材，如图5-110所示。打开"通道"面板，将"绿"通道拖曳到面板底部的 ▢ 按钮上，进行复制，得到"绿副本"通道，如图5-111所示，现在文档窗口中显示的"绿副本"通道中的图像，如图5-112所示。

图 5-110   图 5-111

图 5-112

02 执行"滤镜>其他>高反差保留"命令，在打开的对话框中设置"半径"为20像素，如图5-113和图5-114所示。

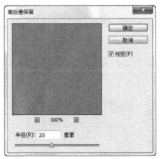 

图 5-113   图 5-114

03 执行"图像>计算"命令，打开"计算"对话框，设置混合模式为"强光"，结果为"新建通道"，如图5-115所示，计算以后会生成一个名称为Alpha 1的通道，如图5-116和图5-117所示。

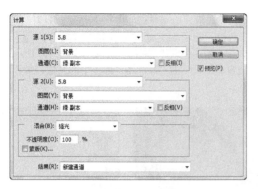

图 5-115

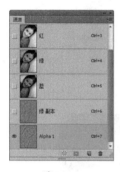 

图 5-116　　　　　　　图 5-117

04 再执行一次"计算"命令，得到Alpha 2通道，如图5-118所示。单击"通道"面板底部的　　按钮，载入通道中的选区，如图5-119所示。

图 5-118　　　　　　　图 5-119

05 按快捷键Ctrl+2，返回彩色图像编辑状态，如图5-120所示。按快捷键Shift+Ctrl+I反选，如图5-121所示。

图 5-120　　　　　　　图 5-121

06 单击"调整"面板中的　　按钮，创建"曲线"调整图层。在曲线上单击鼠标，添加两个控制点，并向上移动控制点，如图5-122所示，人物的皮肤会变得光滑、细腻，如图5-123所示。

图 5-122　　　　　　　图 5-123

07 现在人物的眼睛、头发、嘴唇和牙齿等有些过于模糊的区域，需要将其恢复为清晰效果。选择一个柔角"画笔工具"　　，在工具选项栏中将不透明度设置为30％，在眼睛、头发等处涂抹黑色，用蒙版遮盖图像，显示出"背景"图层中清晰的图像。如图5-124所示为修改蒙版以前的图像，如图5-125和图5-126所示为修改后的蒙版，以及图像效果。

图 5-124　　　　　　　图 5-125

图 5-126

08 下面来处理眼睛中的血丝。选择"背景"图层，如图5-127所示。选择"修复画笔工具"　　，按住Alt键并在靠近血丝处单击鼠标，拾取颜色，如图5-128所示，然后释放Alt键，在血丝上涂抹，将其覆盖，如图5-129所示。

图 5-127　　　　　　　　图 5-128

图 5-129

09 单击"调整"面板中的 ▧ 按钮，创建"可选颜色"调整图层，单击"颜色"选项右侧的 ✦ 按钮，打开下拉列表，选择"黄色"选项并调整参数，通过调整减少图像中的黄色，使人物的皮肤颜色变得粉嫩，如图5-130和图5-131所示。

图 5-130　　　　　　　　图 5-131

10 按快捷键Alt+Shift+Ctrl+E，将磨皮后的图像盖印到一个新的图层中，如图5-132所示。按快捷键Ctrl +]，将其移动到顶层，如图5-133所示。

图 5-132　　　　　　　　图 5-133

11 执行"滤镜>锐化>USM锐化"命令，对图像进行锐化，使图像效果更加清晰，如图5-134所示。如图5-135所示为原图像，如图5-136所示为磨皮后的效果。

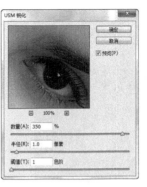

图 5-134　　　　　　　　图 5-135

图 5-136

5.15 实战调色：用阴影/高光命令调整照片

　　"阴影/高光"命令能够基于阴影或高光中的局部相邻像素来校正每个像素。调整阴影区域时，对高光的影响很小，而调整高光区域时，对阴影的影响很小。它非常适合校正由强逆光而形成剪影的照片，也可以校正由于太接近相机闪光灯而有些发白的焦点。

01 打开光盘中的素材，如图5-137所示。执行"图像>调整>阴影/高光"命令，打开"阴影/高光"对话框，设置参数，如图5-138和图5-139所示。

图 5-137

图 5-142

图 5-143

5.16 实战调色：色相/饱和度命令

"色相/饱和度"是一个非常有用的调整命令，它既可以调整图像中特定颜色分量（如红、绿、蓝）的色相、饱和度和亮度，也可以同时调整所有颜色的色相、饱和度和亮度。

01 打开光盘中的素材。使用"快速选择工具" 选取树叶，如图 5-144 所示。

图 5-144

02 执行"图像>调整>色相/饱和度"命令，打开"色相/饱和度"对话框，调整"色相"参数为-26，使黄色的叶子变为橘红色，如图 5-145 和图 5-146 所示。单击"确定"按钮关闭对话框。

图 5-138

图 5-139

02 执行"图像>调整>自然饱和度"命令，打开"自然饱和度"对话框，调整参数，如图 5-140 和图 5-141 所示。

图 5-140

图 5-141

03 按快捷键 Ctrl+L，打开"色阶"对话框，向右拖曳阴影滑块，适当扩展图像中的暗部区域，如图 5-142 和图 5-143 所示。

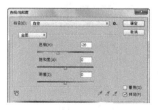

图 5-145

图 5-146

03 按快捷键Shift+Ctrl+I反选，将叶子以外的区域选中，再次打开"色相/饱和度"对话框，调整参数，降低图像的彩度，如图5-147和图5-148所示。

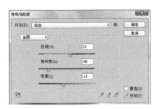

图 5-147   图 5-148

04 按快捷键Ctrl+D，取消选区。执行"图像>调整>色阶"命令，打开"色阶"对话框，向右拖曳阴影滑块，如图5-149所示，使图像的色调变暗，然后在叶子上加入文字，如图5-150所示。

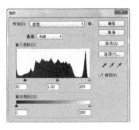

图 5-149   图 5-150

5.17 实战：替换颜色命令

　　"替换颜色"命令可以选择图像中的特定颜色，并通过调整色相、饱和度和明度的方式将其替换。该命令的对话框中包含了颜色选择和调整选项，其中，颜色的选择方式与"色彩范围"命令相同，颜色的调整方式则与"色相/饱和度"命令相同。

01 打开光盘中的素材。执行"图像>调整>替换颜色"命令，打开"替换颜色"对话框，在大树的树叶上单击鼠标，对颜色进行取样，如图5-151和图5-152所示。

图 5-151

图 5-152

02 拖曳"颜色容差"滑块，选中大树及部分草地（对话框中白色的图像代表了选中的内容），如图5-153所示。拖曳"色相"滑块，调整大树的颜色，再调整饱和度，使画面呈现秋天的金黄色，如图5-154和图5-155所示。

图 5-153   图 5-154

图 5-155

5.18 实战调色：用Lab模式调出唯美蓝、橙色

Lab模式是色域最宽的颜色模式，RGB和CMYK模式都在它的色域范围之内。调整RGB和CMYK模式图像的通道时，不仅会影响色彩，还会改变颜色的明度。Lab模式则完全不同，它可以将亮度信息与颜色信息分离开来，因此，能够在不改变颜色亮度的情况下调整颜色的色相。许多高级技术都是通过将图像转换为Lab模式，再处理图像的，以实现RGB图像调整方法所达不到的效果。

01 打开光盘中的素材，如图5-156所示。执行"图像>模式>Lab颜色"命令，将图像转换为Lab模式。执行"图像>复制"命令，复制一个图像备用。

图 5-156

02 单击a通道，将其选中，如图5-157所示，按快捷键Ctrl+A全选，如图5-158所示，按快捷键Ctrl+C复制。

图 5-157　　　　　　　　图 5-158

03 单击b通道，如图5-159所示，窗口中会显示b通道图像，如图5-160所示。按快捷键Ctrl+V，将复制的图像粘贴到通道中，按快捷键Ctrl+D，取消选区，按快捷键Ctrl+2，显示彩色图像，蓝调效果就完成了，如图5-161所示。

图 5-159　　　　　　　　图 5-160

图 5-161

04 按快捷键Ctrl+U打开"色相/饱和度"对话框，增加青色的饱和度，如图5-162和图5-163所示。

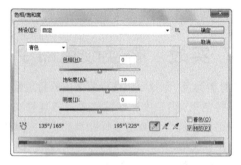

图 5-162

图 5-163

05 橙调与蓝调的制作方法正好相反。按Ctrl+Tab键，切换到另一个文档。选择b通道，如图5-164所示，按快捷键Ctrl+A全选，按快捷键Ctrl+C复制后选择a通道，如图5-165所示，按快捷键Ctrl+V进行粘贴，效果如图5-166所示。

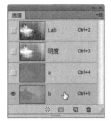

图 5-164　　　　　　图 5-165

图 5-166

5.19　实战调色：宝丽来效果

01 打开光盘中的素材，如图5-167所示。在"通道"面板中选择蓝通道，如图5-168所示。将前景色设置为灰色（R123,G123,B123），按快捷键Alt+Delete，填充为灰色，如图5-169所示。按快捷键Ctrl+2，返回RGB主通道，图像效果如图5-170所示。

图 5-167　　　　　　图 5-168

图 5-169　　　　　　图 5-170

02 执行"滤镜>镜头校正"命令，打开"镜头校正"对话框，先单击"自定"选项卡，显示具体的选项，然后拖曳"晕影"选项组中的"数量"和"中点"滑块，在照片的4个边角添加暗角效果，如图5-171和图5-172所示。

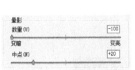

图 5-171　　　　　　图 5-172

03 按快捷键Ctrl+U，打开"色相/饱和度"对话框，分别调整"全图"和"蓝色"的饱和度和明度，如图5-173～图5-175所示。

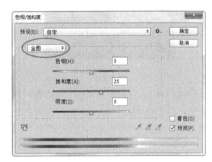

图 5-173

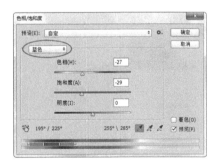

图 5-174

图 5-175

04 执行"图像>调整>可选颜色"命令，选择"黄色"和"中性色"进行调整，如图5-176～图5-178所示。

图 5-176   图 5-177

图 5-178

05 按快捷键Ctrl+L，打开"色阶"对话框，向右拖曳阴影滑块，增加色调的对比度；再向左侧拖曳中间调滑块，将色调提亮，如图5-179和图5-180所示。

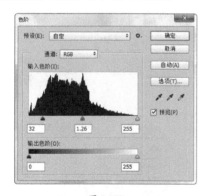

图 5-179

图 5-180

06 按D键，恢复为默认的前景色（黑色）和背景色（白色）。执行"图像>画布大小"命令，增加画布面

积，如图5-181所示，为照片加一个宽边。在"图层"面板中，按住Ctrl键并单击 按钮，在当前图层下面创建一个图层，如图5-182所示。将前景色设置为淡米黄色。选择"矩形工具" ，在工具选项栏中的下拉列表中选择"像素"选项，绘制一个矩形，如图5-183所示。

图 5-181   图 5-182

图 5-183

07 双击当前图层，打开"图层样式"对话框，添加"内发光"效果，如图5-184所示。再单击"渐变叠加"选项，添加"渐变叠加"效果，让相纸的色彩有一些泛黄，使其更具真实的质感，如图5-185所示。在当前图层下面创建一个图层，填充白色，作为背景使用，效果如图5-186所示。

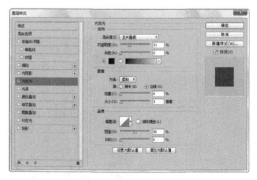

图 5-184

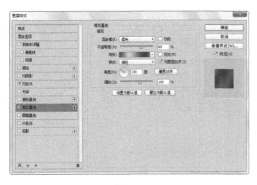

图 5-185

图 5-186

5.20 实战Camera Raw：调整照片影调和色彩

Raw格式照片包含相机捕获的所有数据，如ISO设置、快门速度、光圈值和白平衡等。Raw是未经处理和压缩的格式，因此，被称为"数字底片"。Camera Raw是专门处理Raw文件的程序，它可以解释相机原始数据文件，并对白平衡、色调范围、对比度、颜色饱和度、锐化等进行调整。Camera Raw现在已经成为了Photoshop的一个滤镜，这意味着用户可以处理图层上的任意图像，而不会对其造成破坏。

01 打开光盘中的素材，如图5-187所示。执行"滤镜>Camera Raw滤镜"命令，打开Camera Raw对话框。调整"曝光"值，让色调变得明快；调整"清晰度"值，让画面中的细节更加清晰；调整"自然饱和度"值，让色彩更加鲜艳，如图5-188所示。

图 5-187

图 5-188

02 选择"渐变滤镜工具" 🔲，将"色温"设置为-100，"饱和度"设置为100，按住Shift键（可锁定垂直方向）在画面底部单击，然后向上拖曳鼠标，添加蓝色渐变颜色，如图5-189所示。

图 5-189

03 继续使用"渐变滤镜工具"添加不同颜色的渐变，如图5-190所示。

图 5-190

学习重点

- 实战：衣随心手提袋设计
- 实战：光盘封套设计
- 实战：宠物食品包装设计

扫描二维码，关注李老师的个人小站，了解更多 Photoshop、Illustrator 实例和操作技巧。

第6章

包装设计

6.1 包装设计

　　包装是产品的第一推销员，好的商品要有好的包装来衬托才能充分体现其价值，并引起消费者的注意，扩大企业和产品的知名度。

6.1.1 包装的类型

- 纸箱：统称"瓦楞纸箱"，具有一定的抗压性，主要用于储运包装。
- 纸盒：用于销售包装，如糕点盒、化妆品盒、药盒等。如图 6-1 所示为 Fisherman 胶鞋包装设计。

图 6-1

- 木箱、木盒：木箱多用于储运包装，木盒主要用于工艺品等高档商品或礼品的包装。
- 铁盒、铁桶：多用于罐头、糖果和饮料包装，这类包装多采用马口铁或镀锌铁皮加工而成，另外还有镁铝合金的易拉罐等。如图 6-2 所示为一组非常有趣的酒瓶包装。

图 6-2

- 塑料包装：包括塑料袋、塑料瓶、塑料桶、塑料盒等，塑料袋是应用最为广泛的包装物，塑料桶和塑料盒主要用于液体类的包装。如图6-3所示为一组可口可乐塑料包装瓶。

图 6-3

- 玻璃瓶：多用于酒类、罐头、饮料和药品的包装。玻璃瓶分为广口瓶和小口瓶，又有磨砂、异形、涂塑等不同的处理工艺。
- 棉、麻织品：多用于土特产品的传统包装方式。
- 陶罐、瓷瓶：属于传统的包装形式，常用在酒类、土特产的包装上。

6.1.2 包装的设计定位

包装具有3大功能，即保护性、便利性和销售性。不同的历史时期，包装的功能含义也不尽相同，但包装却永远离不开采用一定材料和容器包裹、捆扎、容装、保护内装物，以及传达信息的基本功能。包装设计应向消费者传递一个完整的信息，即这是一种什么样的商品，这种商品的特色是什么，它适用于哪些消费群体。包装的设计还应充分考虑消费者的定位，包括消费者的年龄、性别和文化层次，针对不同的消费阶层和消费群体进行设计，才能放有的放矢，达到促进商品销售的目的。

包装设计要突出品牌，巧妙地将色彩、文字和图形组合，形成有一定冲击力的视觉形象，从而将产品的信息准确地传递给消费者。如图6-4和图6-5所示为美国Gloji公司灯泡形枸杞子混合果汁的包装设计，它打破了饮料包装的常规形象，让人眼前一亮。灯泡形的包装与产品的定位高度契合，传达出的是：Gloji混合型果汁饮料让人感觉到的是能量的源泉，如同灯泡给人带来的光明，Gloji灯泡饮料似乎也可以带给你取之不尽的力量。该包装在2008年Pentawards上获得了果汁饮料包装类金奖。

图 6-4   图 6-5

6.2 实战：衣随心手提袋设计

6.2.1 制作手提袋正面

01 打开光盘中的素材，如图6-6所示。

图 6-6

02 将前景色设置为白色。选择"自定形状工具" ，单击工具选项栏中的 按钮，打开形状下拉面板，单击右上角的 按钮，打开面板菜单，选择"形状"命令，加载该形状库，使用其中的圆形画框、窄边圆框和心形绘制出手提袋，并在心形图案上加入企业标志，如图6-7和图6-8所示。

图 6-7

图 6-8

03 下面围绕图像创建路径文本。单击"路径"面板中的"创建新路径"按钮 ，新建"路径1"，如图6-9所示，选择"钢笔工具" ，单击工具选项栏中的 按钮，在打开的下拉列表中选择"路径"选项，然后绘制如图6-10所示的路径。

图 6-9

图 6-10

04 选择"横排文字工具" ，将光标移至路径上，当光标显示为 状时单击鼠标并输入文字，如图6-11所示。按住Ctrl键并将光标放在路径上，光标会变为 状，单击鼠标并沿路径拖曳文字，可以使文字全部显示，如图6-12所示。

图 6-11　　　　　　　图 6-12

6.2.2 制作手提袋效果图

01 将组成手提袋的图层全部选中，按快捷键Ctrl+E合并。按快捷键Ctrl+T，显示定界框，按住Alt+Shift+Ctrl键并拖曳定界框一侧的控制点，使图像呈梯形变化，如图6-13所示，按Enter键确认操作。复制当前图层，将位于下方的图层填充为灰色（可单击"锁定透明像素"按钮 ，再对图层进行填色，这样不会影响透明区域），如图6-14所示。制作浅灰色矩形，再通过自由变换命令进行调整，从而表现手提袋的另外两个面，如图6-15所示。

图 6-13　　　　　　　图 6-14

图 6-15

02 将组成手提袋的图层全部选中，按快捷键Alt+Ctrl+E，将它们盖印到一个新的图层中，再按快

捷键Shift+Ctrl+[，将该图层移至底层。按快捷键Ctrl+T，显示定界框，单击鼠标右键，打开快捷菜单，选择"垂直翻转"命令，然后将图像向下移动，再按住Alt+Shift+Ctrl键拖曳控制点，对图像的外形进行调整，如图6-16所示。设置该图层的不透明度为30%，效果如图6-17所示。

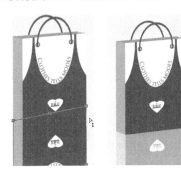

图 6-16　　　　　图 6-17

03 最后可以复制几个手提袋，再通过"色相/饱和度"命令调整手提袋的颜色，制作出不同颜色的手提袋，如图6-18所示。

图 6-18

6.3 实战：光盘封套设计

6.3.1 定义图案

01 打开光盘中的素材，如图6-19所示。这是一个分层文件，图案位于单独的图层中，如图6-20所示。

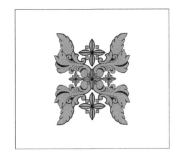

图 6-19

图 6-20

02 选择"移动工具" ▶✛，按住Alt键并拖曳图案进行复制，如图6-21所示。按快捷键Ctrl+T，显示定界框，单击工具选项栏中的"保持长宽比"按钮 ⛓ ，设置缩放比例为27%，如图6-22所示，按Enter键确认操作。下面要将这个稍小的图像定义为图案，然后在画面中进行大面积填充。按快捷键Ctrl+A，全选该图案，按快捷键Ctrl+C，将其复制到剪贴板中。

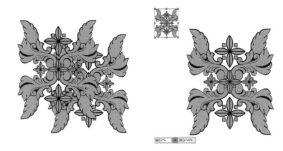

图 6-21　　　　　图 6-22

03 按快捷键Ctrl+N，打开"新建"对话框，Photoshop会以复制到剪贴板内的图像大小来自动设置新文件的大小，如图6-23所示。单击"确定"按钮，创建一个新文件。

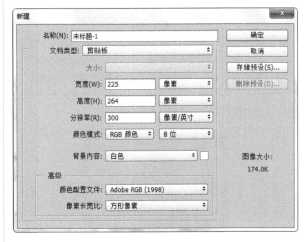

图 6-23

04 按快捷键Ctrl+V，粘贴图像，如图6-24所示，"图层"面板中会自动生成一个新的图层，如图6-25所示。

图 6-24　　　　　　　　图 6-25

05 为了使创建的图案没有背景，需要将"背景"图层拖曳到"删除图层"按钮🗑上，将其删除，如图6-26和图6-27所示。

图 6-26　　　　　　　　图 6-27

06 执行"编辑>定义图案"命令，打开"图案名称"对话框，如图6-28所示，单击"确定"按钮，新建一个图案。

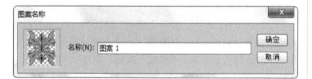

图 6-28

07 切换到另一个文档中，将用于制作图案的图层删除。在"背景"图层上方新建一个图层，如图6-29所示。选择"油漆桶工具"🪣，单击工具选项栏中的▼按钮，打开下拉面板，选择新创建的图案，如图6-30所示，在画面中单击鼠标，填充该图案，如图6-31所示。

图 6-29

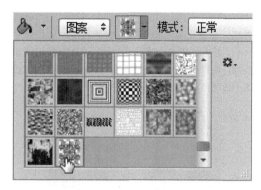

图 6-30

图 6-31

08 按快捷键Shift+Ctrl+U去色，如图6-32所示。使用"矩形选框工具"▢将图案的上半部分选取，按下Delete键，删除选区内的图像，在选区外单击鼠标，取消选区，如图6-33所示。

图 6-32　　　　　　　　图 6-33

09 选择"背景"图层，如图6-34所示，将前景色设置为灰色，按快捷键Alt+Delete，填充前景色，如图6-35所示。

图 6-34　　　　　　　　图 6-35

10 按住Ctrl键单击"图层1"，将其与"背景"图层同时选中，如图6-36所示，按快捷键Ctrl+E合并图层，如图6-37所示。

图6-36　　　　　　　　图6-37

11 按快捷键Ctrl+A全选，执行"编辑>描边"命令，打开"描边"对话框，设置"宽度"为44像素，颜色为绿色，在"位置"选项中选择"内部"选项，如图6-38所示。单击"确定"按钮，对选区进行描边，如图6-39所示。按快捷键Ctrl+D，取消选区。

图6-38

图6-39

6.3.2 变换图像

01 按住Alt键向下拖曳"图案"图层，进行复制，如图6-40所示。执行"编辑>变换>旋转90度（顺时针）"命令，效果如图6-41所示。

图6-40　　　　　　　图6-41

02 再次按住Alt键并拖曳鼠标，复制图案图层。按快捷键Ctrl+T，显示定界框，按住Shift键并拖曳控制点，将图案等比例缩小，如图6-42所示，按Enter键确认操作。使用"移动工具"，按住Alt键拖曳该图案进行复制，将复制后的图案移动到画面右侧，如图6-43所示。

图6-42

图6-43

03 新建一个图层。选择"自定形状工具"，单击工具选项栏中的按钮，选择"像素"选项，在形状下拉面板菜单中选择"装饰"命令，加载该形状库，并选择如图6-44所示的形状。将前景色设置为黑色，绘制该形状，得到一个黑色边框的镂空花纹，如图6-45所示。将前景色设置为绿色，使用"油漆桶工具"在黑色花纹的镂空处单击鼠标，将其填充为绿色，如图6-46所示。

图6-44

图 6-45

图 6-46

04 使用"横排文字工具" T 输入文字。双击文字图层，打开"图层样式"对话框，选择"描边"选项，将描边颜色设置为黑色，其他参数如图6-47所示，文字效果如图6-48所示。

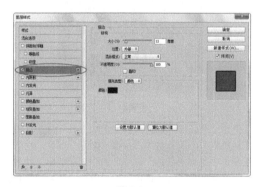

图 6-47

图 6-48

05 最后可以将完成的封套图像合并，并添加图层样式，使其呈现立体效果，再添加一些图案，制作成平面图，如图6-49所示。

图 6-49

6.4 实战：宠物食品包装设计

6.4.1 毛发抠图

01 打开光盘中的素材，如图6-50所示。

图 6-50

02 单击"通道"面板中的"红""绿"和"蓝"通道，同时观察图像，如图6-51所示。可以发现，蓝色通道中狗狗与背景的色调对比最明显，适合用来制作选区。

"红"通道　　　　"绿"通道　　　　"蓝"通道

图 6-51

03 将蓝色通道拖曳到  按钮上进行复制，如图6-52所示。执行"图像>应用图像"命令，打开"应用图像"对话框，在"通道"下拉列表中选择"蓝 拷贝"选项，设置混合模式为"正片叠底"，使狗狗的色调变暗，增强其与背景色调的差异，如图6-53和图6-54所示。

图 6-52　　　　　　　　　图 6-53

图 6-54

04 按快捷键Ctrl+L，打开"色阶"对话框，选择"设置白场吸管工具" ，在图像的背景上单击鼠标，背景会变为白色，如图6-55和图6-56所示。

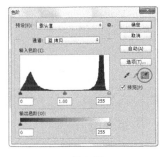

图 6-55　　　　　　　　　图 6-56

05 通过下面的方法检验一下背景是否完全变为白色。打开"信息"面板，选择"吸管工具" ，在背景上移动光标，同时观察面板中的K（黑色）值，大部分区域的K值为0%（即白色），如果吸管所在位置的数值不是0%，则表示该区域不是白色，如图6-57和图6-58所示。此时可以选择"减淡工具" ，将"范围"设置为"高光"，在该区域涂抹，进行减淡处理，待K值显示为0%时便可以了。

图 6-57　　　　　　　　　图 6-58

06 选择"加深工具" ，将"范围"设置为"阴影"，曝光度设置为30%，将狗狗的身体内部涂抹为黑色，眼睛的高光区域可以直接使用"画笔工具" 涂成黑色，如图6-59所示。按快捷键Ctrl+I反相，完成选区的制作，如图6-60所示。

图 6-59　　　　　　　　　图 6-60

07 按住Ctrl键并单击"蓝 拷贝"通道的缩览图，载入制作的选区，按快捷键Ctrl+~，返回到RGB复合通道，显示彩色图像。双击"背景"图层，在打开的对话框中单击"确定"按钮，将其转换为普通图层，单击"添加图层蒙版"按钮 ，基于选区创建图层蒙版，如图6-61和图6-62所示。

图 6-61　　　　　　　　　图 6-62

6.4.2 制作骨头形状包装盒

01 新建一个大小为297毫米×210毫米，分辨率为300像素/英寸的RGB模式文件。将前景色设置为黄色。选

择"自定形状工具" ，单击工具选项栏中的 按钮，
在打开的下拉列表中选择"形状"选项，再单击 按钮，打
开形状下拉面板，加载"动物"形状库，并选择如图6-63所
示的形状。

图 6-63

02 在画面中创建骨头形状，如图6-64和图6-65所示。

图 6-64　　　　　图 6-65

03 使用"直接选择工具" 在路径上单击鼠标，显示
锚点，移动锚点改变骨头的形状，如图6-66所示。执
行"图层>栅格化>形状"命令，将形状图层转换为普通图
层，如图6-67所示。

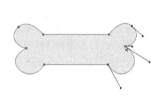

图 6-66　　　　　图 6-67

04 双击图层，打开"图层样式"对话框，添加"内发
光"和"图案叠加"效果，如图6-68～图6-70所示。

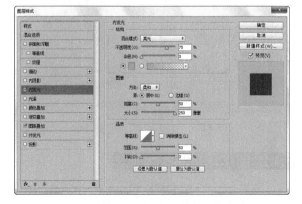

图 6-68

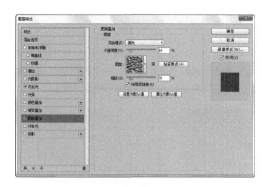

图 6-69

图 6-70

05 按住Alt键并向下拖曳"形状1"图层，复制该图层，
生成的副本图层位于"形状1"图层的下方，如图
6-71所示。使用"移动工具" 将复制后的骨头向左上方
移动。按快捷键Ctrl+U，打开"色相/饱和度"对话框，调
整参数，如图6-72和图6-73所示。

图 6-71

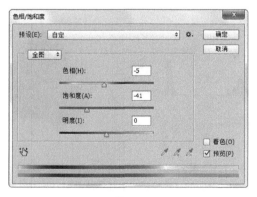

图 6-72

图 6-73

06 按快捷键Ctrl+T，显示定界框，按住Ctrl键并将下面
的两个控制点向内调整，如图6-74所示。新建一个图
层。选择"圆角矩形工具" ，单击工具选项栏中的
按钮，在打开的下拉列表中选择"像素"选项，设置半径为
50毫米，创建一个圆角矩形，如图6-75所示。

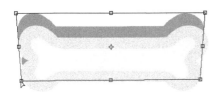

图 6-74

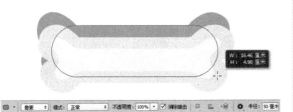

图 6-75

07 按住Alt键，将"形状1"的 *fx* 图标拖曳到"图层1"
上，为该图层复制相同的样式，如图6-76所示。双击
"图层1"，为其添加"内发光"效果，如图6-77和图6-78
所示。

图 6-76

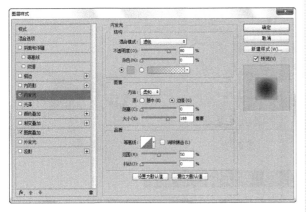

图 6-77

图 6-78

08 新建一个图层。用"自定形状工具" 创建一些
黑色和棕色的骨头图形，如图6-79所示。按快捷键
Alt+Ctrl+G，将当前图层与下面的图层创建为一个剪贴蒙版
组，如图6-80和图6-81所示。

图 6-79

图 6-80

图 6-81

09 将狗狗拖曳到包装盒文件中，按快捷键Ctrl+]，调整
到"图层"面板的顶层。将蒙版缩览图拖曳到"删除
图层"按钮 上，弹出如图6-82所示的对话框，单击"应
用"按钮，将蒙版应用到图层中，这样可以使狗狗的背景成
为真正的透明区域。

图 6-82

10 按住Ctrl键并单击"形状1"的缩览图，载入包装盒正
面的选区，如图6-83所示。单击"添加图层蒙版"按
钮 ，用蒙版遮盖狗狗，如图6-84和图6-85所示。

图 6-83

图 6-84

图 6-85

11 使用"横排文字工具" T 输入文字。按快捷键 Ctrl+T，显示定界框，将文字沿逆时针方向旋转，如图6-86所示。

图 6-86

12 单击工具选项栏中的"创建文字变形"按钮 工，打开"变形文字"对话框，在"样式"下拉列表中选择"扇形"选项并设置参数，对文字进行变形处理，如图6-87和图6-88所示。

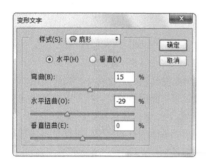

图 6-87

图 6-88

Point 在"样式"下拉列表中，Photoshop提供了15种变形样式，样式名称前的缩览图显示了该样式的变形效果。"水平"和"垂直"用来设置变形的方向，"弯曲"用于调整变形程度，"水平扭曲"和"垂直扭曲"用于创建透视效果。

13 复制文字图层，再将文字的颜色设置为白色。按快捷键Ctrl+T，显示定界框，将文字适当缩小并旋转，如图6-89所示。

图 6-89

14 为白色的文字图层添加"描边"效果，如图6-90和图6-91所示。

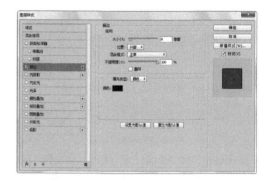

图 6-90

图 6-91

15 对于超出了包装盒范围的黑色文字，可以按住Alt键并将狗狗图层的蒙版拖曳到黑色文字图层，为其复制蒙版，以便将包装盒外面的文字隐藏，如图6-92所示。输入其他文字，如图6-93所示。

图 6-92   图 6-93

6.4.3 制作倒影和背景

01 将除"背景"图层以外的图层全部选中，如图6-94所示，按快捷键Alt+Ctrl+E，将它们盖印到一个新建的图层中,如图6-95所示。执行"编辑>变换>垂直翻转"命令,翻转图像,再使用"移动工具"▶✛将其向下移动,作为倒影,如图6-96所示。

图 6-94　　　　　　　图 6-95

图 6-99

03 将前景色设置为灰色,选择"背景"图层,单击工具选项栏中的"对称渐变"按钮▅,在包装盒底部创建一个对称渐变,如图6-100所示。

图 6-96

02 为当前图层添加一个图层蒙版。使用"渐变工具"▅,按住Shift键并沿垂直方向拖曳鼠标,创建一个由白色到黑色的渐变,如图6-97所示,倒影的效果如图6-98所示。再采用同样的方法制作纸盒内侧的倒影,如图6-99所示。

图 6-100

图 6-97　　　　　　　图 6-98

学习重点

● 实战：掌上电脑　　　　● 实战：播放器界面设计
● 实战：智能设备外观设计　● 实战：手机主题桌面设计

扫描二维码，关注李老师的个人小站，了解更多 Photoshop、Illustrator 实例和操作技巧。

第7章

UI 设计

7.1 关于 UI 设计

UI 是 User Interface 的简称，译为用户界面或人机界面，这一概念是 20 世纪 70 年代由施乐公司帕洛阿尔托研究中心（Xerox PARC）施乐研究机构工作小组提出的，并率先在施乐一台实验性的计算机上使用。

7.1.1 UI 设计概述

UI 设计是一门结合了计算机科学、美学、心理学、行为学等学科的综合性艺术，它为了满足软件标准化的需求而产生，并伴随着计算机、网络和智能化电子产品的普及而迅猛发展。UI 的应用领域主要包括手机通信移动产品、计算机操作平台、软件产品、PDA 产品、数码产品、车载系统产品、智能家电产品、游戏产品、产品的在线推广等。国外和国内很多从事手机、软件、网站、增值服务的企业都设立了专门从事 UI 研究与设计的部门，以期通过 UI 设计提升产品的市场竞争力。如图 7-1～图 7-5 所示为图标和界面设计。

图 7-2

图 7-1

图 7-3

图 7-4

图 7-5

7.1.2 设备预览和 Preview CC

Photoshop CC 2015新增了设备预览功能和 Adobe Preview CC 移动应用程序,当用户的iOS 设备(iPhone、iPad)上安装了 Adobe Preview CC 后,可以通过 USB 或 Wi-Fi 将多个 iOS 设备连接到 Photoshop 中,"设备预览"面板会显示连接设备的名称。当用户在 Photoshop CC 2015 中对APP、UI设计等做出修改时,会实时显示在 Preview CC 中,并可通过iOS(iPhone、iPad)设备实时预览,查看实际设计的效果,如图7-6所示。

图 7-6

7.2 实战:水晶质感图标

01 按快捷键Ctrl+N,打开"新建"对话框,设置参数,如图7-7所示,新建一个文件。使用"渐变工具" 填充"黑-灰"线性渐变,如图7-8所示。

图 7-7　　　　　　图 7-8

02 单击"图层"面板中的"创建新图层"按钮 ,新建一个图层。使用"椭圆选框工具" 绘制一个椭圆形选区,如图7-9所示,使用"渐变工具" 填充深绿渐变(R8,G33,B20),并为其添加"投影"效果,如图7-10和图7-11所示。

图 7-9

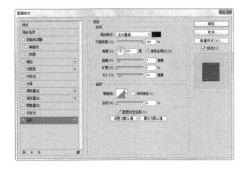

图 7-10

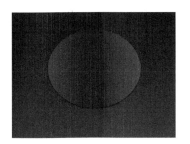

图 7-11

03 新建一个图层。用"矩形选框工具" ▢ 绘制一个矩形，填充绿色渐变（左右颜色对称），如图7-12所示。按快捷键Ctrl+T，显示定界框，按住Ctrl键并拖曳顶端的两个控制点，将矩形适当变形，如图7-13所示，按Enter键确认。按住Ctrl键并单击深绿渐变图层的缩览图，载入该图层选区，按快捷键Shift+Ctrl+I反选，按下Delete键，删除多余的图像，然后取消选区。按住Ctrl键切换为"移动工具" ▶+，连按4次Shift+↑键，将该图层向上移动，如图7-14所示。

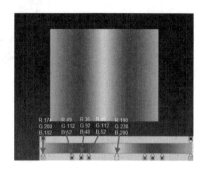

图 7-12

图 7-13

图 7-14

04 新建一个图层，按住Ctrl键并单击深绿渐变图层的缩览图，载入该图层的选区。选择"矩形选框工具" ▢，在选区上单击鼠标右键，在打开的菜单中选择"变换选区"命令，如图7-15所示，将选区适当变形，然后填充深绿色到绿色的线性渐变，如图7-16所示。为其添加"描边"效果，如图7-17和图7-18所示。

图 7-15

图 7-16

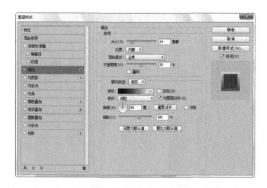

图 7-17

图 7-18

05 新建一个图层，填充黄绿色（R183,G215,B131）到绿色（R59,G131,B57）的径向渐变。按住Ctrl键并单击如图7-19所示的图层缩览图，载入深绿渐变图层的选区，如图7-20所示。按快捷键Shift+Ctrl+I反选，按下Delete键，删除多余的图形，再次反选选区，如图7-21所示。

图 7-19

图 7-20

图 7-21

06 用"钢笔工具" ✐ 绘制一个图形，如图7-22所示。在"路径"面板中，按住Ctrl+Alt键并单击该路径的缩览图，删减选区，如图7-23所示。填充"白色-透明"的径向渐变，渐变的中心在深绿渐变的上方，按快捷键Ctrl+D，取消选区，效果如图7-24所示。

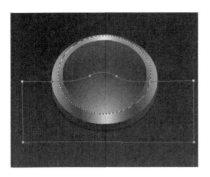

图 7-22

图 7-23

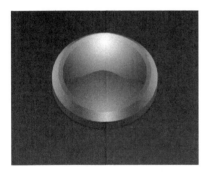

图 7-24

07 新建一个图层。用"钢笔工具"  将图标的高光部分绘出，如图7-25所示。选择"画笔工具" ✏（尖角4像素），将前景色设为白色，打开"路径"面板，按住Alt键并单击"用画笔描边路径"按钮 ○，打开"描边路径"对话框，选择"模拟压力"选项，对路径进行描边，然后将图层的混合模式设为"柔光"，效果如图7-26所示。

图 7-25

图 7-26

08 使用"钢笔工具" ✒ 将图标的暗部绘制出来，暗部要绘制在高光的内侧，如图7-27所示。选择"画笔工具" ✏（尖角4像素），将前景色设为深绿色，采用同样的方法对路径进行描边，完成后的效果如图7-28所示。

图 7-27

图 7-28

09 选择"横排文字工具" T，打开"字符"面板，选择字体并设置大小和颜色（R44,G113,B54），如图7-29所示，输入文字 e。在文字图层上单击鼠标右键，打开快捷菜单，选择"转换为形状"命令，将文字转换为图形，如图7-30和图7-31所示。

图 7-29　　　　　　　　图 7-30

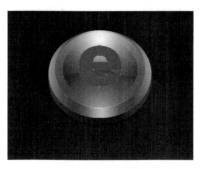

图 7-31

10 使用"钢笔工具" ✐ 在文字路径上绘制图形，如图 7-32所示。单击"添加到形状区域"按钮 ▢，再单击"组合"按钮，将形状合并。使用"钢笔工具" ✐ 将文字的镂空部分绘制出来，如图7-33所示，用"路径选择工具" ▶ 选中刚才绘制的路径，单击"区域减去"按钮 ▢，再单击"组合"按钮，将多余的形状删除，如图7-34所示。

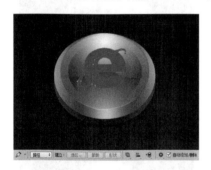

图 7-32

图 7-33

图 7-34

11 添加"内阴影"和"渐变叠加"效果，如图7-35和图 7-36所示。按快捷键Ctrl+T，显示定界框，拖曳控制

点，对图形变形处理，使其符合图标的整体透视关系，如图 7-37所示，完成后的效果如图7-38所示。

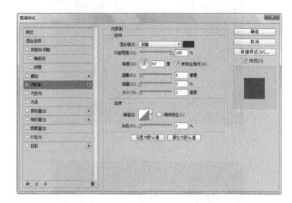

图 7-35

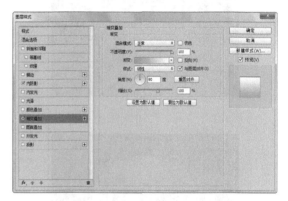

图 7-36

图 7-37

图 7-38

12 使用Photoshop形状库中的其他图形，还可以制作出不同效果的图标。操作方法是选择"自定形状工

具"，单击工具选项栏中的▾按钮，打开形状下拉面板，单击右上角的 ⚙ 按钮，打开面板菜单，选择"全部"命令，加载全部形状，然后选择一些形状来制作图标上面的图形，如图7-39和图7-40所示。

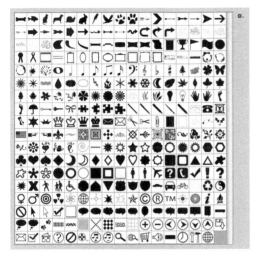

图 7-39

图 7-40

13 此外，还可以单击"调整"面板中的 ▧ 按钮，创建"色相/饱和度"调整图层，改变图标的颜色，如图7-41所示。

图 7-41

7.3 实战：掌上电脑

01 按快捷键Ctrl+N，打开"新建"对话框，在"文档类型"下拉列表中选择Web选项，在"画板大小"下拉列表中选择"Web 最小尺寸1024,768"选项，单击"确定"按钮，新建一个文件。

02 使用"渐变工具"  填充白色到浅蓝色的渐变，如图7-42所示。新建一个图层，选择"圆角矩形工具"，在工具选项栏中设置半径为8毫米，创建一个圆角矩形，如图7-43所示。

图 7-42 图 7-43

03 双击"图层1"，添加"内发光"效果，将发光颜色设置为白色，"大小"为40像素，如图7-44所示。继续添加"渐变叠加"效果，单击渐变颜色条，打开"渐变编辑器"对话框，调整渐变颜色和参数，如图7-45所示，图形的效果如图7-46所示。

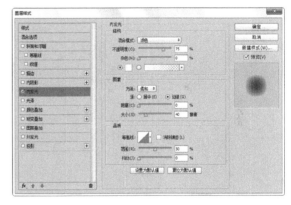

图 7-44

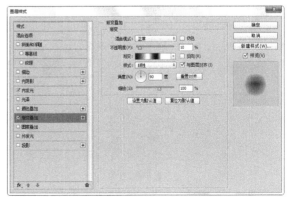

图 7-45

图 7-46

04 新建一个图层。使用"圆角矩形工具" 创建一个灰色的圆角矩形，如图7-47所示。为该图层添加"斜面和浮雕"和"内发光"效果，如图7-48和图7-49所示。

图 7-47

图 7-48

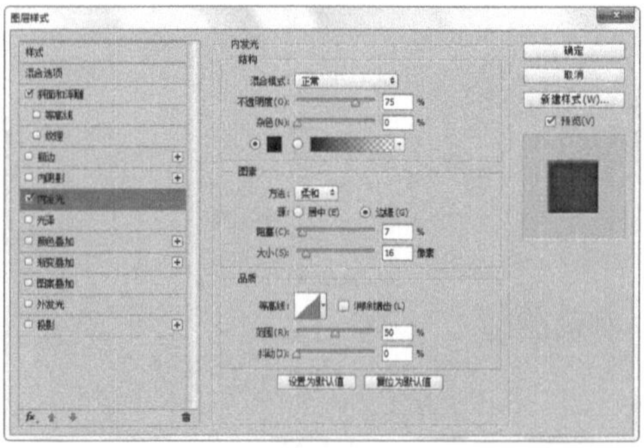

图 7-49

05 继续"渐变叠加"效果，调整渐变颜色（深蓝色到浅蓝色），如图7-50和图7-51所示。

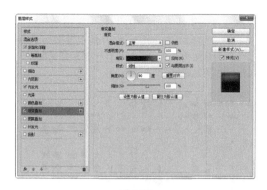

图 7-50

图 7-51

06 按快捷键Ctrl+O，打开光盘中的素材，如图7-52所示。

图 7-52

07 将其拖曳到掌上电脑文档中，生成"图层3"，设置混合模式为"变亮"。按住Ctrl键并单击"图层2"的缩览图，载入屏幕图形的选区，如图7-53所示，单击"添加图层蒙版"按钮 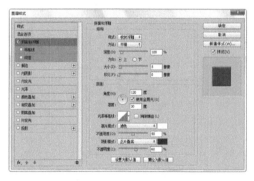，用蒙版将选区以外的图像隐藏，如图7-54和图7-55所示。

图 7-53 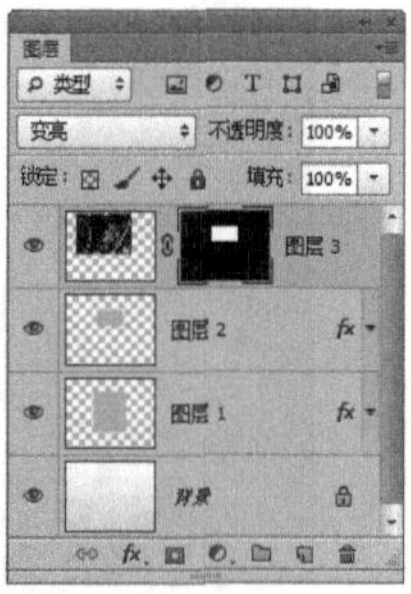   图 7-54

图 7-55

08 新建一个图层。使用"圆角矩形工具"  绘制一个蓝色和一个绿色图形。使用"椭圆选框工具" 在矩形两侧创建选区，按下Delete键，删除所选图像。使用"椭圆工具" 创建4个圆形，如图7-56所示。

图 7-56

09 为该图层添加"斜面和浮雕""渐变叠加"效果，如图7-57～图7-59所示。

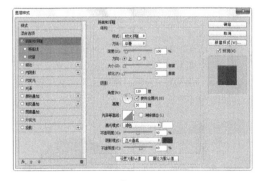

图 7-57

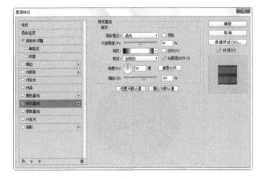

图 7-58

图 7-59

10 将前景色设置为白色，选择"圆角矩形工具" ，在工具选项栏中设置"不透明度"为15%，在操作区绘制4个细长的圆角矩形，如图7-60所示。使用"横排文字工具" 输入文字，如图7-61所示。

图 7-60　　　　　　　图 7-61

11 新建一个图层。使用"圆角矩形工具" 绘制一个笔状图形。单击"图层"面板中的 按钮，锁定图层的透明像素，然后在图形上涂抹蓝色和绿色，将其制作成为一支电脑笔，如图7-62所示。按住Alt键，将"图层1"的效果图标 fx 拖曳到当前图层，为当前图层复制相同的效果。执行"图层>图层样式>缩放效果"命令，在打开的对话框中设置"缩放"为40%，如图7-63所示，效果如图7-64所示。

图 7-62　　　　　　　图 7-63

图 7-64

12 将组成掌上电脑的图层全部选中，按快捷键Ctrl+E合并，如图7-65所示。按住Alt键，向下拖曳合并后的图层进行复制，如图7-66所示。

图 7-65　　　　　　图 7-66

13 执行"编辑>变换>垂直翻转"命令，翻转图形，再使用"移动工具" 将其向下移动，使之成为投影，如图7-67所示。设置该图层的混合模式为"正片叠底"。选择"橡皮擦工具" ，在工具选项栏中设置"不透明度"为50%，对投影图像进行擦除，越靠近画面边缘的部分越浅，如图7-68所示。

图 7-67　　　　　　图 7-68

14 将电脑笔适当旋转，并用上面的方法制作出笔的投影效果。在背景中输入文字，再绘制一些花纹作为装饰，完成后的效果如图7-69所示。

图 7-69

7.4 实战：智能设备外观设计

01 按快捷键Ctrl+N，打开"新建"对话框，创建一个800×600像素的文档。

02 新建一个图层。选择"椭圆工具" ，绘制一个椭圆形，如图7-70所示。再新建一个图层，选择"圆角矩形工具" ，将半径设置60像素，绘制一个圆角矩形，如图7-71所示。

图 7-70

图 7-71

03 按住Ctrl键并单击"图层1"的缩览图，如图7-72所示，载入椭圆形的选区，按快捷键Shift+Ctrl+I反选，如图7-73所示。按下Delete键，删除选区内的图像，然后取消选区，如图7-74所示。

图 7-72　　　　　　图 7-73

图 7-74

04 将"图层1"拖曳到"创建新图层"按钮 上，复制该图层，单击 按钮，锁定图层的透明区域，然后填充红色，如图7-75和图7-76所示。

图7-75

图7-76

05 按住Ctrl键并单击"图层2"的缩览图，载入其选区，如图7-77所示。执行"选择>修改>扩展"命令，在打开的对话框中设置"扩展量"为4像素，扩展选区，如图7-78和图7-79所示。

图7-77

图7-78

图7-79

06 按下Delete键，删除选区内的图像，如图7-80和图7-81所示。

图7-80

图7-81

07 双击该图层，添加"斜面和浮雕"效果，如图7-82和图7-83所示。

图7-82

图7-83

08 选择"等高线"选项，在等高线下拉面板中选择半圆形等高线，如图7-84和图7-85所示。

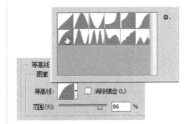

图7-84

图7-85

09 添加"渐变叠加"效果，调整渐变颜色，如图7-86和图7-87所示。

图7-86

图7-87

10 再分别添加"内阴影"和"外发光"效果，设置参数如图7-88和图7-89所示。

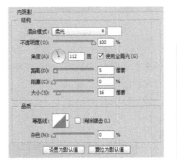

图7-88

图7-89

11 继续添加"内发光"效果，设置参数如图7-90所示，图像效果如图7-91所示。

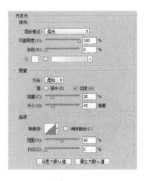

图 7-90　　　　　　　　图 7-91

12 双击"图层2"，为其添加"斜面和浮雕"效果，如图7-92和图7-93所示。

图 7-92　　　　　　　　图 7-93

13 选择"图层1"，单击"锁定透明像素"按钮 ，选择"画笔工具" ，在靠近黑色屏幕的边缘处涂抹褐色，如图7-94和图7-95所示（图中的线框为涂抹的范围）。

图 7-94　　　　　　　　图 7-95

14 选择"背景"图层。选择"渐变工具" ，打开"渐变编辑器"对话框，调整渐变颜色，如图7-96所示，按住Shift键填充垂直方向的渐变，如图7-97所示。

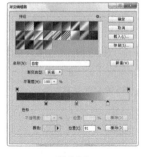

图 7-96　　　　　　　　图 7-97

15 在"背景"图层上面新建一个图层。选择"画笔工具" （柔角），设置直径为400像素，"不透明度"为15%，将前景色设置为红色，绘制电脑在桌面上的反光，如图7-98所示。新建一个图层，选择"椭圆选框工具" ，在工具选项栏中设置"羽化"为20像素，创建一个选区，填充黑色，如图7-99所示。按快捷键Ctrl+D，取消选区。

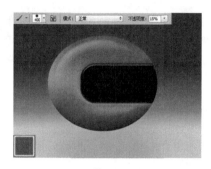

图 7-98

图 7-99

16 设置该图层的混合模式为"叠加"，"不透明度"为70%，如图7-100和图7-101所示。

图 7-100　　　　　　　图 7-101

17 新建一个图层。选择"画笔工具" ，打开"画笔"面板，单击"画笔笔尖形状"按钮，并设置参数，如图7-102所示。按D键，将前景色设置为黑色，在工具选项栏中设置画笔的不透明度为70%，在如图7-103所示的位置单击鼠标，绘制阴影。

图 7-102

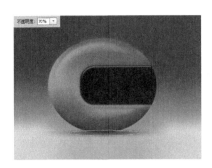

图 7-103

18 复制"图层2",再将复制后的图像缩小,如图7-104所示。

图 7-104

19 单击"锁定透明像素"按钮。创建一个选区,填充橙色,如图7-105所示。再创建两个选区,分别填充浅黄色和浅蓝色,如图7-106所示。

图 7-105

图 7-106

20 双击该图层,添加"斜面和浮雕"和"内阴影"效果,如图7-107和图7-108所示。

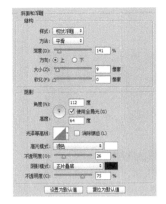 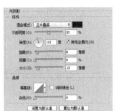

图 7-107　　　　　　　　　图 7-108

21 继续添加"内发光"效果,如图7-109和图7-110所示。

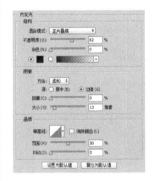 

图 7-109　　　　　　　　　图 7-110

22 新建一个图层。使用"直线工具",按住Shift键绘制直线,对电脑的屏幕进行分割。选择"自定形状工具",打开形状下拉面板,在面板菜单中选择Web命令,加载Web形状库,如图7-111所示,绘制不同颜色的图形,如图7-112所示。

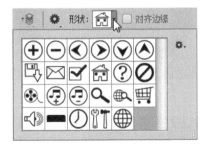

图 7-111

图 7-112

23 选择"横排文字工具" T，输入文字，如图7-113所示。

图 7-113

24 在文字图层下面新建一个图层。选择"椭圆工具" ，绘制多个相交的白色圆形，组成一朵云彩。为该图层添加"内阴影"效果，如图7-114和图7-115所示。关闭对话框完成制作，如图7-116所示。

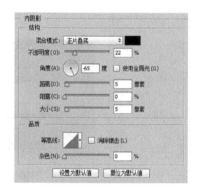

图 7-114

图 7-115

图 7-116

7.5 实战：播放器界面设计

7.5.1 制作外框

01 按快捷键Ctrl+N，打开"新建"对话框，设置参数，如图7-117所示，创建一个文档。将"背景"图层填充为黑色。

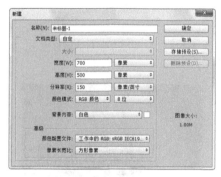

图 7-117

02 单击"图层"面板中的"创建新组"按钮 ，新建一个图层组，修改名称为"外边框"。单击"创建新图层"按钮 ，新建一个图层，将图层名称改为"外框"。选择"圆角矩形工具" ，单击工具选项栏中的 按钮，在打开的下拉列表中选择"路径"选项，并设置半径为20像素，绘制一个圆角矩形。选择"添加锚点工具" ，在路径上添加锚点，如图7-118所示，然后使用"直接选择工具" 选中刚添加的锚点并进行移动。使用"转换点工具" 单击右上方移动过的两个锚点，删除方向线，如图7-119所示。

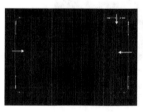 

图 7-118　　　　　　　图 7-119

03 单击"图层"面板下方的 按钮，在打开的菜单中选择"渐变"命令，添加一个渐变填充图层，并设置参数，如图7-120所示。双击该图层，打开"图层样式"对话框，添加"投影"效果，设置"距离"为1，"大小"为3，其他选项保持默认即可，效果如图7-121所示。

图 7-120　　　　　　　图 7-121

04 使用"圆角矩形工具" 绘制一个圆角矩形，半径为20像素，为其添加渐变填充图层，渐变色设置如图7-122所示，效果如图7-123所示。修改图层的名称为"外框斜面"。

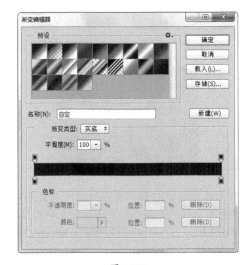

图 7-122

图 7-123

05 选择"圆角矩形工具" ，单击工具选项栏中的 ⬦ 按钮，在打开的下拉列表中选择"形状"选项，绘制一个半径为20像素的圆角矩形并填充黑色。为其添加"外发光"和"渐变叠加"效果，如图7-124～图7-126所示。修改图层名称为"显示界面"。

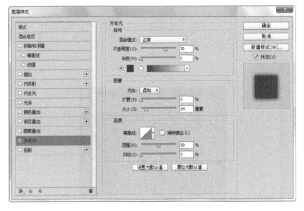

图 7-124

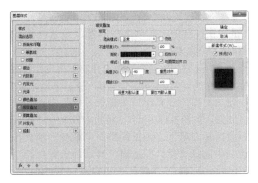

图 7-125

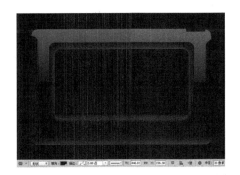

图 7-126

06 使用"矩形工具" 绘制一个矩形，然后单击"添加到形状区域"按钮 ，在右侧对称的位置创建一个矩形，为它们添加"渐变"填充图层，渐变色设置为浅粉色（R231,G153,B187）-洋红色（R211,G14,B118）-洋红色（R102,G22,B53）-洋红色（R211,G14,B118），如图7-127所示。修改图层名称为"荧光条衬底"，将其放在"外框"图层下方，如图7-128所示，效果如图7-129所示。该图层渐变的明暗交接线应与"外框"一致。

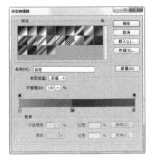   

图 7-127   图 7-128

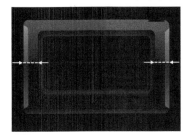

图 7-129

07 选择"直线工具" /，打开工具选项栏中的 ÷ 按钮，在打开的下拉列表中选择"形状"选项，设置"粗细"为3像素，绘制一条短线。选择"路径选择工具" ▶，单击该短线，按住Alt键并向下拖曳，将其复制若干次。单击"水平居中对齐" 曡 和"垂直平均分布" 흫 按钮，使它们均匀分布在"荧光条衬底"左边的长条上并居中放置，如图7-130所示。将它们复制到"荧光条衬底"右边的长方形上。为短线添加"渐变"填充图层，在对话框中选择"反向"选项，其余的设置保持不变，渐变颜色为白色-白色-洋红色（R211,G14,B118）-洋红色（R139,G29,B78），如图7-131所示。将该图层的名称修改为"荧光条"，并放在"荧光条衬底"上方，如图7-132所示，效果如图7-133所示。

图 7-130　　　　　　　图 7-131

图 7-132

图 7-133

7.5.2　制作按钮

01 新建一个名称为"按钮"的图层组。使用"圆角矩形工具" ▢、"自定形状工具" ✿ 和"钢笔工具" ✐ 绘制4个播放器按钮，如图7-134所示。添加"渐变"填充图层，渐变颜色设置为洋红色（R174,G16,B98）-白，如图7-135所示，效果如图7-136所示。

图 7-134

图 7-135

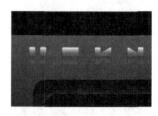

图 7-136

02 双击该图层，打开"图层样式"对话框，添加"投影"和"内发光"效果，发光颜色为淡粉色（R242,G198,B217），如图7-137～图7-139所示。修改该图层的名称为"播放控制"。

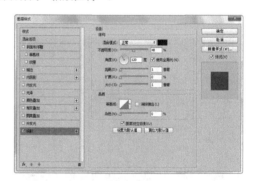

图 7-137

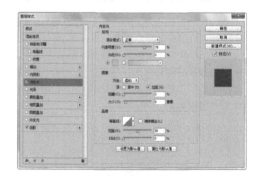

图 7-138

图 7-139

03 使用"钢笔工具" 绘制如图7-140所示的图形，为其添加"渐变"填充图层，如图7-141所示，效果如图7-142所示。

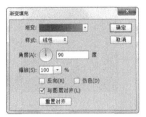

图 7-140　　　　　　　图 7-141

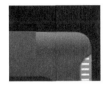

图 7-142

04 双击该图层，打开"图层样式"对话框，添加"投影""描边"效果，如图7-143～图7-145所示。修改图层的名称为"关闭按钮"。

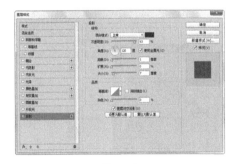

图 7-143

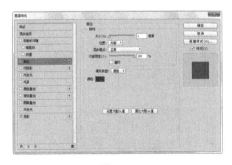

图 7-144

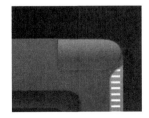

图 7-145

05 使用"矩形工具" 绘制一个"×"状图形，填充黑色，为其添加"投影""内阴影"效果，如图7-146和图7-147所示。

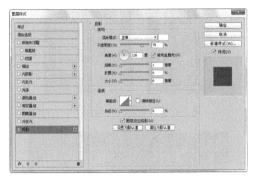

图 7-146

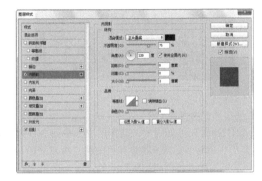

图 7-147

06 将图层名称修改为X，并放于"关闭按钮"上方，如图7-148和图7-149所示。

图 7-148　　　　　　图 7-149

7.5.3 制作均衡器

01 新建一个名称为"显示效果"的图层组。使用"矩形工具" 绘制一个矩形，用"路径选择工具" 单击该矩形，按住Alt键并拖曳复制若干个，然后再通过单击"垂直居中分布"按钮 ，将这些图形排列整齐，如图7-150和图7-151所示。单击"添加到形状区域"按钮 ，再单击"组合"按钮，将它们组合在一起。添加纯色填充图层，颜色为灰色，效果如图7-152所示。将该图层的名称修改为"均衡器-暗"。

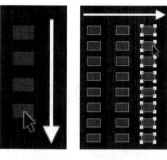

图 7-150　　　　图 7-151

图 7-152

02 使用"直接选择工具" ▶ 选中一部分矩形，按快捷键Ctrl+X，剪切到一个新图层中，修改名称为"均衡器-亮"。为其添加颜色为洋红色的纯色填充图层，再添加"外发光"和"斜面和浮雕"效果，发光颜色为洋红色（R211,G18,B119），如图7-153～图7-155所示。

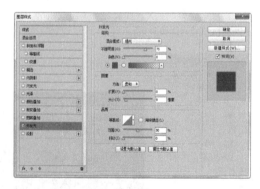

图 7-153

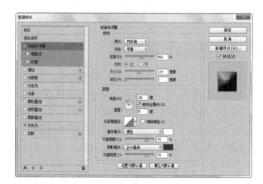

图 7-154

图 7-155

7.5.4　制作高光

01 新建一个名称为"高光"的图层组。新建一个图层。使用"钢笔工具" ✐ 将播放器边缘的高光部分绘制出来，如图7-156所示（白线部分）。选择"画笔工具" ✐（尖角3像素），设置前景色为白色。打开"路径"面板，按住Alt键并单击"用画笔描边路径"按钮 ○，打开"描边路径"对话框，选择"模拟压力"选项，对路径进行描边。修改图层的名称为"高光线"，并将该图层调整到最上方，如图7-157所示，效果如图7-158所示。

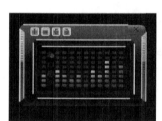

图 7-156　　　　图 7-157

图 7-158

 Point 高光线可以按照受光强弱和颜色的不同（如靠近荧光条部分可以适当用浅洋红色）分几次描绘。

02 新建一个名称为"玻璃反光"的图层，放在"高光线"图层下方。按住Ctrl键并单击"显示界面"图层的缩略图，载入该图层的选区。选择"矩形选框工具" □，将该选区向上移动，按住Ctrl+Alt键并单击"显示界面"图层的缩略图，删减一部分选区，如图7-159所示。在"玻璃反光"

图层填充白色到透明的渐变，将该图层下移再适当缩小。用"椭圆选框工具" ⬭ 绘制一个羽化为20像素的椭圆形，按下Delete键，删除选区内的图形，按快捷键Ctrl+D，取消选区，如图7-160所示。在"图层"面板中将"玻璃反光"图层的"不透明度"设置为30%。

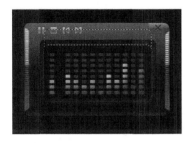

图 7-159

图 7-160

03 新建一个名称为"荧光"的图层，使用"渐变工具" ▦ 填充洋红色到透明的径向渐变。按住Ctrl键并单击"外框斜面"图层缩略图，载入选区，按快捷键Shift+Ctrl+I反选，按下Delete键，删除选中的图像，如图7-161所示。按住Ctrl键并单击"显示界面"图层缩略图，载入选区，按下Delete键删除，如图7-162所示。按快捷键Ctrl+D，取消选区。

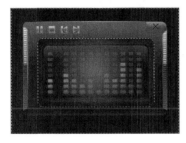

图 7-161

图 7-162

04 使用"橡皮擦工具" ▱ 擦掉多余的部分，如图7-163所示。设置混合模式为"变亮"，"不透明度"为60%。如图7-164所示。

图 7-163　　　　　　　　图 7-164

05 使用"钢笔工具" ✐ 和"自定形状工具" ✿ 绘制4个图标，其中一个填充洋红色，其他填充深灰色，如图7-165所示。选择"画笔工具" ✎ ，在洋红色图标中心单击鼠标，增强发光效果，如图7-166所示。将该图层拖曳到"显示效果"图层组内。

图 7-165　　　　　　　　图 7-166

06 新建一个名称为"文字"的图层组。用"横排文字工具" T 输入图标、播放器名称及其他文字，并用灰色填充，效果如图7-167所示。

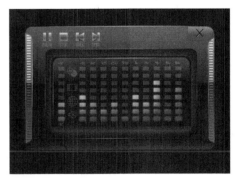

图 7-167

7.6 实战：手机主题桌面设计

7.6.1 制作界面背景

01 按快捷键Ctrl+N，打开"新建"对话框，设置参数，如图7-168所示，创建一个文档。单击"图层"面板中的 ▫ 按钮，新建一个图层，修改图层的名称为"衬底"，如图7-169所示。

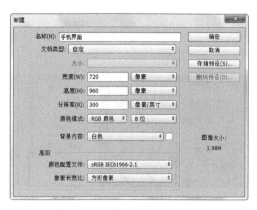

图 7-168

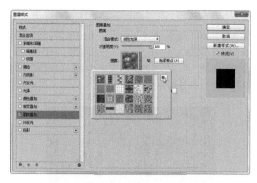

图 7-172

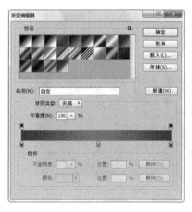

图 7-169

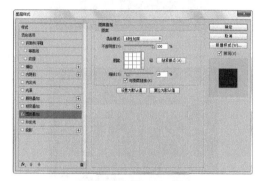

图 7-173

02 选择"渐变工具" ，打开"渐变编辑器"对话框，调整颜色为深橙色（R123,G58,B31）-橙色（R237,G114,B26）-深橙色（R123,G58,B31），如图7-170所示。按住Shift键（锁定水平方向）拖曳鼠标，填充渐变色，如图7-171所示。

图 7-174

04 单击"图层"面板中的"创建新组"按钮 ，在"衬底"图层上面新建一个图层组，修改图层组的名称为"界面上部"，如图7-175所示。选择"矩形工具" ，单击工具选项栏中的 按钮，在打开的下拉列表中选择"路径"选项，在画面中绘制一个矩形，如图7-176所示。

图 7-170　　　　图 7-171

03 双击图层，打开"图层样式"对话框，添加"图案叠加"效果，单击"图案"选项右侧的 按钮，打开下拉面板，如图7-172所示，单击面板右上角的 按钮，在打开的菜单中选择"图案"命令，加载该图案库，选择如图7-173所示的图案，并设置参数，效果如图7-174所示。

图 7-175　　　　图 7-176

7.6.2 制作电量和信号图标

01 单击"图层"面板中的 ⬤ 按钮,打开下拉菜单,选择"渐变"命令,打开"渐变填充"对话框,设置"角度"为0度,如图7-177所示,单击渐变色条,打开"渐变编辑器"对话框,设置渐变色,如图7-178所示,单击"确定"按钮,返回到"渐变填充"对话框,单击"确定"按钮关闭对话框,添加渐变填充图层,效果如图7-179所示。

图 7-177

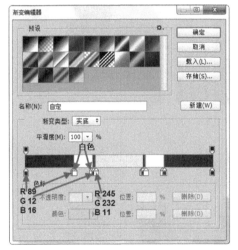

图 7-178

图 7-179

02 为该图层添加"投影"效果,如图7-180和图7-181所示。修改该图层的名称为"头盔条纹",如图7-182所示。

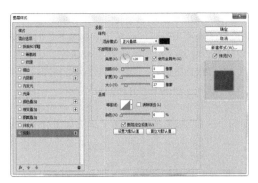

图 7-180

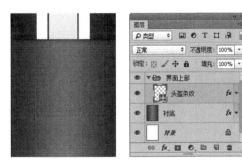

图 7-181   图 7-182

03 在"头盔条纹"图层上面新建一个名称为"指示衬底"的图层,如图7-183所示。选择"圆角矩形工具" ▢,单击工具选项栏中的 ⬍ 按钮,在打开的下拉列表中选择"路径"选项,单击工具选项栏中的"添加到形状区域"按钮 ⬜,再将半径设置为60像素,在画面中绘制圆角矩形,如图7-184所示。用"路径选择工具" ▶ 单击圆角矩形,将其选中,按住Alt键拖曳复制凸显,如图7-185所示。

图 7-183

图 7-184   图 7-185

04 单击"图层"面板中的 ⊘ 按钮，在打开的菜单中选择"渐变"命令，打开"渐变填充"对话框，单击渐变色条，打开"渐变编辑器"对话框，设置渐变色为橙色（R178,G115,B31）-黄色（R244,G233,B41）-橙色（R178,G115,B31）-橙色（R200,G155,B26）-白色，如图7-186所示。单击"确定"按钮，返回"渐变填充"对话框，单击"确定"按钮关闭对话框，效果如图7-187所示。

图 7-190

06 选择"矩形工具" ，在画面中绘制矩形，如图7-191所示。单击"图层"面板中的 ⊘ 按钮，在打开的菜单中选择"纯色"命令，打开"拾色器"对话框，将颜色设置为白色，如图7-192所示，单击"确定"按钮，为矩形添加白色的纯色填充图层，如图7-193所示。修改图层的名称为"状态指示"，如图7-194所示。

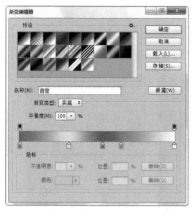

图 7-186　　　　图 7-187

图 7-191　　　　图 7-192

05 再为该图层添加"投影"和"内发光"效果，如图7-188～图7-190所示。

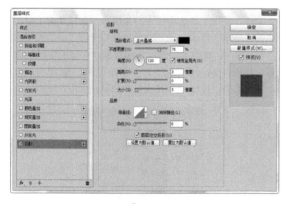

图 7-188

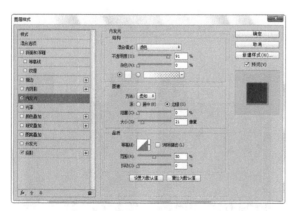

图 7-189

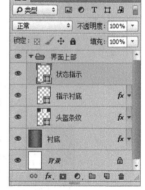

图 7-193　　　　图 7-194

07 选择"矩形工具" ，单击工具选项栏中的"与选区交叉"按钮 ，单击"状态指示"图层的矢量蒙版缩略图，进入路径编辑模式，绘制一个矩形，与前一个图形进行路径运算，如图7-195所示。按住Ctrl键并拖曳锚点，适当调整矩形的形状，如图7-196所示。为该图层添加"外发光"效果，如图7-197和图7-198所示。

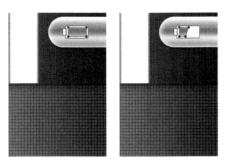

图 7-195 　　　　　 图 7-196

图 7-199 　　　　　 图 7-200

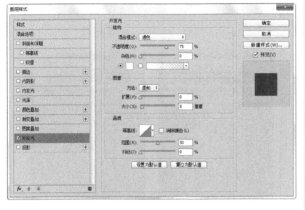

图 7-197

图 7-201 　　　　　 图 7-202

02 为该图层添加"投影"和"内发光"效果，如图7-203～图7-205所示。

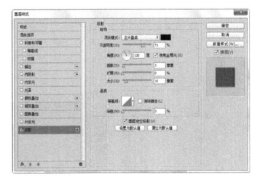

图 7-203

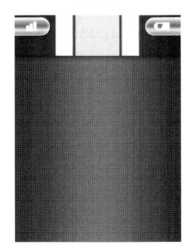

图 7-198

7.6.3 制作金属部件和显示时间

01 在"状态指示"图层下方新建一个名称为"金属件"的图层。如图7-199所示。用使用"矩形工具" ▢ 绘制一个矩形，如图7-200所示。单击"图层"面板中的 ⬤ 按钮，在打开的菜单中，为矩形添加一个铜色的渐变填充图层，渐变色为深棕色（R113,G53,B28）-浅棕色（R200,G166,B19）-深棕色（R113,G53,B28）-米白色（R251,G239,B185）-深棕色（R113,G53,B28），如图7-201所示，效果如图7-202所示。

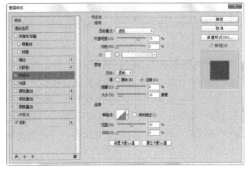

图 7-204

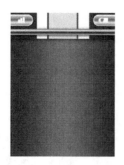

图 7-205

03 按快捷键Ctrl+J，复制"金属件"图层。单击"金属件 拷贝"图层的矢量蒙版缩览图，用"圆角矩形工具" （半径30像素）绘制一个圆角矩形，如图7-206所示。使用"路径选择工具" ▶ 单击复制图层中的矩形，按下Delete键将其删除，如图7-207所示。将该图层放在"金属件"图层的下面，修改图层的名称为"金属件2"，如图7-208和图7-209所示。

图 7-206   图 7-207

图 7-208   图 7-209

04 选择"椭圆工具" ⬭，按住Shift键绘制一个正圆形，如图7-210所示。单击 ⬤ 按钮，在打开的菜单中为圆形添加一个灰色-白色的渐变填充图层，渐变色设置为深灰-浅灰色，如图7-211和图7-212所示。使用"路径选择工具" ▶ 单击圆形，按住Alt键并拖曳鼠标，将圆形复制，并放在"金属件2"图形的右侧，如图7-213所示。

图 7-210   图 7-211

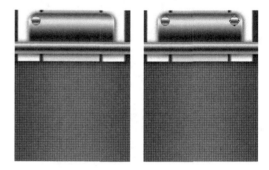

图 7-212   图 7-213

05 为该图层添加"投影""斜面和浮雕"效果，如图7-214～图7-216所示。修改图层的名称为"铆钉"，如图7-217所示。

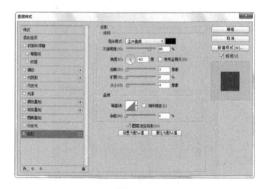

图 7-214

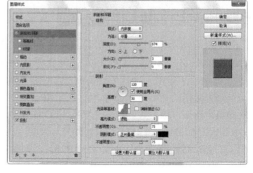

图 7-215

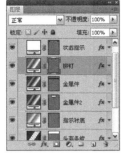

图 7-216　　　　　　　图 7-217

06 在"状态指示"图层上面新建一个名称为"显示屏"的图层，如图7-218所示。使用"圆角矩形工具" 绘制一个圆角矩形，如图7-219所示。单击 按钮，在打开的菜单中为圆角矩形添加一个渐变填充图层，渐变色设置为橙色（R237,G111,B25）-棕色（R155,G72,B35）-橙色（R237,G111,B25）-浅橙色（R245,G176,B121），如图7-220和图7-221所示。

图 7-218　　　　　　　图 7-219

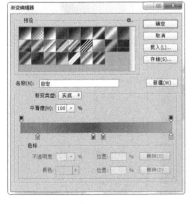

图 7-220　　　　　　　图 7-221

07 为该图层添加"内阴影"和"内发光"效果，如图7-222～图7-224所示。

08 选择"横排文字工具" ，打开"字符"面板设置字体和大小，如图7-225所示，在画面中输入文字，如图7-226所示。为该图层添加"外发光"效果，如图7-227和图7-228所示。

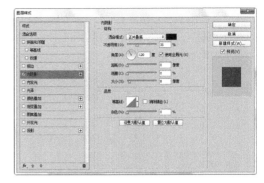

图 7-222

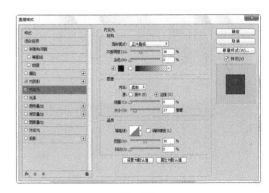

图 7-223

图 7-224　　　　图 7-225　　　　图 7-226

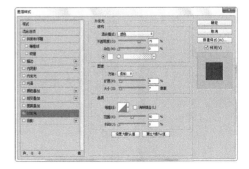

图 7-227

7.6.4 制作金属护具

01 在"界面上部"图层组下方新建一个名称为"界面下部"的图层组。按住Alt键，将"金属件"图层拖曳到"界面下部"图层组中，进行复制，如图7-229和图7-230所示。在"金属件 拷贝"图层上单击鼠标右键，打开快捷菜单，选择"栅格化图层"命令，将形状图形转换为普通图像，如图7-231所示。

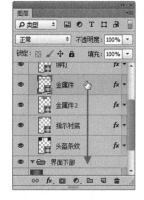

图 7-228　　　　　　图 7-229

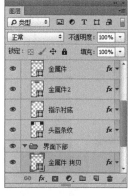

图 7-230　　　　　　图 7-231

02 在"金属件 拷贝"图层上单击鼠标右键，打开快捷菜单，选择"清除图层样式"命令，删除图层样式。执行"编辑>变换>变形"命令，显示变形网格，如图7-232所示，拖曳控制点，对图像进行变形处理，如图7-233所示。按Enter键确认，如图7-234所示。

图 7-232　　　　　　图 7-233

图 7-234

03 修改图层的名称为"护具1"。按住Alt键并拖曳图像进行复制，将其放在"护具1"下方，如图7-235和图7-236所示。

图 7-235　　　　　　　　图 7-236

04 按住Alt键并拖曳再次复制，将图层放到"界面下部"图层组中，栅格化图层，并删除图层样式，修改图层的名称为"护具2"。按快捷键Ctrl+T，显示定界框，拖曳控制点将图像适当旋转，按住Ctrl键并拖曳控制点，对图形进行适当变形，如图7-237所示。单击"图层"面板中的 ▢ 按钮，添加图层蒙版，使用尖角"画笔工具" ✏ 在画面中涂抹黑色，将图像适当隐藏，如图7-238和图7-239所示。采用相同的方法制作其他图像，如图7-240所示。

图 7-237　　　　　　　　图 7-238

图 7-239　　　　图 7-240

图 7-244　　　　图 7-245

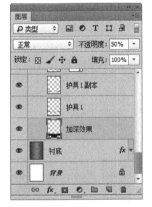　

图 7-246　　　　图 7-247

05 按住Shift键并单击"护具2拷贝2"图层和"护具1拷贝"图层，选择全部护具图层，按快捷键Ctrl+G，将所选图层合并到一个图层组中，修改图层组的名称为"护具"，如图7-241所示。按住Alt键，将"金属件2"图层拖曳到"界面下部"图层组中，放在"护具"图层组上面，修改图层的名称为"按钮"，如图7-242所示。单击"按钮"图层的矢量蒙版缩略图，进入形状编辑状态，使用"直接选择工具"修改路径的形状，如图7-243所示。

图 7-241　　　　图 7-242

图 7-243

06 选择"横排文字工具"，打开"字符"面板，设置文字颜色为黄色，字体参数如图7-244所示，在画面中输入文字，如图7-245所示。在"护具"图层组下面新建一个名称为"加深效果"的图层，将前景色设置为黑色，使用"画笔工具"在画面中涂抹，对图像进行加深处理，修改图层的"不透明度"为50%，如图7-246和图7-247所示。

7.6.5 制作图标效果

01 打开光盘中的素材，如图7-248所示。将图标图层全部拖曳到"手机界面"图层中，按快捷键Ctrl+G，将所选图层合并到一个新的图层组中，修改组的名称为"图标"，如图7-249和图7-250所示。

图 7-248

图 7-249

图 7-250

02 按住Alt键，将"金属件"图层拖曳到"图标"图层组中，进行复制，修改图层的名称为"选择框"，如图7-251所示。使用"钢笔工具" ✐ 和其他路径编辑工具，将路径修改为4个L状图形，如图7-252所示。在"信息"图层下方新建一个名称为"荧光"的图层，如图7-253所示，填充"黄色-透明"的径向渐变，如图7-254所示。

图 7-251

图 7-252

图 7-253

图 7-254

Point 选择框可以是任何形状的，也可以不用形状，而用颜色、亮度、大小等效果来表现，只要能体现出图标被选中的状态即可。

03 在"选择框"图层上方新建一个名称为"标签"的图层，如图7-255所示。使用"矩形工具" ▭ 绘制一个矩形，如图7-256所示。单击"图层"面板中的 ⬤ 按钮，在打开的菜单中为矩形形状添加渐变填充图层，设置渐变色为"透明-橙色（R238,G120,B27）"，如图7-257和图7-258所示。

图 7-255

图 7-256

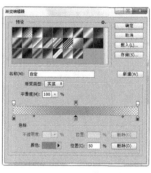

图 7-257

图 7-258

04 使用"横排文字工具" T 输入文字。将文字图层放在"标签"图层的上方，效果如图7-259所示。打开光盘中的素材，将文件中的"图标"图层组拖曳到"手机界面"文档中，隐藏之前的图标，效果如图7-260所示。

图 7-259

图 7-260

学习重点

● Web 安全颜色
● 网页、UI 和移动程序专用设计空间
● 导出画板和图层及更多内容

● 实战：生成图像资源
● 实战：优化和输出 Web 图形
● 实战：衣随心服饰网页设计

第8章

网页设计

扫描二维码，关注李老师的个人小站，了解更多 Photoshop、Illustrator 实例和操作技巧。

8.1 网页设计与 Web 图形

Photoshop 中的 Web 工具可以帮助用户设计和优化单个 Web 图形或整个页面布局，创建网页组件。例如，使用图层和切片可以设计网页和网页界面元素；使用图层复合可以试验不同的页面组合或导出页面的各种变化形式；使用图层样式可创建用于导入到 Dreamweaver 或 Flash 中的翻转文本或按钮图形等。

8.1.1 网页设计要素

版面设计、色彩、动画效果，以及图标设计等是网页设计的要素。网页的版面设计应充分借鉴平面设计的表现方法和表现形式，根据内容的主次关系将不同的图形、图像和文字元素进行编排、组合。合理规划版面，利用动静结合、虚实变化、疏密有致的手法，形成具有鲜明特色的页面效果，同时还应兼顾网页的功能性、实用性和艺术性，如图 8-1 和图 8-2 所示。

恰当的留白使页面协调均衡

图 8-1

将信息分类规范化和条理化

图 8-2

色彩对人视觉的影响非常明显，一个网页设计的成功与否，在某种程度上取决于设计者对色彩的把握与运用。一般情况下，同类色可以产生统一、协调的视觉效果，能够增强页面的一致性；对比色可以产生醒目的视觉效果，由多种色彩组成的页面通常采用面积对比、色相对比和纯度对比来协调对比关系，使其在对比中存在协调，如图 8-3 和图 8-4 所示。

橙色是一种快乐、健康、勇敢的色彩

图 8-3

蓝色象征着和平、安静、纯洁、理智

图 8-4

8.1.2 Web 安全颜色

在创建 Web 图形时需要注意，Web 安全颜色是浏览器使用的 216 种颜色，它能确保用户设置的颜色在其他系统上的 Web 浏览器中以同样的效果显示。打开"颜色"面板或"拾色器"对话框后，可以选择相应的选项，在 Web 安全颜色模式下设置颜色，即此后设置的任何颜色都是 Web 安全色，如图 8-5 和图 8-6 所示。

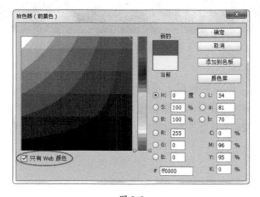

图 8-5

图 8-6

使用"颜色"面板或"拾色器"对话框时，如果没有在 Web 安全模式下设置颜色，当选择的颜色不能在 Web 页上准确显示时，就会出现"非 Web 安全色警告"图标🔲。该图标下面的颜色块中显示了与当前选中的颜色最为接近的 Web 安全色，单击该图标🔲或该颜色块，如图 8-7 所示，可以将颜色块中的 Web 安全色设置为当前颜色，如图 8-8 所示。

图 8-7   图 8-8

8.1.3 网页、UI 和移动程序专用设计空间

Photoshop CC 2015 版推出了设计空间（预览）功能模式，它是为 Web、UI 和移动应用程序设计人员打造的新颖、高效的工作界面。当开启这一模式时，Photoshop 界面中与 Web、UI 设计等无关的功能会被隐藏，用户可以通过一个直观、易用的界面访问所需要的所有设计工具。要启用设计空间（预览），可以执行"编辑 > 首选项 > 技术预览"命令，打开"首选项"对话框，选择"启用设计空间（预览）"选项。目前，设计空间（预览）要求 Mac OS X 10.10 或 Windows 8.1 64 位或更高版本的操作系统，并仅有英语界面。

8.1.4 导出画板和图层及更多内容

执行"文件 > 导出 > 快速导出为（图像格式）"命令，可以按照指定的格式将文档导出为图像资源。如果文档中包含画板，则会单独导出其中的所有画板。

在"图层"面板中,选择要导出为图像资源的图层、图层组或画板,在其上方单击鼠标右键,从打开的快捷菜单中选择"快速导出为(图像格式)"命令,每个选定的图层、图层组或画板,均会生成一个图像资源。

8.2 实战:生成图像资源

Photoshop 可以从 PSD 文件(即分层的文档)的每一个图层中生成一幅图像。有了这项功能,Web 设计人员就可以从 PSD 文件中自动提取图像资源,免除了手动分离和转存的麻烦。

01 打开光盘中的素材。将PSD素材文件复制到计算机中,然后在Photoshop中将其打开,如图8-9和图8-10所示。

图 8-9　　　　　　图 8-10

02 执行"文件>生成>图像资源"命令,使该命令处于选中状态。在图层组的名称上双击鼠标,显示文本框,修改名称并添加文件格式扩展名.jpg,如图8-11所示。在一个图层名称上双击鼠标,将该图层重命名为"小动物2.gif",如图8-12所示。需要注意的是,图层名称不支持特殊字符/、:和*。

图 8-11　　　　　　图 8-12

03 操作完成后,即可生成图像资源,Photoshop 会将它们与源 PSD 文件一起保存在子文件夹中,如图8-13所示。如果源 PSD 文件尚未保存,则生成的资源会保存在桌面上的新文件夹中。

图 8-13

8.3 实战:创建与编辑切片

切片可以将一个图像划分为若干个较小的图像,这些图像可以指定不同的 URL 链接以创建页面导航,也可以分别进行不同程度的优化,从而缩小文件,以便于网络传输和下载。

8.3.1 切片的种类

切片按照其内容类型(表格和图像、无图像),以及创建方式(用户、基于图层、自动)进行分类。使用"切片工具" 创建的切片称为"用户切片";通过图层创建的切片为"基于图层的切片";"自动切片"是添加或编辑用户切片或基于图层的切片时自动生成的切片,它们可以占据图像的剩余空间。用户切片和基于图层的切片由实线标记,自动切片由虚线标记,如图8-14所示。

图 8-14

231

执行"视图>显示>切片"命令，可以隐藏或显示切片边界。如果要隐藏和显示切片及其他项目，可以执行"视图>显示额外内容"命令。

8.3.2 创建切片

01 打开光盘中的素材。选择"切片工具" ，在图像上单击并拖出一个矩形框，释放鼠标后，即可创建一个切片，如图8-15和图8-16所示。按住Shift键并拖曳鼠标，可以创建正方形切片；按住Alt键并拖曳鼠标，则可以从中心向外绘制。

图 8-15

图 8-16

02 执行"视图>清除切片"命令，删除切片。下面来通过图层创建切片，选择"图层1"，如图8-17所示，执行"图层>新建基于图层的切片"命令，创建切片，此时切片会包含该图层中的所有像素，如图8-18所示。

图 8-17

图 8-18

03 执行"视图>清除切片"命令，删除切片。下面来通过参考线创建切片。按快捷键Ctrl+R，显示标尺。将鼠标指针放在水平标尺上，单击鼠标并向图像中拖出参考线，如图8-19所示。在垂直标尺上也拖出参考线，如图8-20所示。选择"切片工具" ，单击工具选项栏中的"基于参考线的切片"按钮，如图8-21所示，即可基于参考线创建切片，如图8-22所示。

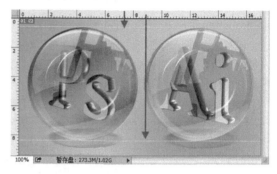

图 8-19

图 8-20

图 8-21

图 8-22

8.3.3 选择、组合与划分切片

01 打开光盘中的素材。选择"切片选择工具" ，单击图像中的切片，将其选中，如图8-23所示。按住Shift键并单击其他切片，可同时选择多个切片。选择切片后，按住鼠标按键并拖曳，可以移动切片，如图8-24所

示。按住Shift键并拖曳鼠标,可将移动限制在垂直、水平或45°对角线的方向上;按住Alt键并拖曳鼠标,则可以复制切片。

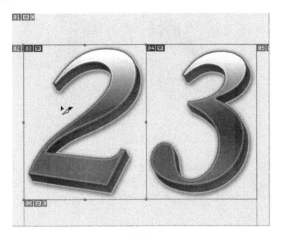

图 8-23

图 8-24

02 拖曳切片定界框上的控制点,可以调整切片大小,如图8-25和图8-26所示。

图 8-25

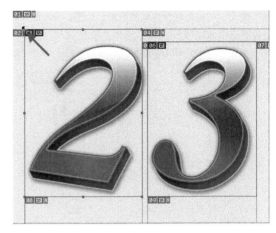

图 8-26

03 使用"切片选择工具" ,按住Shift键并单击鼠标,选择两个切片,单击鼠标右键,打开快捷菜单,选择"组合切片"命令,如图8-27所示,可以将所选切片组合为一个切片,如图8-28所示。

图 8-27

图 8-28

04 单击工具选项栏中的"划分"按钮,打开"划分切片"对话框。选中"水平划分为"选项,此时可通过两种方式在长度方向上划分切片,选择"个纵向切片,均匀

233

分隔"选项，可输入划分切片的数量，如图8-29和图8-30所示是设置该值为3的划分结果；选择"像素/切片"选项，可输入一个数值，基于指定数量的像素创建切片。

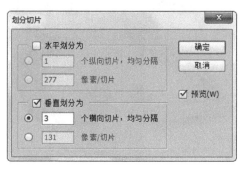

图 8-29

图 8-30

Point 使用"切片选择工具" ✎ 单击一个切片将其选中，按下Delete键可将其删除。执行"视图>清除切片"命令，则可删除所有切片。

8.4 实战：优化和输出 Web 图形

Photoshop 可以导出和优化切片图像，将每个切片存储为单独的文件并生成显示切片图像所需的 HTML 或 CSS 代码。在网络上，优化后的图像在浏览、下载和传输时速度更快。

8.4.1 优化图像

执行"文件 > 导出 > 存储为 Web 所用格式"命令，打开"存储为 Web 所用格式"对话框，如图8-31所示。使用该对话框中的"切片选择工具" ✎ 选择一个切片，即可设置它的优化选项。

图 8-31

- 原稿/优化/双联/四联：单击"原稿"标签，窗口中显示的是原始图像，即未进行优化的图像；单击"优化"标签，窗口中显示的是优化后的图像；单击"双联"或"四联"标签，可并排显示优化前和优化后的2幅或4幅图像。每幅图像下面都提供了优化信息，如优化格式、文件大小和图像估计下载时间等。

- 缩放工具 🔍/抓手工具 🖐️：可以缩放窗口的显示比例，以及移动画面。

- 切片选择工具 ✎：可选择要进行优化设置的切片。

- 吸管工具 ✒/吸管颜色：使用"吸管工具" ✒ 在图像中单击鼠标，可以拾取单击点的颜色，并显示在吸管颜色图标中。

- 切换切片可见性 ▣：可以隐藏或显示切片的定界框。
- 优化弹出菜单：包含与优化设置有关的命令，如"存储设置""优化文件大小""链接切片""编辑输出设置"等。
- 颜色表弹出菜单：包含与颜色表有关的命令，可新建颜色、删除颜色，以及对颜色进行排序等。
- 颜色表：选择GIF、PNG-8和WBMP格式时，可在该列表中对图像的颜色进行优化设置。
- 图像大小：可以将图像大小调整为指定的像素尺寸或原稿大小的百分比。
- 状态栏：显示了光标所在位置的颜色值等信息。
- 在浏览器中预览优化的图像 ◉：单击该按钮，可在系统上默认的 Web 浏览器中预览优化后的图像。窗口中会显示图像的题注，包括文件类型、像素尺寸、文件大小、压缩规格和其他 HTML 信息，如图8-32所示。

图 8-32

8.4.2 创建翻转

翻转是网页上的一个按钮或图像，当鼠标移动到其上方时会发生变化。要制作翻转，至少需要两幅图像，主图像是处于正常状态下的图像，次图像是翻转状态下的图像。

01 打开光盘中的素材，如图8-33所示。选择"图层1"，如图8-34所示。这是正常状态下的按钮。下面来制作翻转状态下的效果。

图 8-33

图 8-34

02 按快捷键Ctrl+J，复制该图层，得到"图层1副本"，如图8-35所示。

235

图 8-35

03 双击"图层1副本"，打开"图层样式"对话框，添加"投影"效果，如图8-36和图8-37所示。

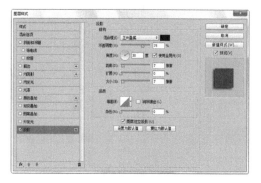

图 8-36

图 8-37

04 执行"文件>导出>存储为 Web所用格式"命令，选择GIF格式，如图8-38所示。单击该对话框右下角的"存储"按钮，弹出"将优化结果存储为"对话框，在"格式"下拉列表中选择"仅限图像"选项，将文件保存为GIF格式，如图8-39所示。

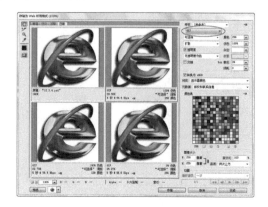

图 8-38

图 8-39

8.5　实战：衣随心服饰网网页设计

01 按快捷键Ctrl+N，打开"新建"对话框，在"文档类型"下拉列表中选择Web选项，在"画板大小"下拉列表中选择"Web 最小尺寸1024，768"选项，单击"确定"按钮，新建一个文件。

02 将背景色设置为黑色。单击前景色图标，打开"拾色器"对话框，选择"只有Web颜色"选项，这样可以保证在色域中选择的颜色都是网页安全色，选择如图8-40所示的颜色，使用"渐变工具"  在画面中填充线性渐变，如图8-41所示。

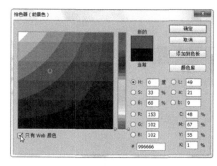

图 8-40

图 8-41

03 新建一个图层。使用"矩形工具"  绘制一个黑色的矩形，如图8-42所示。双击该图层，添加"投影"效果，由于矩形本身为黑色，需要将投影的不透明度降低为40%，使它们产生层次感，如图8-43和图8-44所示。

图 8-42

图 8-43　　　　　　图 8-44

04 打开光盘中的素材，如图8-45所示。将图像拖曳到网页文件中。选择"吸管工具" 🖈，在图像右上角（背景颜色最深的位置）单击鼠标，拾取该处颜色作为前景色，如图8-46所示。

图 8-45

图 8-46

05 新建一个图层，如图8-47所示。选择"圆角矩形工具" ⬜，在工具选项栏中设置半径为10毫米，绘制一个圆角矩形，宽度与上面绘制的黑色矩形相同，高度略小于人物图像即可，如图8-48所示。为了使该图形处于画面水平居中的位置，可以将其与"背景"图层同时选中，然后选择"移动工具" ✛，单击工具选项栏中的"水平居中对齐"按钮 ⬚，这样即可基于"背景"图层对齐当前图像。

图 8-47　　　　　　图 8-48

06 选择"图层2"，按快捷键Alt+Ctrl+G，创建剪贴蒙版，如图8-49和图8-50所示。

图 8-49　　　　　　图 8-50

07 单击"添加图层蒙版"按钮 ⬚。使用"渐变工具" ⬛，在人物图像上创建一个由白到黑的渐变色，使图像的边缘呈现淡出的效果，如图8-51和图8-52所示。

图 8-51　　　　　　图 8-52

08 双击"图层2"，为其添加"描边"效果，如图8-53和图8-54所示。

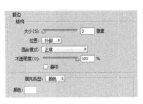 

图 8-53　　　　　　图 8-54

09 按住Ctrl键并单击"创建新图层"按钮 ▢ ，在当前图层下方新建一个图层。使用"渐变工具" ▢ 填充一个由褐色到透明的渐变色，如图8-55和图8-56所示。

图 8-55

图 8-56

10 新建一个图层。使用"矩形工具" ▢ 绘制一个褐色的矩形，如图8-57所示。按快捷键Ctrl+T，显示定界框，将矩形沿逆时针方向旋转，如图8-58所示。按Enter键确认操作。

图 8-57

图 8-58

11 双击当前图层，添加"内发光"效果，如图8-59和图8-60所示。

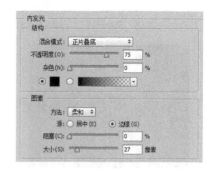

图 8-59

图 8-60

12 打开光盘中的素材，如图8-61所示，将其拖曳到网页文件中。按快捷键Alt+Ctrl+G，创建剪贴蒙版，将其显示范围限定在圆角矩形内，如图8-62所示。

图 8-61

图 8-62

13 新建一个图层。分别使用"矩形工具" ▢ 、"椭圆工具" ⬭ 和"自定形状工具" ✿ 绘制如图8-63所示的图形，这是网站搜索条和一些页面装饰。将该图层拖曳到"图层1"上面，如图8-64和图8-65所示。

图 8-63

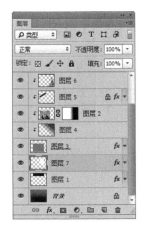

图 8-64

图 8-65

14 最后再绘制一些形状作为点缀，输入页面文字，效果如图8-66所示。

图 8-66

学习重点

- 标志设计：立体标志
- 动漫设计：卡通形象
- 书籍装帧设计：《插图艺术》封面
- 海报设计：演唱会海报
- 插画设计：时尚插画
- 创意设计：海的女儿

扫描二维码，关注李老师的个人小站，了解更多 Photoshop、Illustrator 实例和操作技巧。

第9章

平面设计

9.1 立体标志

01 按快捷键Ctrl+O，打开光盘中的素材，如图9-1和图9-2所示。

图 9-1

图 9-2

02 双击"图形"图层，打开"图层样式"对话框，添加"投影""外发光""斜面和浮雕""渐变叠加"效果，如图9-3～图9-8所示。

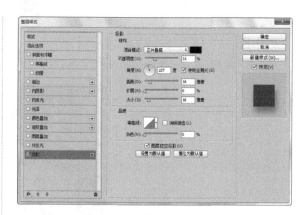

图 9-3

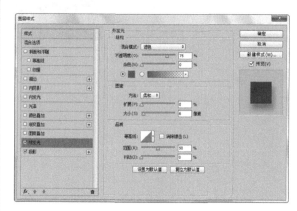

图 9-4

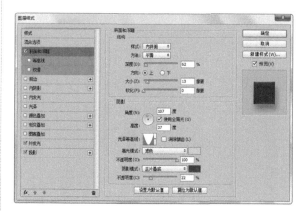

图 9-5

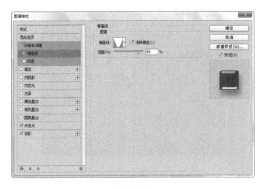

图 9-6

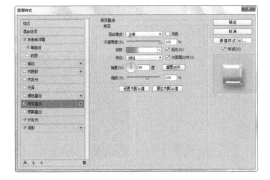

图 9-7

图 9-8

03 单击"图层"面板底部的 按钮，新建一个图层。按住Ctrl键并单击"图形"层的缩览图，载入该图形的选区，如图9-9和图9-10所示。

图 9-9　　　　　图 9-10

04 选择"多边形套索工具" ，在工具选项栏中单击"从选区减去"按钮 ，在图形上半部创建选区，如图9-11所示。将光标移动到选区的起点上，单击鼠标将选区封闭，新选区会与原有的选区进行运算，从而只保留下半部分的选区，如图9-12所示。

图 9-11　　　　　　　　图 9-12

05 将前景色设置为白色，按快捷键Alt+Delete，填充前景色，按快捷键Ctrl+D取消选区，如图9-13所示。双击"图层1"，打开"图层样式"对话框，添加"渐变叠加"效果，如图9-14所示。

图 9-13

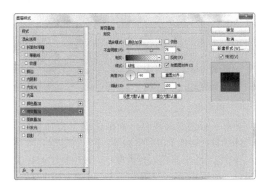

图 9-14

06 将"图层1"的"填充"参数设置为0%，隐藏图层中填充的白色，只显示添加的效果，这样可以使图形下半部分的颜色变深，如图9-15和图9-16所示。

图 9-15

图 9-16

图 9-21

07 在"背景"图层上方新建一个图层，如图9-17所示。选择一个柔角"画笔工具" ，按住Ctrl键（临时切换为"吸管工具" ），在如图9-18所示的位置单击鼠标，拾取单击点的颜色作为前景色，释放Ctrl键，恢复为"画笔工具" ，在图形中间单击鼠标，添加一点亮光，如图9-19所示。

09 将该图层的"不透明度"设置为39％，如图9-22和图9-23所示。

图 9-17

图 9-22　　　　图 9-23

10 使用"横排文字工具" 输入两组文字，大字的参数如图9-24所示，小字使用Arial字体，大小设置为12点，效果如图9-25所示。

图 9-18

图 9-19

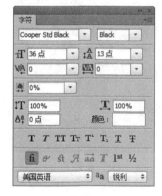
图 9-24

08 新建一个图层。选择"矩形选框工具" ，按住Shift键在图像上边和下边各创建一个选区，如图9-20所示。按D键，将前景色恢复为黑色，按快捷键Alt+Delete填充黑色，如图9-21所示。按快捷键Ctrl+D取消选区。

图 9-20

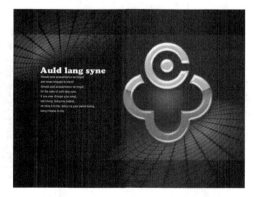
图 9-25

9.2　卡通形象

01 按快捷键Ctrl+N，打开"新建"对话框，创建一个12.5厘米×12.5厘米，分辨率为150像素/英寸的RGB模式文件。

02 选择"椭圆工具" 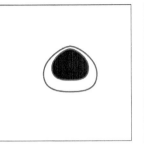，单击工具选项栏中的 ⬍ 按钮，在打开的下拉列表中选择"形状"选项，绘制一个白色的圆形。双击当前图层，打开"图层样式"对话框，添加"描边"效果，设置参数如图9-26所示。使用"直接选择工具" ▷ 向上拖曳锚点（按住Shift键保持垂直方向），选择下面的锚点并向上拖曳，将圆形修改为如图9-27所示的形状。

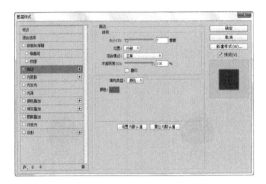

图 9-26

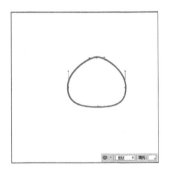

图 9-27

03 按快捷键Ctrl+J复制图层，如图9-28所示。按快捷键Ctrl+T，显示定界框，按住Shift+Alt键拖曳控制点，将副本对象缩小，如图9-29所示。

图 9-28

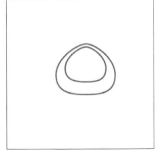

图 9-29

04 将前景色设置为深蓝色，按快捷键Alt+Delete，为图形填充深蓝色，如图9-30所示。双击该图层，重新打开"图层样式"对话框，将描边颜色改为浅蓝色，效果如图9-31所示。使用"椭圆工具"  绘制一个白色正圆形作为高光，如图9-32所示。

图 9-30　　　　　　　　　　图 9-31

图 9-32

05 新建一个图层。选择"钢笔工具" ✎，单击工具选项栏的 ⬍ 按钮，在打开的下拉列表中选择"路径"选项，绘制出面罩的呼吸器部分，如图9-33所示。将前景色设置为灰色。选择"画笔工具" ✏（尖角7像素），单击"路径"面板中的用"画笔描边路径"按钮 ○，对路径进行描边，如图9-34所示。将画笔大小调整为4像素，用相同的方法制作出头盔上的天线轮廓，如图9-35所示。

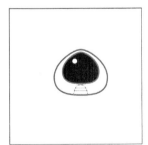　　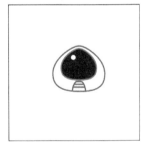

图 9-33　　　　　　　　　　图 9-34

图 9-35

06 新建一个图层。将前景色设置为白色。使用"钢笔工具" ✐ 绘制如图9-36所示的图形。使用"路径选择工具" ▶ 选中该图形，按住Alt键并拖曳鼠标进行复制。执行"编辑>变换路径>水平翻转"命令，将图形翻转，用两个图形组成人物的身体，如图9-37所示。使用"路径选择工具" ▶ 将两个图形全部选中，单击工具选项栏中的 ⬜ 按钮，再单击"组合"按钮，将两个图形组合在一起。

相同的方法绘制出第3个圆形，如图9-42所示。按住Ctrl键，依次单击3个圆形的图层，将它们全部选中，如图9-43所示，选择"移动工具" ▶⊕，按住Shift+Alt键并向右拖曳鼠标进行复制，如图9-44所示。执行"编辑>变换>水平翻转"命令，将图形翻转，作为卡通人的左手，如图9-45所示。

图 9-42　　　　　　图 9-43

图 9-36　　　　　　图 9-37

图 9-44　　　　　　图 9-45

07 按住Alt键，将"形状1"的效果图标 *fx* 拖曳到新绘制的形状图层上，为其复制"描边"效果，如图9-38和图9-39所示。

10 使用"钢笔工具" ✐ 并选中"路径"选项，如图9-46所示，绘制出腰带、人物上身和鞋的纹理图形，如图9-47所示。

图 9-38　　　　　　图 9-39

图 9-46　　　　　　图 9-47

08 单击"图层"面板底部的 📁 按钮，创建一个图层组，如图9-40所示。选择"椭圆工具" ⬭，单击工具选项栏的 ⬦ 按钮，在打开的下拉列表中选择"路径"选项，绘制一个正圆形，也为其复制"描边"效果，如图9-41所示。

11 新建一个图层。将前景色设置为灰色。选择"画笔工具" ✎，如图9-48所示，单击"路径"面板底部的 ◯ 按钮，对路径进行描边，如图9-49所示。

图 9-40　　　　　　图 9-41

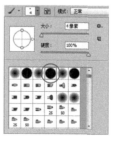

图 9-48　　　　　　图 9-49

09 按快捷键Ctrl+J复制该图形，按快捷键Ctrl+T，显示定界框，拖曳控制点，将第2个圆形适当放大。采用

12 选择"圆角矩形工具" ，单击工具选项栏中的 ↕ 按钮，在打开的下拉列表中选择"形状"选项，绘制腰带带扣和人物上身的接线盒，再将"描边"效果复制给它，效果如图9-50所示。使用"钢笔工具" 和"圆角矩形工具" 等绘制飞船，如图9-51所示。采用这种方法可以绘制其他样式的Q版人物，如图9-52所示。

图 9-50

图 9-51

图 9-52

9.3 衣随心企业名片设计

01 按快捷键Ctrl+N，打开"新建"对话框，设置参数，如图9-53所示，新建一个文档。

图 9-53

02 调整前景色，如图9-54所示，按快捷键Alt+Delete，填充前景色。按快捷键Ctrl+R显示标尺，在垂直标尺上拖出几条参考线，分别定位在15、18、48、78、81毫米处，如图9-55所示。下面将根据参数线的位置绘制图形，使其保持居中，并且左右对称。

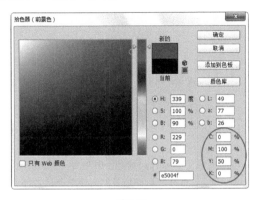

图 9-54

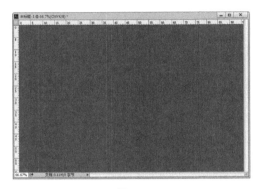

图 9-55

03 选择"椭圆选框工具" ，将光标定位在画面中心的参考线上，按住Shift+Alt键，以单击点为中心创建一个圆形选区，如图9-56所示。将光标放在选区内（光标变为 ▸ 形状），单击并向上拖曳选区，如图9-57所示。

图 9-56

图 9-57

04 按D键，恢复为默认的前景色和背景色，按快捷键Ctrl+Delete，在选区内填充白色，如图9-58所示。将光标放在选区内，将选区向左移动，使选区右侧与预先设置的参考线对齐，按快捷键Ctrl+Delete填充白色，如图9-59所示。将选区移动到右侧，填充白色后，按快捷键Ctrl+D取消选区，如图9-60所示。

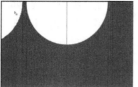

图 9-58 　　　　　　　　　　图 9-59

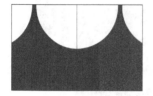

图 9-60

05 打开光盘中的素材，如图9-61所示。使用"移动工具" ，将标志拖曳到名片文档中并适当缩小，如图9-62所示。

图 9-61 　　　　　　　　　　图 9-62

06 使用"横排文字工具" 输入公司的名称，在工具选项栏中设置字体为黑体，大小为7点，如图9-63所示。

图 9-63

 创建点文本或段落文本后，单击工具箱中的任意工具都可以结束文本的输入状态。如果想取消文字的输入，可以按Esc键。

07 在名片中心位置单击鼠标，输入设计师的名字，然后在名字上双击，将文字全部选中。打开"字符"面板，设置字体为幼圆，大小为10点，单击"仿粗体"按钮 ，为文字设置粗体形式，如图9-64所示。在文字"服装设计师"上单击并拖曳鼠标，将其选中，设置大小为7点，如图9-65所示。在名片下方输入公司地址、邮编、电话、邮箱等信息，如图9-66所示。

图 9-64 　　　　　　　　　　图 9-65

图 9-66

08 将名片图层合并，放在一个背景文件中，为其设置投影效果，可以制作成一个展示名片的效果图，如图9-67所示。

图 9-67

9.4 智慧画册装帧设计

9.4.1 制作彩色叶片

01 新建一个大小为203毫米×260毫米、分辨率为72像素/英寸的RGB模式文件。这里只是做一个视觉小样，在真正制作画册时，需要将分辨率设置为300像素/英寸，并且要选择CMYK模式，这里之所以设置RGB颜色模式，主要是为了使用滤镜。

02 按快捷键Ctrl+I反相，使背景成为黑色。新建一个图层，选择"自定形状工具" ，单击工具选项栏中的 按钮，在打开的下拉列表中选择"像素"选项。打开

形状下拉面板，单击 ⚙ 按钮，打开面板菜单，选择"装饰"命令，载入该形状库并选择如图9-68所示的形状，绘制一个白色的树叶，如图9-69所示。

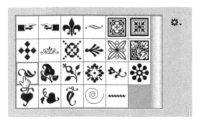 

图 9-68　　　　　　图 9-69

03 单击"锁定透明像素"按钮 ▨，锁定图层的透明区域，如图9-70所示。选择"渐变工具" ▬，打开"渐变编辑器"对话框，调整渐变颜色，如图9-71所示，沿水平方向拖曳鼠标，填充线性渐变，如图9-72所示。

 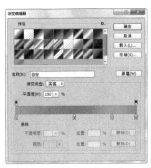

图 9-70　　　　　　图 9-71

图 9-72

04 为当前图层添加"投影"效果，如图9-73所示（由于背景是黑色，在画面中暂时看不出投影效果）。复制"图层1"，如图9-74所示。按快捷键Ctrl+T，显示定界框，将图形略向上移动，再朝逆时针方向旋转，如图9-75所示。

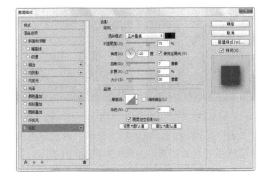

图 9-73

图 9-74　　　　　　图 9-75

05 按Enter键确认操作。按住Alt+Shift+Ctrl键，并连续按5次T键，变换并复制图形，如图9-76所示。每变换一次，"图层"面板中便会生成一个新图层，如图9-77所示。将这些图层选中，按快捷键Ctrl+E合并，然后命名为"图层1"，如图9-78所示。

图 9-76

图 9-77　　　　　　图 9-78

9.4.2 丰富图形结构

01 使用"移动工具" ▶, 按住Alt键并拖曳"图层1"中的彩色叶片进行复制，按快捷键Ctrl+T，显示定界框，将叶片缩小，如图9-79所示。按快捷键Ctrl+U，打开"色相/饱和度"对话框，调整色相参数，使叶片变绿，如图9-80和图9-81所示。

图 9-79

图 9-80

图 9-81

02 采用同样的方法复制彩色叶片，然后调整它们的颜色、大小与角度，组合成如图9-82所示的形状。

图 9-82

03 新建"图层2"。绘制一个白色的叶片，如图9-83所示。为其添加"投影"效果，如图9-84和图9-85所示。

图 9-83　　　　　　　　图 9-84

图 9-85

04 使用"横排文字工具" T 输入文字"智慧"，在文字"智"上单击并拖曳鼠标，将其选中，设置大小为150点；再选择"慧"字，设置大小为80点，如图9-86所示。按住Alt键，将"图层2"的效果图标 fx 拖曳到文字图层中，为该图层复制相同的样式，效果如图9-87所示。

图 9-86　　　　　　　　图 9-87

05 为了使画面构图更加完美，还要对叶片图形进行一些变化。复制最初的彩色叶片，按快捷键Shift+Ctrl+]，将其移至"图层"面板的顶层，效果如图9-88所示。执行"编辑>变换>垂直翻转"命令，翻转图形，使用"矩形选框工具" 创建一个选区，如图9-89所示（为了便于观察，可以先隐藏其他图层）。

图 9-88　　　　　　　　图 9-89

06 执行"滤镜>扭曲>极坐标"命令，对选区内的图形进行弧状弯曲处理，如图9-90和图9-91所示。按快捷键Shift+Ctrl+I反选，按下Delete键，将没有扭曲的部分删除，按快捷键Ctrl+D取消选区，如图9-92所示。

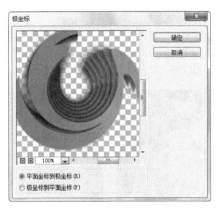

图 9-90

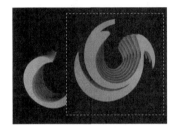

图 9-91

图 9-92

07 按快捷键Ctrl+[，将该图层向下移动，放在彩色叶片中，然后调整其角度，如图9-93所示。

图 9-93

9.4.3 制作流动的曲线

01 在"背景"图层上方新建一个图层。按D键，恢复为默认的前景色与背景色，按快捷键Ctrl+Delete，填充白色，如图9-94和图9-95所示。

图 9-94　　　　　　　　　图 9-95

02 执行"滤镜>滤镜库"命令，打开"半调图案"对话框，在"素描"滤镜组中选择"半调图案"滤镜，创建直线填充的背景，如图9-96和图9-97所示。

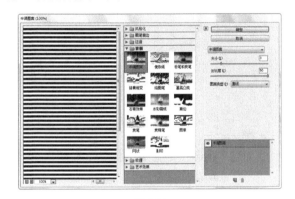

图 9-96

图 9-97

03 执行"滤镜>扭曲>旋转扭曲"命令，在打开的对话框中设置"角度"为130度，如图9-98所示。

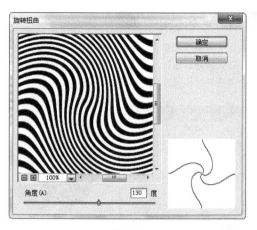

图 9-98

04 单击"图层"面板中的 ▣ 按钮，添加图层蒙版，使用柔角"画笔工具" ✐ ，将彩色叶片以外的区域涂抹成黑色，通过蒙版将其隐藏，再将图像适当缩小并调整角度，以达到视觉上的完美效果，如图9-99和图9-100所示。

图 9-99

图 9-100

05 新建一个图层。使用"自定形状工具" ✿ 绘制紫红色和白色的叶片，叶片的角度和大小要有所变化，可以将它们分别绘制在单独的图层中，这样便于调整大小和角度，然后再将这些图层合并，如图9-101所示。

图 9-101

06 使用"单列选框工具" ▤ ，在画面中单击鼠标，创建1像素宽的选区，如图9-102所示。新建一个图层。按快捷键Ctrl+Delete填充背景色（白色），按快捷键Ctrl+D取消选区，如图9-103所示。

图 9-102

图 9-103

07 按快捷键Alt+Ctrl+F，打开"旋转扭曲"对话框，设置"角度"为200度，如图9-104和图9-105所示。

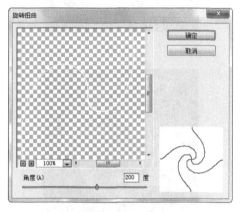

图 9-104

图 9-105

08 复制白线所在的图层，移动它的位置并小幅度旋转，采用复制图形的方法，即按住Alt+Shift+Ctrl键，并连续按10次T键，制作出一组白色光线，如图9-106所示（隐藏了其他图层）。将这些白色线条所在的图层合并，再移动到文字图层的下方，调整大小和角度。使用"橡皮擦工具" ![橡皮擦] （设置不透明度为50%）将画面右侧的光线擦除，使整个光线产生逐渐变浅的效果，如图9-107所示。

图 9-106　　　　　　　图 9-107

09 至此，画册封面就制作完成了，下面可以通过盖印图层的方法将图层合并，移动到一个新的文件中，制作为封面立体效果图和平面展开图，如图9-108～图9-110所示。

图 9-108

图 9-109

图 9-110

9.5《插图艺术》封面设计

9.5.1 制作封面

01 按快捷键Ctrl+N，打开"新建"对话框，设置文件大小为276 毫米×190毫米（其中封面大小为130 毫米×184毫米，书脊宽度为10毫米，每边出血3毫米），分辨率为300像素/英寸，颜色模式为CMYK，新建一个文件。

02 将背景填充为浅绿色。按快捷键Ctrl+R，显示标尺，在垂直标尺上拖出两条参考线，一条定位在133毫米处，另一条定位在143毫米处，这两条参考线划分出3个版面，从左至右依次为封底、书脊和封面，如图9-111所示。新建一个图层，选择半湿描边油彩笔画笔，设置直径为320像素，如图9-112所示。

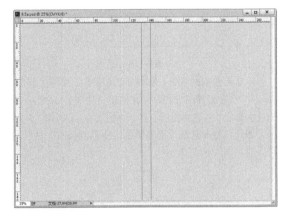

图 9-111

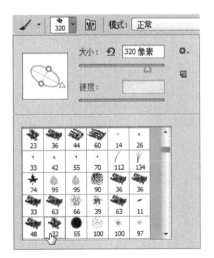

图 9-112

03 将前景色设置为白色。使用"画笔工具" ![画笔] 在书脊上单击鼠标，按住Shift键并在画面右下方单击鼠标，创建一条45°的斜线，如图9-113所示。将画笔的直径调小，再绘制一条斜线。使用"矩形选框工具" ![矩形选框] 将书脊范围内的白线选取，按下Delete键删除，按快捷键Ctrl+D取消选区，如图9-114所示。

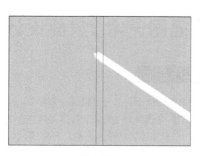

图 9-113

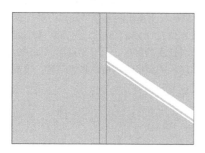

图 9-114

04 打开光盘中的素材，如图9-115所示。使用"移动工具" ▶┼ 将其拖曳到封面文档中，如图9-116所示。按住Ctrl并单击"创建新图层"按钮 🔲 ，在当前图层下方新建一个图层。将前景色设置为粉色，使用"画笔工具" 🖌 绘制斜线，如图9-117所示。

图 9-115

图 9-116   图 9-117

05 双击当前图层，打开"图层样式"对话框，添加"投影"效果，如图9-118和图9-119所示。

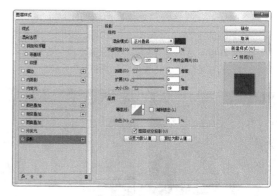

图 9-118

图 9-119

06 新建一个图层，设置"不透明度"为40%，如图9-120所示。选择"自定形状工具" 🐾 ，打开形状下拉面板，选择圆环形状，分别使用白色和粉色在画面中进行绘制，如图9-121和图9-122所示。

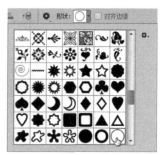

图 9-120   图 9-121

图 9-122

07 新建一个图层，绘制不同颜色的图形作为装饰，如图 9-123所示。按住Alt键，将"图层3"的效果图标 *fx.* 拖曳到"图层5"中，为该图层复制相同的效果，如图9-124 和图9-125所示。

图 9-123

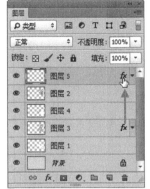

图 9-124

图 9-125

08 使用"横排文字工具" **T** 输入书籍的名称，用上一步操作中复制图层样式的方法，将图层样式复制给文字图层，如图9-126所示。输入作者和出版社名称，如图 9-127所示。

图 9-126

图 9-127

09 将除"背景"图层以外的所有图层选中，如图9-128 所示，按快捷键Ctrl+G，将它们编入一个图层组中，在该图层组的名称上双击，然后将其重新命名为"封面"，如图9-129所示。

图 9-128

图 9-129

9.5.2 制作书脊

01 新建一个图层。使用"矩形工具" ，以参考线为基准绘制书脊，如图9-130所示。复制封面中的文字，将其移动到书脊上。对于横排的"插图艺术"几个字，可以在每个文字后面按Enter键换行，或者执行"文字>文本排列方向>竖排"命令，将它变为纵向排列方式，如图9-131 所示。

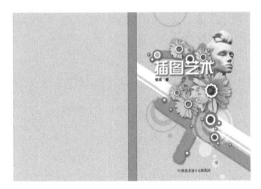

图 9-130

图 9-131

02 将组成书脊的图层全部选中，选择"移动工具" ，单击工具选项栏中的"水平居中对齐"按钮 ，将书脊中的文字对齐到书脊的中心，按快捷键Ctrl+G，将它们编

入一个图层组中，并命名为"书脊"，如图9-132所示。

图 9-132

9.5.3 制作封底

01 单击"封面"图层组前面的 ▶ 按钮，将图层组展开，选择带有图形的图层（不要选择文字图层），如图9-133所示，按快捷键Alt+Ctrl+E，将它们盖印到一个新的图层中，如图9-134所示。

图 9-133　　　　　图 9-134

02 连按2次快捷键Shift+Ctrl+]，将其移动到顶层，设置混合模式为"明度"，如图9-135所示，再将其适当缩小，作为封底的图案，如图9-136所示。

图 9-135　　　　　图 9-136

03 按住Ctrl键并单击"创建新图层"按钮 □，在当前图层的下方新建一个图层。使用"矩形工具" □，根据封底图案的大小绘制一个矩形。双击该图层，添加"外

发光"选效果，如图9-137和图9-138所示。在封底加入条码，如图9-139所示。

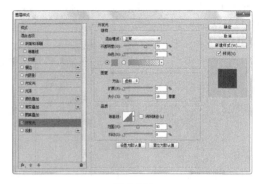

图 9-137

图 9-138

图 9-139

9.5.4 制作书籍立体效果图

01 新建一个大小为297毫米×210毫米，分辨率为72像素/英寸的CMYK模式文档。用浅灰色渐变填充背景，如图9-140所示。切换到封面文档中，按快捷键Shift+Alt+Ctrl+E盖印图层，如图9-141所示。

图 9-140

图 9-141

02 使用"矩形选框工具" ，分别将封面和书脊选中，使用"移动工具" 将它们拖曳到新建的文档中，再将图像缩小，并进行变形处理，如图9-142和图9-143所示。

图 9-142　　　　　图 9-143

03 选择"多边形套索工具" ，在封面顶部创建一个选区，填充白色，如图9-144所示。将除"背景"图层以外的图层合并，复制合并后的图层，设置"不透明度"为30%，将其垂直翻转并向下移动，作为书的倒影，如图9-145所示。

图 9-144　　　　　图 9-145

04 采用同样的方法制作另外一个封面立体效果图。执行"图像>调整>色相/饱和度"命令，调整亮度滑块，使封面变暗。使用柔角"画笔工具" 绘制投影，效果如图9-146所示。

图 9-146

9.6　演唱会海报

9.6.1　人物径向特效

01 打开光盘中的素材，如图9-147所示和图9-148所示。

图 9-147　　　　　图 9-148

02 将"人物"图层拖曳到 按钮上进行复制，如图9-149所示。执行"滤镜>像素化>晶格化"命令，创建晶格化效果，如图9-150和图9-151所示。

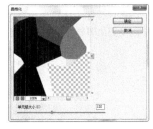

图 9-149　　　　　图 9-150

图 9-151

255

03 按住Ctrl键并单击该图层的缩览图，载入选区。执行"编辑>描边"命令，打开"描边"对话框，设置描边颜色和参数，如图9-152和图9-153所示。

图 9-152   图 9-153

04 再次复制该图层，如图9-154所示。按快捷键Ctrl+T，显示定界框，按住Alt+Shift键，拖曳定界框一角的控制点，保持中心点位置不变，将图像等比例缩小，在工具选项栏中可以观察到图像的缩放数值，缩小到98.5%即可，如图9-155所示。

图 9-154   图 9-155

05 按Enter键确认操作。按住Alt+Shift+Ctrl键，并连续按38次T键，变换并复制图形，如图9-156所示。将图层选中，按快捷键Ctrl+E合并，如图9-157所示。将"人物"图层拖曳到"图层"面板的顶层，如图9-158所示。

图 9-156

图 9-157   图 9-158

06 为"人物"图层添加"外发光"效果，使人物与充满速度感的背景有一个明显的界线，如图9-159和图9-160所示。

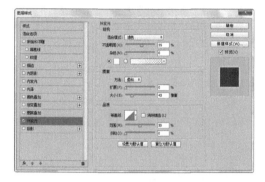

图 9-159

图 9-160

07 选择"人物 拷贝"图层，按快捷键Ctrl+U，打开"色相/饱和度"对话框，调整参数，使背景的色彩更加明快，如图9-161和图9-162所示。

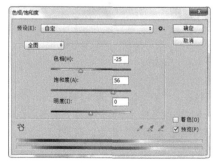

图 9-161   图 9-162

9.6.2 添加背景图形

01 选择"背景"图层，如图9-163所示，使用"多边形套索工具" ▽ 绘制4个三角形选区，填充淡紫色，如图9-164所示。使用"橡皮擦工具" ▨ 对图形边缘进行擦拭，如图9-165所示。

图 9-163

图 9-164   图 9-165

02 选择"自定形状工具" ✿，在形状下拉面板中选择"靶标2"图形，如图9-166所示，将前景色设置为蓝色，在画面中绘制大小不同的形状，如图9-167所示。

图 9-166   图 9-167

03 新建一个图层。使用"椭圆工具" ⬭ 绘制一组黑色的圆形，为了观察效果，可以先将人物及其背景效果图层隐藏，如图9-168所示。单击"锁定透明像素"按钮 ▨，锁定图层的透明区域，如图9-169所示。

图 9-168   图 9-169

04 使用"渐变工具" ▮，将黑色的图形填充为由白色到蓝色的线性渐变色，如图9-170所示。采用同样的方法制作其他图形，将它们填充为白色到紫色渐变，如图9-171所示。再绘制一些紫色和红色的图形，点缀在画面左侧，如图9-172所示。

图 9-170   图 9-171

图 9-172

05 将前景色设置为紫色。选择"钢笔工具" ✐，单击工具选项栏中的 ⬍ 按钮，在打开的下拉列表中选择"形状"选项，绘制一个弧形，如图9-173和图9-174所示。在该图形下面绘制一个弧形，然后调整前景色，再绘制一个红色的弧形，如图9-175所示。

图 9-173

图 9-174

07 复制"人物"图层，生成"人物拷贝2"图层，将该图层的效果图标 _fx_ 拖曳到"删除图层"按钮 🗑 上，删除图层样式，如图9-178所示。

图 9-178

08 执行"滤镜>风格化>查找边缘"命令，生成图像的轮廓，如图9-179所示。按快捷键Shift+Ctrl+U，去除图像的颜色，如图9-180所示。

图 9-175

图 9-179　　　图 9-180

06 新建一个图层。使用"自定形状工具" 🌟 绘制3个白色的星形，并添加"描边"效果，如图9-176和图9-177所示。

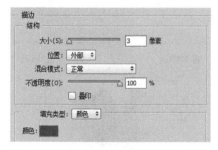

图 9-176

09 设置该图层的混合模式为"变亮"。连按2次快捷键Ctrl+[，将图层向下移动两个堆叠层次。按快捷键Ctrl+T，显示定界框，将图像缩小并朝逆时针方向旋转，如图9-181所示。

图 9-181

10 在人物周围绘制一些圆框、放射图形和星形作为装饰，再输入文字，最终效果如图9-182所示。

图 9-177

图 9-182

9.7 数码互动产品海报

01 打开光盘中的素材，如图9-183和图9-184所示。

图 9-183   图 9-184

02 为"互"文字图层添加"投影"和"描边"效果，如图9-185～图9-187所示。

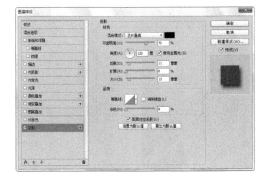

图 9-185

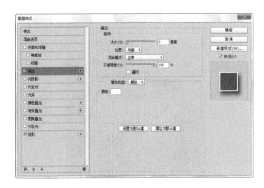

图 9-186

图 9-187

03 按住Alt键，将"互"图层的效果图标 *fx* 拖曳到"动"图层，为该图层复制相同的效果，如图9-188和图9-189所示。

图 9-188   图 9-189

04 按快捷键Ctrl+T，显示定界框，在定界框上单击鼠标右键，打开快捷菜单，选择"斜切"命令，然后拖曳控制点，使文字朝水平方向倾斜，如图9-190所示。按住Ctrl键并拖曳文字左上角的控制点，使文字产生近大远小的透视效果，如图9-191所示。采用同样的方法对文字"动"进行变形处理，如图9-192所示。

图 9-190   图 9-191

图 9-192

05 按住Alt键，向下拖曳文字图层"动"，进行复制，将该图层的效果图标 fx 拖曳到"删除图层"按钮 🗑 上，删除图层样式，如图9-193所示。执行"滤镜>模糊>高斯模糊"命令，对文字进行模糊处理，如图9-194所示。

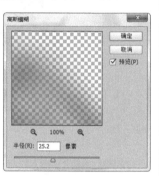

图 9-193   图 9-194

06 单击"锁定透明像素"按钮 🔲 ，锁定图层的透明区域，如图9-195所示。在该图层上填充黑色，如图9-196所示。

图 9-195   图 9-196

07 新建一个图层。使用"多边形套索工具" ▽ 创建4个选区，填充灰色。使用"减淡工具" 🔍 ，在如图9-197所示的位置单击鼠标，进行减淡处理。将文字图层的样式复制给该图层，如图9-198所示。

图 9-197   图 9-198

08 新建"图层2"。使用"自定形状工具" 🐾 绘制圆形画框，如图9-199所示。单击"锁定透明像素"按钮 🔲 ，如图9-200所示。

图 9-199   图 9-200

09 使用柔角"画笔工具" 🖌 ，在图形上涂抹白色、紫色和深蓝色，再将文字图层的效果复制给该图层，如图9-201所示。按快捷键Ctrl+T，显示定界框，按住Ctrl键并拖曳左上角的控制点，使图形产生变形，如图9-202所示。按Enter键确认操作，将该图层移动到文字图层"动"的下方，如图9-203所示。

图 9-201   图 9-202

图 9-203

10 分别复制文字"互"和"动",调整大小和颜色,排列成如图9-204所示的形状,创建为层叠文字,最后在画面左上角输入文字,完成制作。

图 9-204

9.8 音乐节海报

01 按快捷键Ctrl+N,打开"新建"对话框,创建一个297毫米×210毫米,分辨率为72像素/英寸的文档。

02 新建一个名称为"底纹"的图层,填充白色。执行"滤镜>滤镜库"命令,打开"半调图案"对话框,在"素描"滤镜组中选择"半调图案"滤镜,设置参数,如图9-205所示。

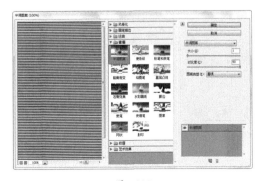

图 9-205

03 按快捷键Ctrl+T,显示定界框,将图像旋转并调整位置,如图9-206所示。单击"图层"面板底部的  按钮,添加蒙版,使用"渐变工具" 填充线性渐变,隐藏部分纹理,如图9-207和图9-208所示。

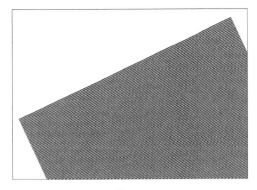

图 9-206

图 9-207　　　　　　图 9-208

04 选择"钢笔工具" ,单击工具选项栏中的 按钮,在打开的下拉列表中选择"形状"选项,绘制一个蓝色图形,如图9-209和图9-210所示。

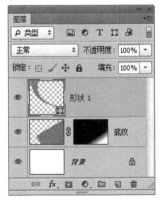

图 9-209　　　　　　图 9-210

05 在画面左侧绘制一个洋红色图形,如图9-211所示。采用同样的方法绘制出更多的彩条形状,如图9-212所示。按住Shift键选中所有形状图层,按快捷键Ctrl+E,将它们合并,命名为"彩条"。

图 9-211

图 9-212

06 打开光盘中的素材，如图9-213所示。使用"移动工具" ▶✛ 将其拖曳到海报文档中，设置混合模式为"明度"，按快捷键Alt+Ctrl+G，创建剪贴蒙版，如图9-214和图9-215所示。

图 9-213　　　　　图 9-214

图 9-215

07 打开光盘中的素材，如图9-216所示。执行"编辑>定义画笔预设"命令，将图像定义为画笔，如图9-217所示。

图 9-216

图 9-217

08 新建一个图层。选择"画笔工具" ，将前景色设置为浅蓝色，在画笔下拉面板中选择自定义的画笔笔尖，在工具选项栏中设置"不透明度"为30%，如图9-218所示，绘制斑驳的墨迹，如图9-219所示。

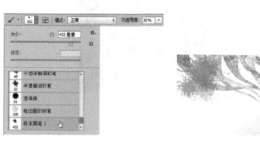

图 9-218　　　　　图 9-219

09 选择"横排文字工具" T，在工具选项栏中设置字体为Arial，输入文字，大字为85点，小字为16点，如图9-220所示。按住Ctrl键并单击文字图层，将它们选中，如图9-221所示，按快捷键Ctrl+E合并，如图9-222所示。按快捷键Ctrl+T，显示定界框，旋转文字，如图9-223所示。

图 9-220

图 9-221

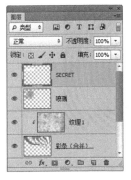

图9-222　　　　　　　　图9-223

10 按住Ctrl键并单击当前文字的缩览图，载入文字的选区，执行"选择>修改>扩展"命令，扩展选区，如图9-224和图9-225所示。选择"多边形套索工具" ，按住Shift键并选择选区中镂空的部分，使整个大的选区内不再有镂空的小选区，将光标放在选区内（光标变为 状），单击并拖曳鼠标，将选区略向右下方移动，如图9-226所示。

图9-224

图9-225

图9-226

11 在文字图层下方新建一个图层。将前景色设置为洋红色，按快捷键Alt+Delete填充颜色，如图9-227和图9-228所示。

图9-227　　　　　　　　图9-228

12 使用"移动工具" ，按住Alt键并向右下方移动洋红色图形，进行复制。按住Ctrl键并单击"图层1 副本"的缩览图，载入选区，如图9-229所示，将前景色设置为深红色，按快捷键Alt+Delete进行填充，如图9-230所示。

图9-229　　　　　　　　图9-230

13 保持选区的状态。选择"移动工具" ，按住Alt键的同时分别按↑键和←键，将图形向左上方移动，移动的同时会复制图像，按快捷键Ctrl+D取消选区，效果如图9-231所示。

图9-231

14 打开光盘中的素材，如图9-232和图9-233所示。将"组1"拖曳到海报文档中，如图9-234所示。

图 9-232　　　　　　图 9-233

图 9-234

9.9　传情物语首饰广告

9.9.1　制作金属环

01 按快捷键Ctrl+N，打开"新建"对话框，创建一个1024像素×768像素，分辨率为72像素/英寸的文件。

02 按快捷键Ctrl+J，复制"背景"图层。执行"滤镜>滤镜库"命令，打开"半调图案"对话框，在"素描"滤镜组中选择"半调图案"滤镜，创建圆形图案，如图9-235和图9-236所示。

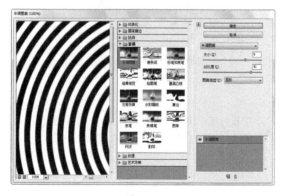

图 9-235

图 9-236

03 执行"滤镜>扭曲>水波"命令，在打开的对话框中设置参数，如图9-237所示，单击"确定"按钮关闭对话框，然后连续按12次快捷键Ctrl+F，重复执行该滤镜，效果如图9-238所示。

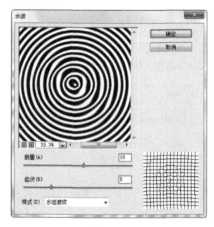

图 9-237

图 9-238

04 使用"椭圆选框工具" ，依据图案的弧度创建一个椭圆形选区，如图9-239所示，按快捷键Shift+Ctrl+I反选，再按下Delete键，删除图像，然后取消选区，如图9-240所示。

图 9-239

图 9-240

05 按快捷键Ctrl+T，显示定界框，将图像调整为圆形，如图9-241所示。接下来要检验一下这个正圆形是否精确，可以使用"椭圆选框工具"  并按住Shift键创建一个与图像大小相近的正圆形选区，如果图像正好符合这个选区，说明它是正圆形的，如果有超出选区的区域，则可以反选，再将多余的区域删除。在图像处于选中状态时，执行"选择>变换选区"命令，在圆形选区周围显示定界框，按住Shift+Alt键并拖曳定界框一角的控制点，将选区等比例缩小，这样操作可以保持选区中心点的位置不变，如图9-242所示。

图 9-241

图 9-242

06 按Enter键确认操作。按下Delete键，删除选区内的图像，在选区外单击鼠标，取消选区，如图9-243所示。

图 9-243

07 选择"背景"图层，按快捷键Ctrl+I反相。选择"图层1"，按快捷键Ctrl+J，复制该图层，设置混合模式为"排除"，单击"锁定透明像素"按钮 ，锁定图层的透明区域，如图9-244和图9-245所示。

图 9-244　　　　　　　图 9-245

08 执行"滤镜>模糊>径向模糊"命令，对图像进行模糊处理，如图9-246和图9-247所示。

图 9-246　　　　　　　图 9-247

9.9.2 表现金属光泽

01 单击"图层"面板中的 按钮，在打开的下拉列表中选择"渐变映射"选项，在打开的对话框中单击渐变条，如图9-248所示，打开"渐变编辑器"对话框，调整渐变颜色，如图9-249所示，使图像产生金属光泽，如图9-250所示。

图 9-248

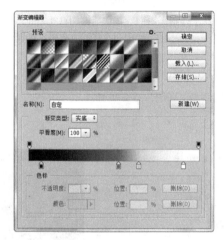

图 9-249

图 9-250

02 选择"图层1拷贝"，设置"不透明度"为60%，如图9-251和图9-252所示。

图 9-251

图 9-252

03 选择"加深工具" ，在工具选项栏中将"范围"设置为"阴影"，曝光度设置为30%，在图像上较亮的区域涂抹，由于该图层使用的是"排除"模式，这种混合模式的特点是与白色混合会反转基色，因此，加深图像的灰色区域反而会使混合效果变得加明亮，如图9-253所示。合并"图层1"及其"拷贝"图层，如图9-254所示。

图 9-253　　　　　　　　图 9-254

04 打开光盘中的素材，如图9-255所示。使用"魔棒工具" 将人物选中，并拖曳到首饰文档中，生成"图层1"。将人物缩小并水平翻转，调整一下首饰的大小，如图9-256所示。

图 9-255

图 9-256

05 按住Ctrl键并单击"图层1"的缩览图，载入人物的选区，如图9-257所示。单击"渐变映射1"的图层蒙版，进入蒙版编辑状态，为其填充75%的灰色（来源于"色板"面板），减弱调整图层对人物的影响，但还可以体现出人物被金属光泽笼罩的效果，如图9-258所示。按快捷键Ctrl+D，取消选区，如图9-259所示。

图 9-257　　　　　　图 9-258

08 将前景色设置为白色。打开画笔下拉面板，单击面板右上角的 ⚙ 按钮，打开下拉菜单，选择"混合画笔"命令，载入该画笔库，选择如图9-263所示的笔尖，在画面中绘制一些星形，如图9-264所示。

图 9-263

图 9-259

06 选择"背景"图层，使用柔角"画笔工具" 🖌 在画面右侧涂抹灰色，由于有渐变映射调整图层的作用，画面呈现的是暖褐色，如图9-260所示。

图 9-264

09 最后输入文字，完成后的效果如图9-265所示。

图 9-260

07 在渐变映射调整图层的下方新建一个图层，如图9-261所示。使用柔角"画笔工具" 🖌 绘制一些大小不一的灰色圆点，如图9-262所示。

图 9-265

9.10 缤纷花季香水广告

9.10.1 选取玻璃瓶

01 打开光盘中的素材，如图9-266所示。使用"钢笔工具" ✒，根据瓶子的轮廓绘制路径，如图9-267所

图 9-261　　　　　　图 9-262

267

示。单击"路径"面板中的 按钮，将路径转换为选区，如图9-268所示。

图 9-266

图 9-267　　　　　　图 9-268

02 新建一个1024×768像素的文件。按快捷键Ctrl+I反相，使背景变为黑色。使用"移动工具" ，将瓶子移动到当前文件中，如图9-269所示。

图 9-269

03 为瓶子图层添加"渐变叠加"效果，将渐变颜色设置为白色到透明，如图9-270和图9-271所示。

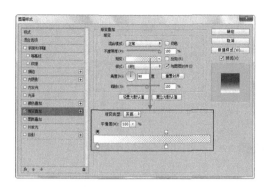

图 9-270

图 9-271

04 新建一个图层。使用"椭圆工具" 绘制一个粉色的椭圆形，在其上面再绘制一个白色椭圆形，如图9-272所示。执行"滤镜>模糊>高斯模糊"命令，对图像进行模糊处理，如图9-273所示。按快捷键Ctrl+[，将"图层2"移至"图层1"下方，效果如图9-274所示。

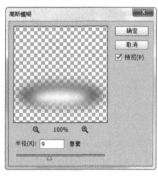

图 9-272　　　　　　图 9-273

图 9-274

9.10.2 制作炫光效果

01 选择"图层1"与"图层2",按快捷键Ctrl+E,将它们合并,修改名称为"香水瓶",如图9-275所示。

图 9-275

02 新建一个图层。将前景色设置为橙色,选择"渐变工具" ,在渐变下拉面板中选择"前景到透明"渐变,填充该渐变色,如图9-276和图9-277所示。

图 9-276 　　　　图 9-277

03 执行"滤镜>扭曲>波浪"命令,对渐变进行扭曲,如图9-278和图9-279所示。

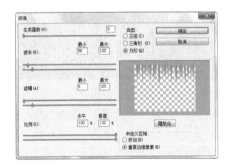

图 9-278

图 9-279

04 执行"滤镜>扭曲>极坐标"命令,创建放射状效果,如图9-280和图9-281所示。连续按两次快捷键Ctrl+F,重复应用该滤镜,如图9-282所示。

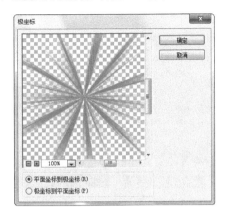

图 9-280

图 9-281

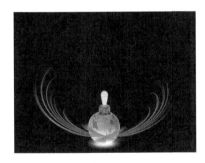

图 9-282

05 单击"锁定透明像素"按钮 ,如图9-283所示,使用柔角"画笔工具" ,在图像的边缘涂抹白色,如图9-284所示。

图 9-283 　　　　图 9-284

06 复制"图层1"，设置副本图层的混合模式为"滤色"，如图9-285所示。将图像缩小并向逆时针方向旋转，如图9-286所示。复制"图层1拷贝"图层，将其水平翻转，使图像宛如盛开的莲花，如图9-287所示。

图 9-285 　　　　　图 9-286

图 9-287

07 选择"图层1"及其拷贝图层，按快捷键Alt+Ctrl+E进行盖印，如图9-288和图9-289所示。

图 9-288 　　　　　图 9-289

08 按快捷键Alt+Ctrl+F，打开"极坐标"对话框，选择"极坐标到平面坐标"选项，如图9-290所示，图像效果如图9-291所示。连续按3次快捷键Ctrl+F，重复应用"极坐标"滤镜，如图9-292所示。

图 9-290

图 9-291

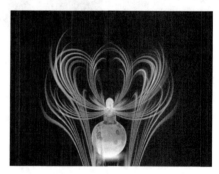

图 9-292

09 使用"矩形选框工具" [✄] ，在该图像左侧创建选区，如图9-293所示。按住Ctrl键切换为"移动工具" ▶⊕ ，将选区内的图像向右移动，使之与右侧图像重叠，如图9-294所示。按快捷键Ctrl+D取消选区。

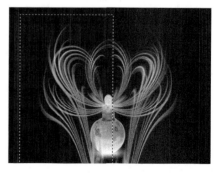

图 9-293

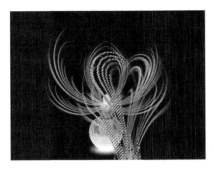

图 9-294

10 使用"橡皮擦工具" ，将图像底部整齐的边缘擦除，再将图像移动到瓶口上方，如图9-295所示。

图 9-295

11 按快捷键Ctrl+U，打开"色相/饱和度"对话框，调整参数，改变图像的颜色，如图9-296和图9-297所示。

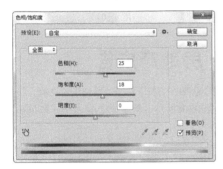

图 9-296

图 9-297

12 选择"背景"图层，使用柔角"画笔工具" 在背景上涂抹粉红色，如图9-298所示。

图 9-298

13 新建一个图层。选择"自定形状工具" ，选择如图9-299所示的图形，绘制白色的装饰图案，如图9-300所示。

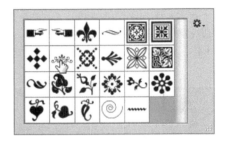

图 9-299

图 9-300

14 执行"滤镜>其他>最大值"命令，在打开的对话框中设置"半径"为1像素，如图9-301所示，应用该滤镜后，图案的边线会变得更细，如图9-302所示。

图 9-301

图 9-302

15 使用"橡皮擦工具" ，将图案上面类似花瓣的 3个图形擦除。单击 按钮，锁定图层的透明区域。使用"画笔工具" 在图案中心涂抹橙色，再复制该图案并适当缩小，填充白色，如图9-303所示。按快捷键 Shift+Ctrl+[，将该图层调整到"图层"面板的底层，如图 9-304所示。

图 9-303

图 9-304

16 选择如图9-305所示的图层，按快捷键Alt+Ctrl+E进行盖印，生成一个新的图层，设置混合模式为"强光"。执行"滤镜>模糊>动感模糊"命令，对图像进行模糊处理，如图9-306所示。

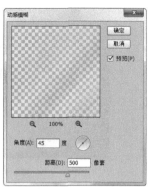

图 9-305   图 9-306

17 在画面右下角输入香水名称及广告语，完成后的效果如图9-307所示。

图 9-307

9.11 房地产广告

01 按快捷键Ctrl+N，打开"新建"对话框，设置参数，如图9-308所示，新建一个A4大小（海报标准尺寸）的文档。

图 9-308

02 选择"渐变工具" ，在工具选项栏中单击"线性渐变"按钮 ，单击渐变颜色条，打开"渐变编辑器"对话框调整颜色，如图9-309所示，按住Shift键并在画面中由上至下拖曳鼠标，填充线性渐变，如图9-310所示。

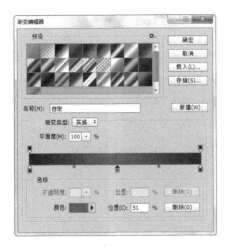

图 9-309

图 9-312　　　　图 9-313

04 单击"图层"面板中的 ▣ 按钮,添加蒙版。选择"渐变工具" ▣ ,为蒙版填充黑白线性渐变,如图9-314和图9-315所示。

图 9-314　　　　图 9-315

05 下面来处理灯光,让灯光更加明亮。打开"通道"面板,将对比度最鲜明的红色通道拖曳到面板底部的 ▣ 按钮上,进行复制,得到"红 拷贝"通道,如图9-316所示。按快捷键Ctrl+L,打开"色阶"对话框,拖曳滑块,将背景调暗,只保留灯光和天空的亮色,如图9-317和图9-318所示。选择"画笔工具" ✎ ,将除灯光之外的白色区域都涂黑,如图9-319所示。按快捷键Ctrl+A全选,按快捷键Ctrl+C复制。

图 9-310

03 打开光盘中的素材,如图9-311所示,使用"移动工具" ▸ 将其拖曳到海报文档中,设置混合模式为"明度",不透明度为70%,如图9-312和图9-313所示。

图 9-311

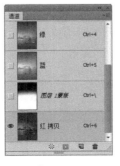

图 9-316　　　　图 9-317

图 9-318 图 9-319

06 将"图层1"拖曳到"图层"面板底部的 █ 按钮上进行复制，修改新图层的混合模式为"叠加"，"不透明度"恢复为100%，如图9-320所示。按住Alt键，单击图层蒙版缩览图，如图9-321所示，进入蒙版编辑状态，此时文档窗口中会显示蒙版图像，按快捷键Ctrl+V，将复制的图像粘贴到蒙版中，如图9-322所示，然后单击图层缩览图，退出蒙版编辑模式，按快捷键Ctrl+D取消选区，效果如图9-323所示。

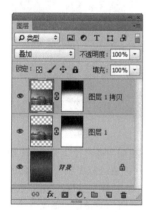

图 9-320 图 9-321

图 9-322 图 9-323

07 选择"横排文字工具" █ ，在工具选项栏中设置文字的大小和颜色，在画面左上角输入文字，如图

9-324所示。按Enter键换行，继续输入文字，如图9-325所示。按下Esc键，结束文字的输入。调整字体、大小、行距和字距，继续输入其他文字，如图9-326所示。

图 9-324 图 9-325

图 9-326

08 下面来创建区域文本。使用"横排文字工具" █ ，在画面右下角单击鼠标并拖出一个矩形框，定义文字范围，如图9-327所示，释放鼠标后输入文字，文字会限定在矩形框的范围内且自动换行，如图9-328所示。使用以上的方法为画面添加其他文字，如图9-329所示。

图 9-327

图 9-328

图 9-329

09 打开光盘中的素材，如图9-330所示，使用"移动工具" 将其拖入到海报文档中。按快捷键Ctrl+T，显示定界框，在工具选项栏中输入旋转角度为-90°，再按住Shift键拖曳控制点，将图形等比例缩小，如图9-331所示。按Enter键确认。

图 9-330

图 9-331

10 选择"移动工具" ，按Alt+Shift键锁定水平方向向右单击拖曳鼠标进行复制。执行"编辑>变换>水平翻转"命令，将图形翻转，如图9-332所示。

图 9-332

11 新建一个图层。选择"画笔工具" ，将前景色设置为白色。打开"画笔"面板，选择一个尖角笔尖，设置参数，如图9-333所示。在文字"滨"下方单击鼠标，

然后按住Shift键并在文字"景"下方单击鼠标，绘制出一条直线，作为文字的分割线，如图9-334所示。

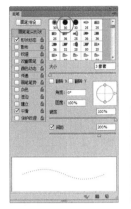

图 9-333

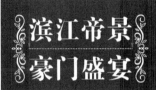

图 9-334

12 打开光盘中的素材，这是一个PSD格式的文件。选择"地图"图层，如图9-335所示，使用"移动工具" 将其拖入到海报文档中，放在画面右下角，如图9-336所示。将"花纹"图层也拖入海报文档，如图9-337所示。

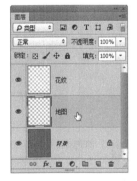

图 9-335

图 9-336

图 9-337

13 单击"图层"面板底部的 按钮，添加蒙版。选择"渐变工具" ，为蒙版填充黑白线性渐变，将下面的花纹隐藏，再将图层的混合模式设置为"叠加"，如图9-338和图9-339所示。

图 9-338　　　　　图 9-339

14 单击"图层1拷贝"的图层缩览图，选中该图层，如图9-340所示。使用"矩形选框工具" 选取一处灯光，如图9-341所示。

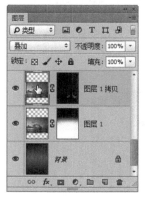

图 9-340　　　　　图 9-341

15 按快捷键Ctrl+J，将选中的图像复制到新的图层中，设置混合模式为"变亮"，如图9-342所示。使用"移动工具" 将其移动到风景与文字的衔接处，按快捷键Ctrl+T，显示定界框，拖曳控制点将图像拉长，成为画面的分割线，按Enter键确认，如图9-343所示。

图 9-342　　　　　图 9-343

9.12 运动元素服饰广告

9.12.1 用通道抠图

01 打开光盘中的素材，如图9-344所示。

图 9-344

02 单击"通道"面板中的"红""绿"和"蓝"通道，画面中会显示各个通道中的灰度图像，如图9-345所示。观察图像可以发现，蓝色通道中人物与背景的色调差别最明显，适合用来制作选区。

红　　　　绿　　　　蓝

图 9-345

03 将蓝色通道拖曳到"创建新通道"按钮 上，复制该通道，如图9-346所示。执行"图像>应用图像"命令，打开"应用图像"对话框，在"通道"下拉列表中选择"蓝 拷贝"通道，设置混合模式为"叠加"，使用该命令处理后，可以使人物的色调变暗，背景的色调变浅，如图9-347和图9-348所示。

图 9-346

图 9-347　　　　　　　图 9-348

04 再次执行"应用图像"命令，使用默认的设置即可，人物与背景的色调差异会更明显，如图9-349所示。按快捷键Ctrl+I反相，使人物变为白色（通道中的白色代表了选区），如图9-350所示。

图 9-349　　　　　　　图 9-350

05 再次执行"应用图像"命令，这一次设置混合模式为"颜色减淡"，如图9-351所示，使图像中的灰色区域变亮，但黑色不会发生变化，如图9-352所示。将前景色设置为白色，使用"画笔工具"，将人物区域内的黑灰色全部涂抹为白色，如图9-353所示。

图 9-351

图 9-352　　　　　　　图 9-353

06 打开"信息"面板。在背景上移动光标，同时观察面板中的K值，如果不是100%，表示背景不完全是黑色，使用这样的选区选择人物时，将带有少量的背景像素。选择"加深工具"，设置"范围"为"阴影"，曝光度为30%，将背景区域加深为黑色，然后再进行测试，K值显示为100%时便可以了，如图9-354和图9-355所示。

 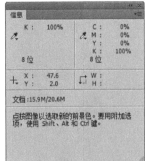

图 9-354　　　　　　　图 9-355

07 按住Ctrl键并单击"蓝 拷贝"通道缩览图，载入制作的选区，按快捷键Ctrl+~，返回到RGB复合通道，显示彩色图像。单击"添加蒙版"按钮，基于选区创建图层蒙版，如图9-356和图9-357所示。

图 9-356　　　　　　　图 9-357

08 仔细观察人物可以发现，身体的边缘还残留一些背景的蓝色，还要对蒙版进行处理。执行"滤镜>模糊>高斯模糊"命令，使人物边缘变得柔和，如图9-358所示。执行"滤镜>其他>最小值"命令，在打开的对话框中设置"半径"为2像素，如图9-359所示，通过该滤镜可以使蒙版中的白色区域收缩，这样就可以扩展蒙版的遮盖范围，进而将身体边缘的蓝色像素隐藏。

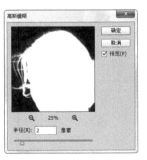 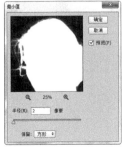

图 9-358　　　　　　　图 9-359

9.12.2 添加插画元素

01 按快捷键Ctrl+N，打开"新建"对话框，创建一个A4大小的文档。

02 为背景填充灰蓝色渐变，将人物拖曳到当前文档中并适当旋转，如图9-360所示。在人物图层的蒙版缩览图上单击鼠标右键，打开快捷菜单，选择"应用蒙版"命令，使被蒙版遮盖的区域成为真正的透明区域，如图9-361所示。

图 9-360   图 9-361

03 将前景色设置为红色。选择"钢笔工具" 🖊，单击工具选项栏中的 ⬍ 按钮，在打开的下拉列表中选择"形状"选项，绘制一个红色的箭头，如图9-362所示。

图 9-362

04 为该图层添加"斜面和浮雕"效果，将光泽等高线设置为"内凹-深"，其他参数如图9-363所示，效果如图9-364所示。

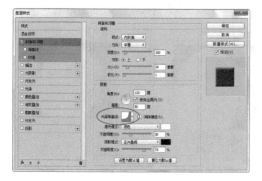

图 9-363

图 9-364

05 再绘制一个弧形。将前景色设置为粉色，按快捷键Alt+Delete，将形状填充为粉色，再将该形状图层拖曳到"形状1"的下方，如图9-365和图9-366所示。绘制两个稍小的箭头，分别填充黄色和橙色，如图9-367所示。

图 9-365   图 9-366

图 9-367

06 在人物图层的上方新建一个图层，如图9-368所示。将前景色设置为深褐色，使用"画笔工具" 🖌 绘制箭头的投影，如图9-369所示。

图 9-368　　　　　　　图 9-369

07 再绘制一个蓝色的形状，将该图层的样式删除，如图9-370所示。在其上面绘制一个黄色的弧形，如图9-371所示。

图 9-370　　　　　　　图 9-371

08 新建一个图层。将前景色设置为深红色。选择"自定形状工具" ，在形状下拉面板中选择"火"形状，如图9-372所示，绘制两个火焰形状，如图9-373所示。

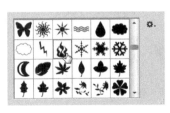

图 9-372　　　　　　　图 9-373

09 执行"滤镜>扭曲>波纹"命令，扭曲图形，如图9-374所示。将该图层移动到"背景"图层上方，效果如图9-375所示。

图 9-374　　　　　　　图 9-375

10 使用"钢笔工具" 绘制飘带，填充浅蓝色，如图9-376所示。复制箭头形状，缩小后放置在人物背后，在画面左下角也加入一些飘带，使构图更加充实，如图9-377所示。

图 9-376　　　　　　　图 9-377

11 新建一个图层。选择"自定形状工具" ，在形状下拉面板中选择"思考2"，如图9-378所示，在画面右下角绘制该图形，创建云朵的效果，再绘制一些不同颜色的靶心形状，如图9-379所示。

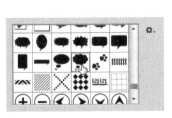

图 9-378　　　　　　　图 9-379

12 打开光盘中的素材，如图9-380所示，这是用Illustrator中的3D效果制作的立体字，将其拖曳到人物插画文档中，放在画面右下角，如图9-381所示。

图 9-380

图 9-381

9.13 数码相机广告

9.13.1 定义画笔

01 按快捷键Ctrl+N，打开"新建"对话框，创建一个21厘米×29.7厘米，分辨率为300像素/英寸的RGB模式文档。

02 单击"图层"面板底部的 按钮，新建一个图层。选择"自定形状工具" ，在工具选项栏中选择"像素"选项，打开形状下拉面板，如图9-382所示，选择其中的蝴蝶、花朵、音符等形状，绘制这些图案，如图9-383所示。

图 9-382

图 9-383

Point 用来创建画笔的图形也可以是其他的颜色，但只有使用黑色，定义出来的画笔在颜色上才能达到100%的饱和度，绘制出来的图形颜色才能与设定的前景色一致。

03 打开光盘中的素材，如图9-384所示，使用"移动工具" 将其拖入新建的文档中，如图9-385所示。

图 9-384　　　　　　　　图 9-385

04 隐藏"背景"图层。使用"矩形选框工具" 选择其中的一个图形，如图9-386所示，执行"编辑>定义画笔预设"命令，打开"画笔名称"对话框，输入画笔的名称（也可以采用默认的画笔名称），如图9-387所示，按Enter键完成画笔的定义。

图 9-386

图 9-387

9.13.2 制作心形图案

01 将“图层1”拖曳到按钮上删除，只留下“背景”图层。将前景色设置为红色（R228,G0,B18），背景色设置为暗红色（R117,G0,B6）。选择“渐变工具”，在工具选项栏中单击“径向渐变”按钮，在画面中填充渐变，如图9-388所示。

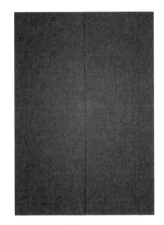

图 9-388

02 创建一个名称为“图形”的图层。选择“自定形状工具”，单击工具选项栏中的按钮，在打开的下拉列表中选择“路径”选项，打开形状下拉面板，选择“红桃”图形，如图9-389所示，按住Shift键并在画面的中上位置绘制一个路径，如图9-390所示。

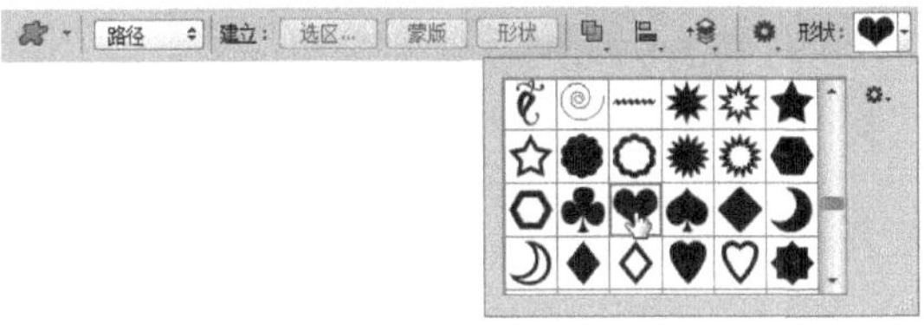

图 9-389

图 9-390

03 将前景色设置为绿色（R31,G122,B39）。选择“画笔工具”，打开“画笔”面板，选择前面定义的画笔，设置参数，如图9-391～图9-393所示。

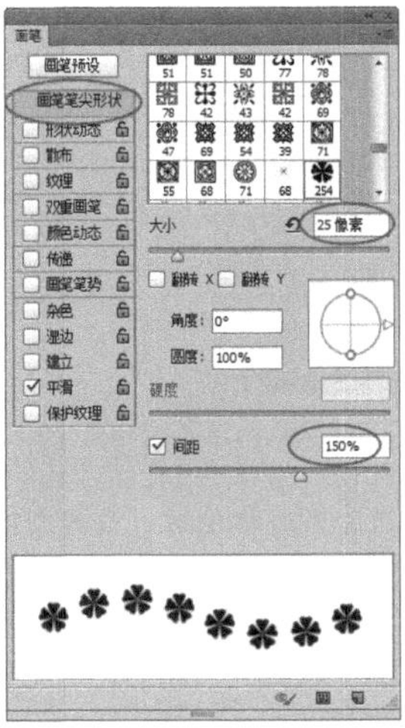

图 9-391

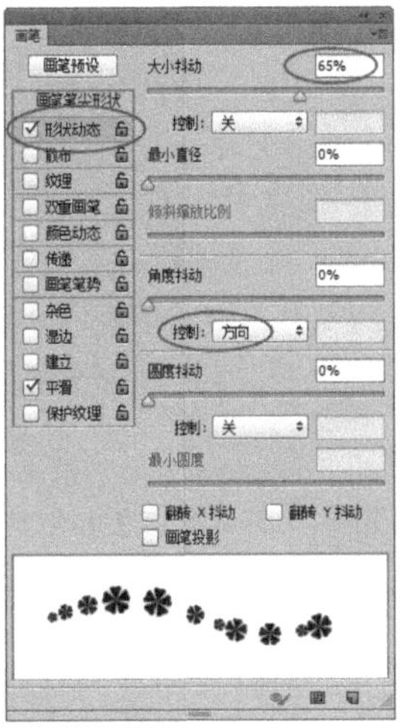

图 9-392

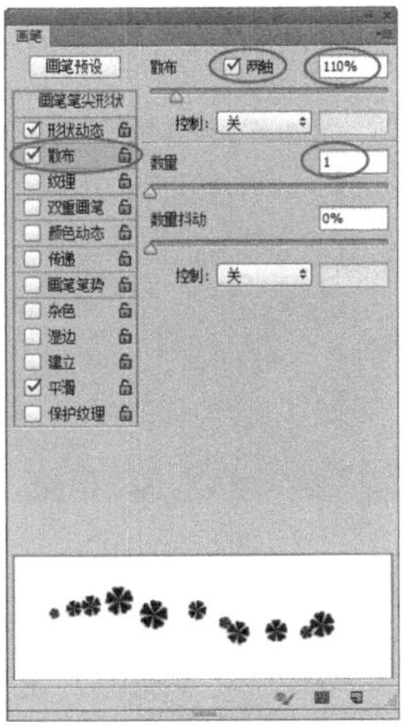

图 9-393

04 单击“路径”面板中的“用画笔描边路径”按钮，对路径进行描边，如图9-394所示。新建一个图层。使用“路径选择工具”选择路径，按快捷键Ctrl+C复制，再按快捷键Ctrl+V进行粘贴，然后按快捷键Ctrl+T，显示定界框，按住Shift+Alt键拖曳控制点等比例缩放路径，如图9-395所示，按Enter键确认变换。将前景色设置为黄色，适当调整画笔的大小、间距和散布值，对路径进行描边，如图9-396所示。

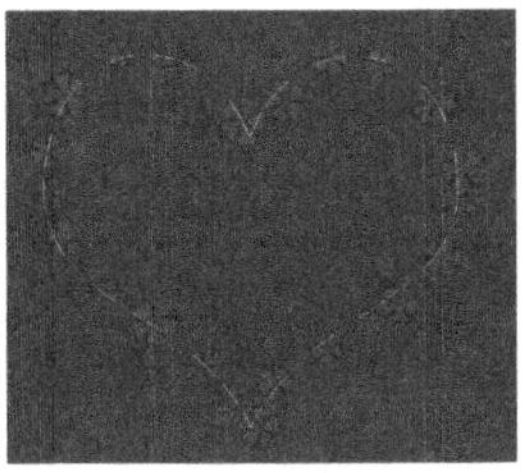

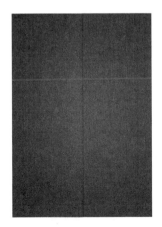

图 9-394

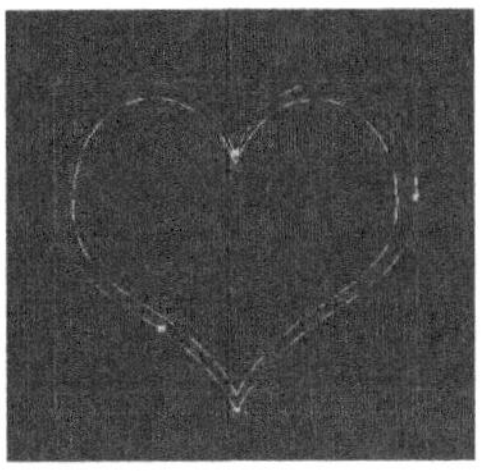

图 9-395

图 9-396

Point 用不同颜色和形状的笔尖描边路径前，最好创建一个图层，以便于修改。如果觉得创建图层麻烦，也可以将图形绘制在同一图层上。

05 再次复制路径，并将其放大。新建一个图层，将前景色设置为白色。选择一个圆形的尖角画笔，适当调整各项参数，对路径进行描边，效果如图9-397所示。选取除"背景"以外的图层，如图9-398所示，按快捷键Ctrl+G，将它们编入一个图层组中，如图9-399所示。

图 9-397

图 9-398

图 9-399

06 采用同样的方法，使用定义的各种笔尖描边路径，绘制出更多逐渐扩大的心形图案，然后将它们所在的图层编组，如图9-400和图9-401所示。

图 9-400

图 9-401

Point 在复制较大的路径时，可适当使用"直接选择工具" 对路径进行修改，使各组路径呈现出一定的变化规律。

07 选择"橡皮擦工具" （尖角），对外围的图形进行擦除处理，并结合"套索工具" 选择其中的一些图形，然后选择"移动工具" ，将光标放在选区内，按住Alt键并拖曳鼠标进行复制，适当打破固定的规律，使画面呈现一定的变化，图9-402和图9-403所示。

图 9-402   图 9-403

08 在"背景"图层的上方创建一个图层。选择描边时用到过的自定义笔尖，适当调整前景色，在心形的上下夹角区域绘制一些图形，使心形图案呈现向左右扩散的效果，如图9-404所示。

图 9-404

9.13.3 添加相机

01 打开光盘中的素材，如图9-405所示。使用"移动工具" 将其拖入海报文档中，放在心形下方，如图9-406所示。

图 9-405   图 9-406

02 在"相机"图层的下方创建"投影"图层，如图
9-407所示。按D键，将前景色恢复为默认的黑色，使
用"画笔工具" ✔ （柔角，不透明度10％）绘制相机的投
影，如图9-408所示。

图 9-407　　　　　　图 9-408

03 选择"相机"图层，按快捷键Ctrl+J进行复制，如图
9-409所示。按快捷键Ctrl+T，显示定界框，拖曳控制
点将相机翻转，按Enter键确认，如图9-410所示。

图 9-409　　　　　　图 9-410

04 单击"图层"面板底部的 ▣ 按钮，添加蒙版。
使用"渐变工具" ▣ 填充黑白线性渐变，将相机
底部隐藏，如图9-411和图9-412所示。使用"横排文字工
具" T 输入一些文字，效果如图9-413所示。

图 9-411　　　　　　图 9-412

图 9-413

9.14 时尚插画

9.14.1 制作光线

01 按快捷键Ctrl+O，打开光盘中的素材，如图9-414
所示。

图 9-414

02 选择"魔棒工具" ✷ （容差为15），在背景上单
击鼠标，将背景选中，如图9-415所示，按快捷键
Shift+Ctrl+I反选，选中人物，如图9-416所示。

图 9-415

图 9-416

03 按快捷键Ctrl+J，将选中的人物复制到新的图层中。选择"背景"图层，如图9-417所示，将前景色设置为黑色，按快捷键Alt+Delete填充黑色，如图9-418所示。

图 9-417　　　　　　图 9-418

04 新建一个图层。将前景色设置为黄绿色。选择"矩形工具"，单击工具选项栏中的按钮，在打开的下拉列表中选择"像素"选项，绘制一个矩形，如图9-419所示。执行"编辑>变换>透视"命令，显示定界框，如图9-420所示。将光标放在定界框的右上角，向左侧拖曳鼠标，使矩形上面两个角聚拢在一起，形成三角形，如图9-421所示。按Enter键确认操作，如图9-422所示。

图 9-419

图 9-420　　　图 9-421　　　图 9-422

05 执行"滤镜>模糊>动感模糊"命令，对图形进行模糊处理，如图9-423和图9-424所示。

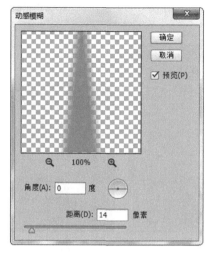

图 9-423　　　　　　图 9-424

06 选择"移动工具"，按住Alt键并向左上方拖曳三角形，将其复制，如图9-425所示。单击"图层"面板中的"锁定透明像素"按钮，如图9-426所示，将前景色设置为乳白色，按快捷键Alt+Delete，为三角形重新填色，如图9-427所示。采用同样的方法再复制一个三角形，填充洋红色，如图9-428所示。

图 9-425　　　　　　图 9-426

图 9-427　　　　　　图 9-428

07 按住Shift键并单击"图层2"，选取这三个图层，如图9-429所示，按快捷键Ctrl+E合并。双击图层名称，将合并后的图层命名为"光线"，并拖至"人物"图层下方，如图9-430所示。

图 9-429 图 9-430

08 按快捷键Ctrl+T，显示定界框，按住Shift键并拖曳光线图形，将其旋转45°，如图9-431所示。按Enter键确认操作。使用"移动工具" ⊕ 按住Alt键并向下拖曳光线图形进行复制，如图9-432所示。

图 9-431

图 9-432

9.14.2 制作矢量图形

01 将前景色设置为黑色。选择"人物"图层。选择"钢笔工具" ✎ ，单击工具选项栏中的 ≎ 按钮，在打开的下拉列表中选择"形状"选项，绘制一个图形，如图9-433所示。

02 选择"自定形状工具" ✿ ，在形状下拉面板中选择如图9-434所示的图形，将前景色设置为红色，在画面中绘制一个条纹图形，如图9-435所示。按快捷键Ctrl+T，显示定界框，将图像适当旋转，按Enter键确认操作，如图9-436所示。

图 9-433

图 9-434

图 9-435

图 9-436

03 执行"图层>创建剪贴蒙版"命令，将该图形剪贴到其下方的图形中，如图9-437和图9-438所示。

图 9-437

图 9-438

04 双击"形状2"，打开"图层样式"对话框，添加"渐变叠加"效果，如图9-439和图9-440所示。

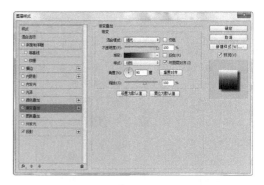

图 9-443

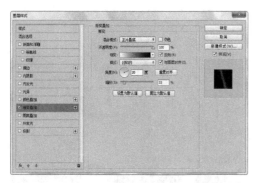

图 9-439

图 9-440

05 将前景色设置为绿色。选择"钢笔工具" ，绘制如图9-441所示的图形。双击该图层，添加"投影""渐变叠加"效果，如图9-442～图9-444所示。

图 9-444

06 将前景色设置为洋红色，绘制如图9-445所示的图形。按住Alt键，将"形状3"图层的效果图标 *fx* 拖曳到"形状4"图层，为该图层复制相同的效果，如图9-446和图9-447所示。配合人物的姿态绘制更多的图形，使画面呈现动感，如图9-448所示。

图 9-441

图 9-445　　　　　图 9-446

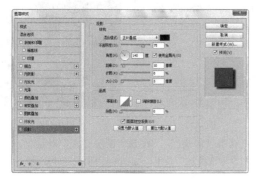

图 9-442

图 9-447

图 9-448

07 按住Ctrl键并单击"形状1"的图层缩览图，载入选区，如图9-449所示。在"图层"面板最上方新建一

个图层。使用"画笔工具" 绘制黑色,在图形之间产生距离感,如图9-450所示。按快捷键Ctrl+D,取消选区。

图 9-449

图 9-450

Point 为了表现图形的层叠感,就要使每个图形位于一个形状图层中,但图层的数量就会增加,可以在完成这一部分制作时,选取所有形状图层,按快捷键Ctrl+G编组。

9.14.3 增强光效

01 复制"光线"图层,将其拖至顶层,设置混合模式为"滤色",使光线更加明亮。将它们放在画面下方。再次复制,放在人物头发处,设置混合模式为"强光",可以按快捷键Ctrl+U,打开"色相/饱和度"对话框,降低明度,适当调整颜色,使这条光线变得更柔和,效果如图9-451所示。

图 9-451

02 选择"画笔工具" ,在"画笔"面板中设置参数,如图9-452～图9-454所示。新建一个图层,在画面中绘制白点和绿点,如图9-455所示。

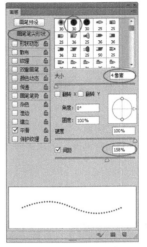

图 9-452

图 9-453

图 9-454 图 9-455

03 选择一个柔角笔尖,绘制黄色的光斑,然后将笔尖调小,在光斑中心绘制白色,使光斑看起来更明亮,如图9-456所示。

图 9-456

04 打开光盘中的素材,将其拖曳到人物文档中,放在"背景"图层上方,如图9-457和图9-458所示。

图 9-457　　　　　　　图 9-458

05 单击"图层"面板底部的 ▣ 按钮，添加蒙版，使用"渐变工具" ▣ 填充黑白线性渐变，将顶部的光斑隐藏，如图9-459和图9-460所示。

图 9-459　　　　　　　图 9-460

9.15 矢量风格商业插画

9.15.1 处理图像

01 打开光盘中的素材，这是一个PSD分层文件，如图9-461和图9-462所示。下面要使用"木刻"滤镜创建一种手绘效果。观察图像可以发现，人物的眼窝处色调较暗，应用滤镜后会变为一个色块，不能表现出人物的神态，首先要对这部分图像进行调整。

图 9-461

图 9-462

02 新建一个图层。选择"画笔工具" ✏ （柔角），在眼睛处单击鼠标，绘制两个白点，如图9-463所示。设置该图层的混合模式为"柔光"，如图9-464所示。按快捷键Ctrl+E，将该图层与"人物"图层合并。

图 9-463　　　　　　　图 9-464

03 执行"滤镜>滤镜库>艺术效果>木刻"命令，在打开的对话框中设置参数，如图9-465和图9-466所示。

图 9-465

图 9-466

04 按快捷键Ctrl+L，打开"色阶"对话框，设置参数，如图9-467所示。按快捷键Ctrl+U，打开"色相/饱和度"对话框，设置参数，如图9-468所示，图像效果如图9-469所示。

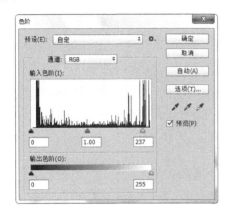

图 9-467

图 9-468

图 9-469

9.15.2 变换图案

01 打开光盘中的素材，如图9-470所示。这些图案素材是在Illustrator中制作的，先是绘制基本的矢量图案，如图9-471所示，然后再使用旋转扭曲、扇贝、晶格化等工具对图案进行变形处理。

图 9-470　　　　　　　　　图 9-471

02 将图案拖曳到插画文档中，如图9-472和图9-473所示。

图 9-472　　　　　　　　　图 9-473

03 选择"背景"图层，使用"渐变工具" 填充线性渐变，如图9-474所示。选择"图案"图层，使用"矩形选框工具" 选取头部的图案，如图9-475所示。

图 9-474　　　　　　　　　图 9-475

04 按快捷键Ctrl+J，将选中的图像复制到一个新的图层中，如图9-476所示。将该图层移动到"人物"图层下方，设置混合模式为"叠加"，如图9-477所示。按快捷键Ctrl+T，显示定界框，单击鼠标右键，打开快捷菜单，选择"水平翻转"命令，翻转图像，然后再旋转图像，如图9-478所示。按Enter键确认操作。

图 9-476　　　　　　　　图 9-477

图 9-478

05 在"背景"图层上面新建一个图层。绘制一个紫色的矩形，如图9-479所示。执行"滤镜>扭曲>旋转扭曲"命令（为了便于观察滤镜效果，可以先将其他图层隐藏），打开对话框设置参数，如图9-480和图9-481所示。

图 9-479　　　　　　　　图 9-480

图 9-481

06 调整图形的角度，设置图层的混合模式为"强光"，效果如图9-482所示。将该图层复制为两个，适当缩小并调整位置，如图9-483所示。

图 9-482　　　　　　　　图 9-483

07 设置画面左下角图像的不透明度为50%，如图9-484所示为显示所有图层后的效果。将"图层2"及其副本与"背景"图层合并。

图 9-484

08 人物的头发有大面积的黑色，缺少变化，可以绘制一些象征发丝的曲线来增加头发的柔顺感。单击"路径"面板中的"创建新路径"按钮，新建"路径1"，使用"钢笔工具"绘制一些流畅的曲线，如图9-485所示。在"图层"面板中新建一个图层，将前景色设置为深紫色，单击"路径"面板中的"用前景色填充路径"按钮 ，填充路径区域，如图9-486所示。在"路径"面板的空白处单击鼠标，隐藏路径。

图 9-485　　　　　　　　图 9-486

9.15.3 添加装饰图案

01 在"色板"面板中选择如图9-487所示的颜色作为前景色。新建一个图层，选择"自定形状工具" ，单击工具选项栏中的 按钮，在打开的下拉列表中选择"像素"选项，在形状下拉面板中选择如图9-488所示的形状，绘制该图形，如图9-489所示。

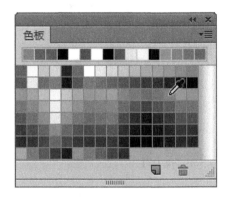

图 9-487

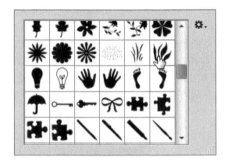

图 9-488

图 9-489

02 选择"魔棒工具" ，按住Shift键并选择如图9-490所示的图形，按下Delete键，将其删除，如图9-491所示。

图 9-490

图 9-491

03 使用"魔棒工具" 选择剩余的两个图形，将光标放在选区内，按住Ctrl+Alt键并拖曳鼠标进行复制，然后调整图形的大小和角度，如图9-492和图9-493所示。设置该图层的不透明度为60%，效果如图9-494所示。

图 9-492

图 9-493

图 9-494

04 新建一个图层。将前景色设置为紫色，绘制如图9-495所示的一组图形。用"矩形选框工具" 选择如图9-496所示的图形。

图 9-495

图 9-496

05 执行"滤镜>扭曲>旋转扭曲"命令，打开对话框并设置参数，如图9-497所示，此时选区会限定滤镜效果的范围。应用滤镜后，将图像向下移动，设置该图层的不透明度为65%，效果如图9-498所示。

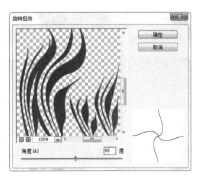

图 9-497

图 9-498

图 9-502

06 新建一个图层。选择"自定形状工具" ![icon]，在形状下拉面板中选择花草样本，使用不同的颜色绘制图形，如图9-499所示。设置该图层的不透明度为75%，效果如图9-500所示。

图 9-499

图 9-500

07 新建一个图层。选择"画笔工具" ![icon]，加载"特殊效果"画笔库，选择散落玫瑰样本，在"画笔"面板中设置画笔的参数，如图9-501所示，在画面右侧绘制玫瑰花，如图9-502所示。

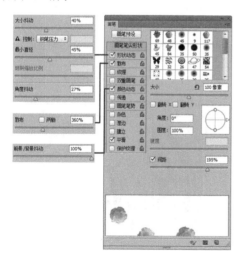

图 9-501

9.16 像素画

01 按快捷键Ctrl+N，打开"新建"对话框，创建一个120像素×107像素，分辨率为72像素/英寸的文档。

02 打开"导航器"面板。拖曳面板右下角的 ![icon] 图标，调整面板的大小，使"导航器"窗口与新建文档的大小相同，以便绘制时可以观察实际像素大小的图像效果，如图9-503和图9-504所示。在文档窗口左下角的状态栏中输入500%并按Enter键，将窗口放大500%，以方便绘制。拖曳窗口右下角的图标 ![icon]，以显示完整的画布，如图9-505所示。

图 9-503

图 9-504

图 9-505

03 选择"椭圆工具" ![icon]，在工具选项栏中选择"路径"选项，绘制一个椭圆路径，如图9-506所示。创建一个名称为"线稿"的图层，如图9-507所示。按D键，将前景色恢复为默认的黑色。选择"铅笔工具" ![icon]（尖角

1像素），单击"路径"面板中的"用画笔描边路径"按钮
○，使用1像素尖角"铅笔工具"描边路径，得到影子的
轮廓，如图9-508所示。

图 9-506

图 9-507

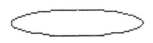

图 9-508

04 采用同样的方法绘制几个圆形，确定大猩猩的基本位
置，如图9-509所示。选择"橡皮擦工具" ，在
工具选项栏中选择"铅笔"模式，擦掉圆形相交的部分，
区分几个圆形的前后次序，如图9-510所示。绘制更多的圆
形，使大猩猩的形态更加具体，如图9-511所示。

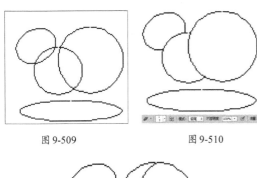

图 9-509   图 9-510

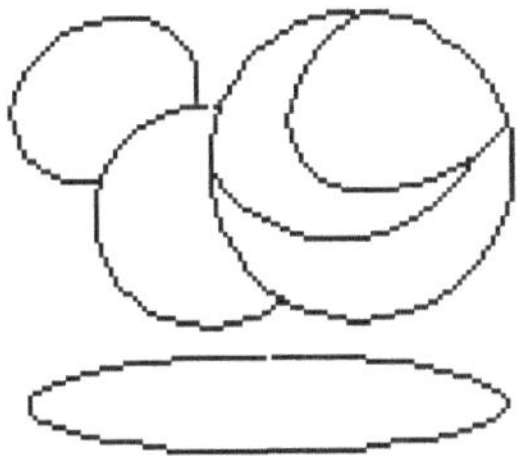

图 9-511

05 使用"橡皮擦工具" 擦除圆形轮廓，使用"铅笔
工具" （尖角1像素）进行修改，绘制出大猩猩
背包的轮廓，如图9-512所示。绘制出大猩猩的双腿，如图
9-513所示，使用"橡皮擦工具" 擦除多余的轮廓线，
如图9-514所示。

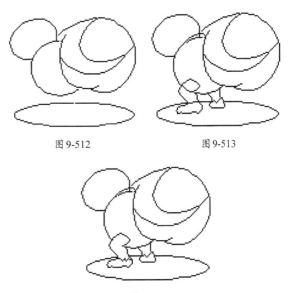

图 9-512   图 9-513

图 9-514

06 使用"铅笔工具" 结合"橡皮擦工具" 绘制
大猩猩的手臂，如图9-515所示。绘制椭圆形路径并
使用"铅笔工具" 进行描边，作为大猩猩的嘴巴，如图
9-516所示。

图 9-515   图 9-516

07 绘制大猩猩的头部和其他细节，如图9-517～图9-520
所示。

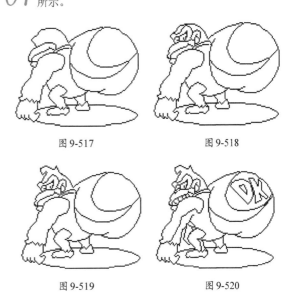

图 9-517   图 9-518

图 9-519   图 9-520

08 选择"油漆桶工具" ，在工具选项栏中取消选中"消除锯齿"选项，如图9-521所示。

图 9-521

Point 取消选中"消除锯齿"选项这一步很重要，如果没有取消选中，颜色就会向外溢出。

09 将前景色设置为暗红色，如图9-522所示。创建一个名称为"颜色"的图层，如图9-523所示。在大猩猩的头部、手臂和腿部单击鼠标，填充前景色，如图9-524所示。

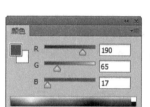

图 9-522　　　　　　图 9-523

图 9-524

10 适当调整前景色，绘制出其他部位的颜色，如图9-525所示，使用"铅笔工具"  绘制一些彩色边缘线，盖住黑色轮廓线，使轮廓线呈现一定的变化，如图9-526所示。

图 9-525　　　　　　图 9-526

11 在大猩猩的头部和手上绘制一些阴影，增强大猩猩的体积感，如图9-527和图9-528所示。在绘制的过程中

要注意保留一些小的反光，使画面更"透气"。

图 9-527　　　　　　图 9-528

12 采用同样的方法绘制领带的体积感，如图9-529和图9-530所示。要注意亮部、中间调和暗部的过渡。适当调整前景色，在轮廓的边缘绘制一些反光和小投影使画面更透气，如图9-531所示。

图 9-529　　　　　　图 9-530

图 9-531

13 新建一个名称为"加重轮廓"的图层。按D键，将前景色恢复为默认的黑色。使用"铅笔工具"  加粗黑色轮廓线，使其更加圆润、厚重。适当调整前景色在颜色过渡生硬的地方绘制一些小的过渡，使画面看起来更加细腻，如图9-532所示。

图 9-532

9.17 时装画

01 按快捷键Ctrl+N，打开"新建"对话框，创建一个大小为185毫米×260毫米，分辨率为300像素/英寸的RGB模式文档。

02 单击"路径"面板中的"创建新路径"按钮，创建一个路径层，修改名称为"线条"，如图9-533所示。使用"钢笔工具"绘制人物的动态轮廓线，在绘制的过程中，可以按住Ctrl键转换为"直接选择工具"修改锚点，效果如图9-534所示。

图 9-533　　　　　图 9-534

Point 由于"钢笔工具"是用来绘制路径图形的，所以在同一个路径层上绘制不同线段时往往会出现两条线段首尾相连的现象，给绘制带来不必要的麻烦。如果在绘制完一条线段后按住Ctrl键并在画面中单击鼠标，然后释放Ctrl键再接着绘制，就不会出现这种情况。

03 动态轮廓绘制好之后，继续绘制细节部分线条来使画面更加丰富，如图9-535～图9-537所示。

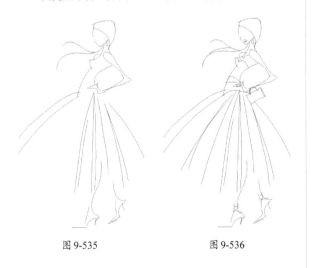

图 9-535　　　　　图 9-536

图 9-537

04 新建一个图层，如图9-538所示。选择"画笔工具"（尖角1像素），单击"路径"面板中的"用画笔描边路径"按钮，描边"线条"路径，生成一个临时线条图层，作为下面绘制图形的参考，如图9-539所示。

图 9-538　　　　　图 9-539

05 新建一个"颜色轮廓"路径层，如图9-540所示。选择"钢笔工具"，单击工具选项栏中的"合并形状"按钮，绘制出需要填充颜色的区域，小面积或者封闭区域除外，如图9-541所示。

图 9-540　　　　　图 9-541

06 在"路径"面板的空白区域单击鼠标，隐藏所有路径。将"图层1"拖曳到 🗑 按钮上删除，再新建一个图层，命名为"线条"，如图9-542所示。在"路径"面板中选择"线条"路径层，在画面中显示该层中的所有路径，使用"路径选择工具" ▶ 选择其中的一段路径，如图9-543所示。

图 9-542　　　　　　　　　图 9-543

07 将前景色设置为浅蓝色（R174,G205,B207）。选择"画笔工具" 🖌 （尖角4像素），打开"画笔"面板，设置大小的动态控制为"渐隐"，参数为500，如图9-544所示。单击"路径"面板中的"用画笔描边路径"按钮 ○ ，从头发线条开始描边路径，如图9-545所示。

图 9-544　　　　　　　　　图 9-545

08 采用同样的方法，适当调整画笔大小及渐隐参数继续绘制，在描绘头饰时，需将画笔的大小动态控制恢复为"关"。在"路径"面板空白处单击鼠标，隐藏路径以查看线描效果，如图9-546所示。将前景色调整为深棕色（R138,G75,B46），绘制皮肤线条，如图9-547所示。

图 9-546　　　　　　　　　图 9-547

09 选择耳环路径，如图9-548所示。设置画笔的大小动态控制为"钢笔压力"，如图9-549所示。

图 9-548　　　　　　　　　图 9-549

10 调整画笔大小为8像素，执行"编辑>描边"命令，在打开的对话框中选中"模拟压力笔"选项，如图9-550所示，再次描边耳环路径，效果如图9-551所示。

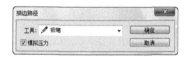

图 9-550

图 9-551

11 采用同样的方法处理"线条"图层，当一种画笔式样描边不能达到线条效果时，可以采用绘制耳环的方法通过重复描边来达到目的。例如，先将"控制"设置为"渐隐"，进行描边，然后再设置为"钢笔压力"进行描边，如图9-552所示（背部线条）。如图9-553所示的左腿线条则是将画笔的大小动态控制恢复为"关"进行描边的，再设置为"钢笔压力"重复描边，绘制完的线条效果如图9-554所示。

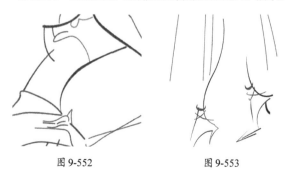

图 9-552　　　　　　　　　图 9-553

图 9-554

图 9-559

图 9-560

12 按住Ctrl键并单击"图层"面板中的 按钮，在"线条"图层下面创建一个"粉红1"图层。将前景色设置为粉红色（R255,G194,B199）。选择"颜色轮廓"路径，使用"路径选择工具" 选择其中的一个形状图形，如图9-555所示，单击"路径"面板中的 按钮，填充路径区域，如图9-556所示。

15 选择"线条"图层，使用"魔棒工具" 选择腰带区域，如图9-561所示，执行"选择>修改>扩展"命令，扩展选区1像素，如图9-562所示。选择"粉红2"图层，按快捷键Alt+Delete，为其填充前景色，如图9-563所示。

图 9-555　　　　　　图 9-556

图 9-561

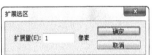

图 9-562

13 新建"粉红2"图层，采用同样的方法在另外一个形状路径内填充粉红色，如图9-557和图9-558所示。

图 9-557　　　　　　图 9-558

图 9-563

14 修改"粉红1"图层的不透明度为38%，如图9-559和图9-560所示。

16 新建一个"头发"图层，将前景色设置为浅黄色（R237,G222,B193）。选择"颜色轮廓"路径，使用"路径选择工具" 选择其中的头发图形，如图9-564所示，单击"路径"面板中的 按钮，填充路径区域，如图9-565所示。

图 9-564 图 9-565

17 在"路径"面板中新建一个路径层，命名为"结构"。使用"钢笔工具" 绘制皮肤区域路径，绘制时应与线条错开一定的距离，使线条显得轻松、随意，如图9-566和图9-567所示。将前景色设置为皮肤色（R241,G212,B198），单击"路径"面板中的 ● 按钮，填充路径区域，如图9-568所示。

图 9-566 图 9-567

图 9-568

18 面部的颜色处理可以通过先载入选区，然后扩展选区（扩展量为1像素），再使用"画笔工具" 涂抹的方法来绘制，如图9-569所示。创建"饰品"图层，采用同样的方法绘制相应的颜色，如图9-570所示。

图 9-569 图 9-570

19 使用"钢笔工具" ，在衣物的褶皱和头发等的转折处绘制轮廓形状，如图9-571所示。新建一个"结构"图层，分别用适当的颜色填充各个结构路径，使画面更富于变化，如图9-572所示。

图 9-571 图 9-572

20 选择"线条"路径，使用"路径选择工具" 选取其中的部分线段路径，如图9-573所示。将前景色设置为白色，采用前面绘制"线条"图层的方法绘制所选路径，如图9-574所示。

图 9-573 图 9-574

21 使用"橡皮擦工具" 擦除遮挡住脸、肩和手的部分颜色，如图9-575～图9-578所示。

图 9-575 图 9-576

图 9-577　　　　　　图 9-578

22 选择"线条"图层，使用"魔棒工具" 选择脸部区域，执行"选择>修改>扩展"命令，扩展选区（扩展量1像素）。新建一个"细节"图层，将前景色设置为粉红色（R237,G142,B148）。使用柔角"画笔工具"（不透明度为20％）在人物的眼睛部位绘制眼部周围的红晕，取消选区后的效果如图9-579所示。使用"多边形套索工具" 在双肩处创建选区，同样绘制部分红晕效果，如图9-580所示。

 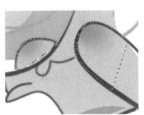

图 9-579　　　　　　图 9-580

23 将画笔的笔尖调整为尖角，采用相同的方法绘制面部其他细节及项链，如图9-581所示。使用"涂抹工具" （强度为80％）涂抹出眼睫毛，如图9-582所示。

图 9-581　　　　　　图 9-582

24 在"结构"图层下面创建一个"花纹"图层，将前景色设置为紫色（R196,G109,B142）。使用尖角画笔点出不同大小、不同颜色的圆点。使用"橡皮擦工具" 擦除头饰和腰带轮廓外的花纹，如图9-583所示。最后使用"橡皮擦工具" （尖角，不透明度为10％）处理"线条"图层，使线条更富于变化，效果如图9-584所示。

图 9-583　　　　　　图 9-584

9.18 鼠绘超写实跑车

9.18.1 绘制车身

01 打开光盘中的素材，如图9-585所示。该文件中包含了跑车各个部分的路径轮廓，如图9-586所示。

图 9-585　　　　　　图 9-586

02 单击"图层"面板底部的 按钮，创建一个图层组，命名为"车身"。单击 按钮，创建一个名称为"轮廓"的图层，如图9-587所示。单击"路径"面板中的"轮廓"路径，如图9-588所示。将前景色设置为深灰色（R71,G71,B71），单击"路径"面板底部的 按钮，用前景色填充路径，如图9-589所示。

图 9-587　　　　　　图 9-588

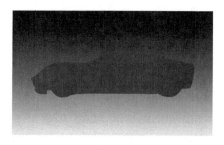

图 9-589

03 单击"图层"面板中的 按钮，在"轮廓"图层上方新建一个名称为"车体"的图层，如图9-590所示。按住Ctrl键并单击"路径"面板中的"车体"路径，载入选区，如图9-591所示。设置前景色为红色，背景色为深红色。选择"渐变工具"，在选区内填充线性渐变，如图9-592所示。

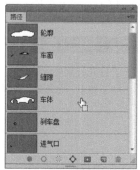

图 9-590   图 9-591

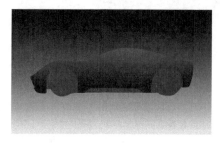

图 9-592

04 创建新的图层，分别对"车窗"和"暗影"路径进行填充，如图9-593和图9-594所示。

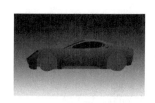

图 9-593   图 9-594

05 将"暗影"图层的"不透明度"设置为50%，使车身呈现光影变化，如图9-595和图9-596所示。

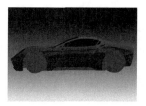

图 9-595   图 9-596

06 选择"车体"图层。使用"椭圆选框工具" ，按住Shift键创建一个选区，如图9-597所示。选择"减淡工具"（柔角90像素，范围为中间调，曝光度为10%），涂抹选区内的图像，绘制出跑车前轮的挡板，如图9-598所示。

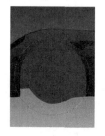

图 9-597   图 9-598

07 选择"加深工具" （范围为中间调、曝光度为10%），涂抹边缘部分，表现出挡板的厚度，如图9-599所示。采用相同的方法绘制出后轮的挡板，如图9-600所示。

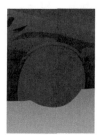

图 9-599   图 9-600

08 在"车体"图层上面新建一个名称为"车体高光"的图层。选择"钢笔工具" ，在工具选项栏中选择"路径"选项，沿车体的曲线绘制一条路径，如图9-601所示。将前景色设置为白色。选择"画笔工具" ，单击"路径"面板底部的 按钮，对车体进行描边，如图9-602所示。

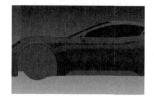
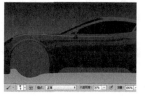

图 9-601   图 9-602

09 按住Alt键，单击"路径"面板中的 ◯ 按钮，在弹出的对话框中选中"模拟压力"选项，如图9-603所示，用"画笔工具" ✎ 对路径进行再次描边。然后用"橡皮擦工具" ▱ 涂抹图形，对高光图形进行修正，使右侧的线条变细，如图9-604所示。

图 9-603

图 9-604

10 采用相同的方法绘制出其他区域的高光，如图9-605所示。在"车窗"图层上方新建一个名称为"车灯亮光"的图层。使用"钢笔工具" ✎ 绘制一个图形，如图9-606所示。按Ctrl+Enter键，将路径转换为选区，在选区内填充白色，按快捷键Ctrl+D，取消选区。使用"模糊工具" ◯ 涂抹图形边缘，将图形适当柔化，如图9-607所示。

图 9-605

图 9-606   图 9-607

11 选择"车体"图层。使用"减淡工具" 🔍 和"加深工具" ◯ 涂抹车窗部分，绘制出后视镜图形。采用

相同的方法绘制出车体整体的明暗效果，如图9-608所示。

图 9-608

Point 可以创建选区对涂抹范围进行限制。选区的形状可以用"钢笔工具"绘制对应的路径图形，然后按Ctrl+Enter键转换得到。

12 选择"加深工具" ◯ ，在工具选项栏中设置参数，如图9-609所示。

图 9-609

13 选择"缝隙"路径，如图9-610所示。按住Alt键并单击"路径"面板中的 ◯ 按钮，弹出"描边路径"对话框，在下拉列表中选择"加深工具" ◯ ，取消选中"模拟压力"选项，如图9-611所示，单击"确定"按钮，用"加深工具"沿路径描边，绘制出车门与车体间的缝隙，如图9-612所示。选择"吸管工具" ✐ ，在缝隙边缘单击鼠标，拾取缝隙周围车体的颜色，使用"画笔工具" ✎ 涂抹加深部分，对"缝隙"进行修正，如图9-613所示。

   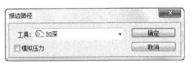

图 9-610   图 9-611

图 9-612   图 9-613

14 使用"路径选择工具" ▸ ，在画面中单击"缝隙"路径，将其选中，按两次→键，将路径向右移动，然后使用"减淡工具" 🔍 绘制出缝隙处的高光，再用"画笔工具" ✎ 进行修正，如图9-614所示。

图 9-614

15 分别单击"路径"面板中汽车各部分的路径层，然后载入选区，或填充颜色，或用"减淡工具" 🔍 和 "加深工具" 🖑 涂抹选区内的图像，绘制出明暗效果，如图9-615～图9-618所示。

图 9-615　　　　图 9-616　　　　图 9-617

图 9-618

9.18.2　制作车轮

01 在"车身"图层组上方新建一个名称为"车轮"的图层组，再创建一个名称为"前轮毂"的图层，如图9-619所示。按住Ctrl键并单击"轮毂"路径，载入选区，在选区内填充浅青色（R230,G237,B238），如图9-620所示。

图 9-619　　　　　图 9-620

02 选择"椭圆工具" ⬭，在工具选项栏中选择"路径"选项，单击 ▣ 按钮，在弹出的菜单中选择"合并形状 ▣"选项。按住Shift键，绘制5个相同大小的圆形，并使之排列成正五边形，如图9-621所示。按下Ctrl+Enter键，将路径转换为选区，分别用"减淡工具" 🔍 和"加深工具" 🖑 涂抹选区内的图像，绘制出轮毂上的螺丝，如图9-622所示。

图 9-621　　　　　　图 9-622

Point 创建5个圆形路径后，可以用"多边形工具" ⬡ 绘制一个正五边形，然后用"路径选择工具" ▶ 将圆形的圆心与正五边形的顶点对齐，这样就可以将5个圆形排成正五边形的形状。

03 采用相同的方法绘制出轮毂中心部分的立体形状，如图9-623和图9-624所示。

图 9-623　　　　　　图 9-624

04 双击该图层，打开"图层样式"对话框，添加"投影""斜面和浮雕"效果，如图9-625～图9-627所示。

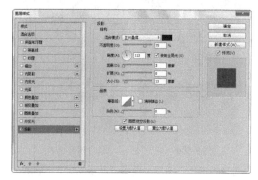

图 9-625

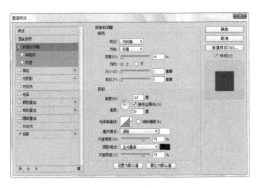

图 9-626

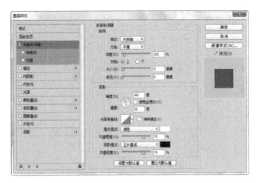

图 9-631

图 9-627

05 绘制车轮部分，如图9-628和图9-629所示。

图 9-628   图 9-629

06 绘制刹车盘，并为其添加"斜面和浮雕"效果，使刹车盘呈现立体感，如图9-630～图9-632所示。

图 9-630

图 9-632

07 新建一个图层。选择"椭圆工具" ⬭ ，在工具选项栏中选择"像素"选项，按住Shift键，绘制4个相同大小的圆形，如图9-633所示。按住Alt键并在该图层前面的眼睛图标 👁 上单击鼠标，隐藏除该图层外的所有图层。使用"矩形选框工具" ⬚ 将这4个圆形选取，执行"编辑>定义画笔预设"命令，将它们定义为画笔，如图9-634所示。按下Delete键，删除选区内的图形。

图 9-633

图 9-634

08 选择"画笔工具" ✎ ，打开"画笔"面板，选择自定义的画笔，设置参数，如图9-635和图9-636所示。选中"路径"面板中的"刹车盘花纹"路径，单击 ◯ 按钮，对路径进行描边，效果如图9-637所示。

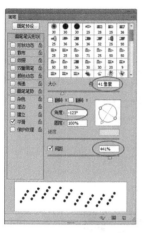

图 9-635

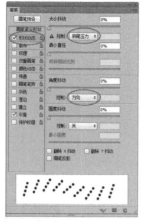

图 9-636

图 9-637

09 双击该图层，打开"图层样式"对话框，添加"投影"效果，如图9-638和图9-639所示。

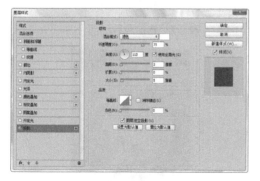

图 9-638

图 9-639

10 继续完善车轮的细节。制作完前面的车轮后，可以拖曳"车轮"图层组到"图层"面板底部的 🔲 按钮上进行复制，再使用"移动工具" ➤﹢将其移至汽车的尾部，效果如图9-640所示。

图 9-640

11 在"背景"图层上方新建一个名称为"投影"的图层。用"钢笔工具" ✐ 绘制投影形状，如图9-641所示。按Ctrl+Enter键，将路径转换为选区，将前景色设置为黑色，按快捷键Alt+Delete，在选区内填充黑色，按快捷键Ctrl+D取消选区，如图9-642所示。

图 9-641

图 9-642

12 执行"滤镜>模糊>动感模糊"命令，对投影进行模糊，如图9-643和图9-644所示。

图 9-643

图 9-644

13 使用"模糊工具" ⬦ 涂抹投影的边缘，使其更加柔和，最终效果如图9-645所示。

图 9-645

9.19 人在烟云里

9.19.1 制作烟雾

01 按快捷键Ctrl+N，打开"新建"对话框，设置参数，如图9-646所示，创建一个A3大小的文档。

图 9-646

02 新建一个图层。选择"画笔工具"，打开"画笔"面板，选中"画笔笔尖形状"选项，设置参数，如图9-647所示，绘制黑色的点状图形，如图9-648所示。

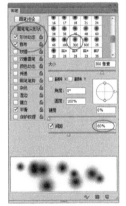 

图 9-647　　　　　　图 9-648

03 执行"滤镜>扭曲>波浪"命令，对图形进行扭曲，如图9-649和图9-650所示。

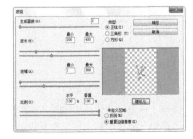 

图 9-649　　　　　　图 9-650

04 执行"编辑>渐隐波浪"命令，打开"渐隐"对话框，设置"不透明度"为50%，如图9-651所示，效果如图9-652所示。通过该命令可以增加烟雾中的灰色层次。

图 9-651　　　　　　图 9-652

05 按快捷键Ctrl+F，再次应用"波浪"滤镜，效果如图9-653所示。按快捷键Shift+Ctrl+F，执行"渐隐波浪"命令，效果如图9-654所示。再次按快捷键Ctrl+F，使烟雾边缘变得更加清晰，如图9-655所示。

图 9-653　　　　图 9-654　　　　图 9-655

06 执行"编辑>变换>旋转90度（顺时针）"命令，效果如图9-656所示。按快捷键Ctrl+F应用滤镜，效果如图9-657所示。按快捷键Ctrl+T，显示定界框，将图像缩小，如图9-658所示。

图 9-656　　　　图 9-657　　　　图 9-658

07 按住Ctrl键并单击"图层1"的缩览图，载入烟雾的选区，如图9-659所示。使用"移动工具"，按住Alt键并向下拖曳烟雾进行复制，如图9-660所示。按快捷键Ctrl+T，显示定界框，单击鼠标右键，打开快捷菜单，选择"垂直翻转"命令，然后再调整图像的宽度，如图9-661所示。按Enter键确认操作，按快捷键Ctrl+D，取消选区。

图 9-659　　　　图 9-660　　　　图 9-661

08 按快捷键Ctrl+T，显示定界框，将烟雾朝顺时针方向旋转，如图9-662所示，按Enter键确认操作。执行"滤镜>扭曲>旋转扭曲"命令，在打开的对话框中设置角度为-120度，如图9-663和图9-664所示。

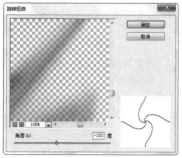

图 9-662　　　　　　　　图 9-663

图 9-664

09 按快捷键Ctrl+T，显示定界框，旋转烟雾，如图9-665所示。单击鼠标右键，打开快捷菜单，选择"变形"命令，然后拖曳控制点对烟雾进行变形处理，如图9-666所示。

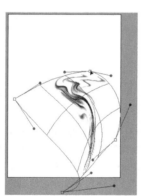

图 9-665　　　　　　　　图 9-666

9.19.2 合成图像

01 打开光盘中的素材，如图9-667所示，将人物拖曳到烟雾文档中。选择"吸管工具" 🖊️，在靠近人物面部的位置单击鼠标，拾取该位置的颜色作为前景色，选择"背景"图层，按快捷键Alt+Delete填充前景色，如图9-668所示。

图 9-667　　　　　　　　图 9-668

02 选择人物所在的图层，为其添加图层蒙版。选择"画笔工具" 🖌️（柔角300像素），在人物背景区域涂抹黑色，将背景隐藏，在处理靠近人物的轮廓时，要将笔尖调小，细致地勾勒，如图9-669和图9-670所示。

图 9-669　　　　　　　　图 9-670

03 下面要在"图层1"的基础上制作出各种形态的烟雾，放在人物四周，可以复制"图层1"，使用"自由变换"命令直接对烟雾进行旋转或缩放，如图9-671所示；也可以通过"旋转扭曲""液化"滤镜，制作出各种形态的烟雾，如图9-672所示。

图 9-671　　　　　　　　图 9-672

04 新建一个图层。选择"自定形状工具" 🐾，在形状下拉面板中加载"自然"形状库和"音乐"形状库，选择"三叶草"和"低音符号"，绘制这两种图形，制作成为花纹图案，如图9-673所示。用这些花纹来装饰人物的头发和手臂，如图9-674所示。

图 9-673　　　　　　　　　图 9-674

05 在"背景"图层上方新建一个图层，填充灰色，如图9-675所示。选择"矩形选框工具" ，在工具选项栏中设置"羽化"为250像素，创建一个矩形选区，按Delete键，删除选区内的图像，如图9-676所示。按快捷键Ctrl+D，取消选区。

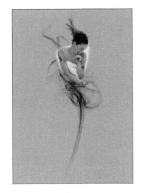

图 9-675　　　　　　　　　图 9-676

06 打开光盘中的素材，在画面中加入一些花纹，并输入文字，如图9-677所示。

图 9-677

9.20 咖啡的诱惑

01 打开光盘中的素材，如图9-678所示。单击"图层"面板底部的 按钮，新建一个图层，如图9-679所示。

图 9-678　　　　　　　　　图 9-679

02 选择"钢笔工具" ，在工具选项栏中单击 按钮，在打开的下拉列表中选择"路径"选项，绘制图9-680所示的图形。将前景色设置为白色，选择"画笔工具" （尖角9像素），如图9-681所示。

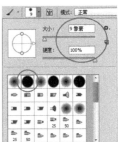

图 9-680　　　　　　　　　图 9-681

03 单击"路径"面板中的 按钮，对路径进行描边，然后按快捷键Ctrl+H，将路径隐藏，如图9-682所示。这两条线将作为鱼排列的辅助线。打开光盘中的素材，如图9-683所示。这是一个PSD分层文件，在"图层"面板中，"鱼"图层组中包含几十种鱼的图层，其中每一种鱼都处在一个单独的图层上。

图 9-682

图 9-683

04 使用"移动工具" ▶⊕，将鱼儿图层组拖曳到咖啡杯文档中，放在"图层1"的下方，如图9-684所示。按住Ctrl键并单击画面右上角的一条鱼，选择这条鱼所在的图层，如图9-685和图9-686所示。

图 9-684　　　　　　　图 9-685

图 9-686

05 按快捷键Ctrl+T，显示定界框，将鱼移动到辅助线的夹角处，如图9-687所示。按住Shift键，拖曳界定框的右上角等比例缩放到适当大小，将鼠标移至定界框四角的任意一角，当鼠标显示为双箭头时，按住鼠标旋转图形，到适当位置，如图9-688和图9-689所示，按Enter键确定变换。

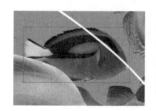

图 9-687　　　　　　　图 9-688

图 9-689

06 采用同样的方法，调整其他鱼的位置及大小，使它们按照一定的秩序排列，形成一种向杯子游动的态势，如图9-690所示。

图 9-690

07 下面来复制出更多的鱼。首先确认当前使用的是"移动工具" ▶⊕，然后按住Ctrl并单击一条鱼，如图9-691所示，这样可以选中其所在的图层，按住Alt键并拖曳鼠标进行复制，得到一个新的图层。按快捷键Ctrl+T，显示定界框，进行自由变换，适当调整鱼的大小和方向，如图9-692所示。

图 9-691　　　　　　　图 9-692

08 通过这种方法来增加鱼的数量，复制鱼后，可按快捷键Ctrl+]，向上调整图层的堆叠顺序，或按快捷键Ctrl+[，向下调整堆叠顺序，通过调整图层的顺序改变鱼在鱼群中的位置，如图9-693和图9-694所示。

图 9-693　　　　　　　图 9-694

09 选择"图层1"，如图9-695所示，按下Delete键，将其删除。按住Ctrl键并单击一条较大的鱼，如图9-696所示，选中其所在的图层。

图 9-695　　　　　　　图 9-696

10 单击"图层"面板底部的 *fx.* 按钮，在打开的菜单中选择"投影"命令，打开"图层样式"对话框，添加"投影"效果，如图9-697和图9-698所示。

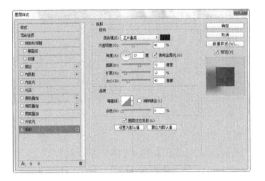

图 9-697

图 9-698

11 执行"图层>图层样式>拷贝图层样式"命令，复制效果。按住Ctrl键并单击另一条鱼，如图9-699所示，选中其所在的图层，执行"图层>图层样式>粘贴图层样式"命令，将效果粘贴到该图层中，如图9-700所示。

图 9-699　　　　　　　　图 9-700

12 采用同样的方法为其他一些鱼添加"投影"效果，使整个鱼群具有纵深的空间感，如图9-701所示（注意不要所有的图层都添加效果，要有选择性，适可而止，添加多了效果反而不好。）

图 9-701

13 单击"背景"图层，如图9-702所示，单击"图层"面板底部的 按钮，在该图层上方新建一个图层，如图9-703所示。

图 9-702　　　　　　　　图 9-703

14 将前景色设置为黑色，选择"画笔工具" （柔角），设置"不透明度"为8%，绘制鱼群的投影，如图9-704所示。选择"杯子"图层，在其上方新建一个图层，如图9-705所示。

图 9-704　　　　　　　　图 9-705

15 将前景色设置为浅蓝色（R125,G180,B200），使用"画笔工具" （柔角）绘制一些光影，使鱼群与杯子的衔接处显得更加自然，如图9-706所示。最终效果如图9-707所示。

图 9-706　　　　　　　　图 9-707

9.21　海的女儿

01 打开光盘中的素材，如图9-708所示。单击"路径"面板中的 按钮，新建一个路径。使用"钢笔工具" 绘制出人物的面部轮廓，如图9-709和图9-710所示。按Ctrl+Enter键，将路径转换为选区，如图9-711所示。

图 9-708

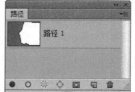

图 9-709

图 9-710

图 9-711

$O2$ 按快捷键Ctrl+N，打开"新建"对话框，创建一个A4大小的文档。

$O3$ 使用"渐变工具" 填充渐变，如图9-712所示。切换到人物文档，使用"移动工具" 将人物移动到渐变文档中。按快捷键Ctrl+T，显示定界框，在定界框外拖曳鼠标将图像旋转，如图9-713所示。

图 9-712

图 9-713

$O4$ 打开光盘中的素材，如图9-714所示。将海水图像拖曳到当前文档中，通过自由变换将图像朝逆时针方向旋转，如图9-715所示。

图 9-714

图 9-715

$O5$ 将人物与海水所在的图层重命名。选择"人物"图层，单击 按钮，添加蒙版，使用"画笔工具" （柔角200像素）涂抹黑色，隐藏人物图像的边缘，如图9-716和图9-717所示。

图 9-716

图 9-717

$O6$ 按住Alt键，单击"海水"图层前面的 图标，将其他图层隐藏，如图9-718所示。执行"选择>色彩范围"命令，打开"色彩范围"对话框，选择"图像"选项，将光标放在预览框中，在蓝色区域单击鼠标，选中蓝色图像，如图9-719所示。单击"选择范围"选项，此时预览框中的图像以黑白显示，其中，白色部分代表了被选中的区域，调整"颜色容差"参数为66，如图9-720所示，单击"确定"按钮，创建选区，如图9-721所示。

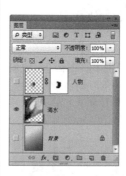

图 9-718

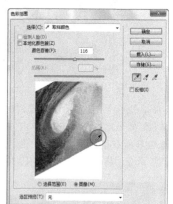

图 9-719

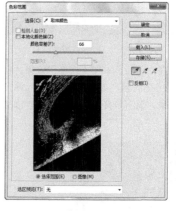

图 9-720

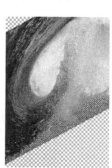

图 9-721

$O7$ 按住Alt键并单击 按钮，创建一个反相的蒙版，将选区内的图像隐藏，即遮盖蓝色的背景，使这部分区域只显示海浪激起的水花，显示其他两个图层后的效果如图9-722和图9-723所示。

图 9-722　　　　　　　　图 9-723

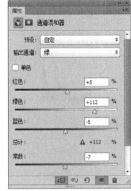

图 9-727　　　　　　　　图 9-728

08 使用"画笔工具" （柔角，300像素）在蒙版中涂抹黑色，将深色的海水部分隐藏，如图9-724所示。将"画笔工具" 的不透明度设置为20%，按 [键，将画笔调小，继续编辑蒙版，在海水边缘处涂抹，使图像与背景的渐变颜色融合，如图9-725和图9-726所示。

图 9-729

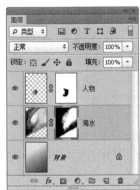

10 通过添加调整图层，调整人物面部的颜色，使其与画面色调统一。按快捷键Alt+Ctrl+G，创建剪贴蒙版，使调整图层仅作用于"人物"图层，不对背景的海水产生影响，如图9-730和图9-731所示。

图 9-724　　　　　　　　图 9-725

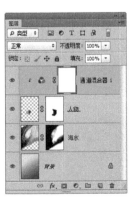

图 9-730　　　　　　　　图 9-731

11 单击"调整"面板中的 按钮，创建"色阶"调整图层，设置参数，如图9-732所示。按快捷键Alt+Ctrl+G，创建剪贴蒙版，使色阶调整图层仅作用于"人物"图层，效果如图9-733所示。

图 9-726

09 单击"调整"面板中的 按钮，创建"通道混和器"调整图层，在"输出通道"下拉列表中选择"红"，设置参数，如图9-727所示。再分别选择"绿"和"蓝"通道，设置参数，如图9-728和图9-729所示。

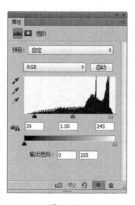 

图 9-732　　　　　　图 9-733

12 使用"吸管工具" 在海水的深蓝色上单击鼠标，拾取该颜色作为前景色，使用"画笔工具" 在面部周围涂抹蓝色，为嘴唇涂抹粉色。使用"橡皮擦工具" ，将工具的不透明度设置为20%，适当进行擦除，使颜色变淡。按快捷键Alt+Ctrl+G，创建剪贴蒙版，使超出面部分区域的颜色不会显示在画面中，如图9-734和图9-735所示。

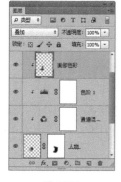 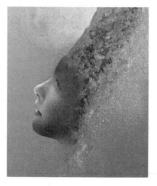

图 9-734　　　　　　图 9-735

13 设置该图层的混合模式为"叠加"。人物的面部涂抹蓝色后，肤色与海水之间产生逐渐过渡、自然融合的效果。还可以使用"画笔工具" 继续编辑图像，添加颜色，使面部边缘呈现蓝色，越靠近颧骨部分颜色越淡，产生通透的效果，如图9-736所示。

图 9-736

Point 在图像合成中通过混合模式改变素材颜色，使混合效果更加绚丽是一种经常使用的方法。设置混合模式后，如果发现颜色与海水不协调，可以按快捷键Ctrl+U打开"色相/饱和度"对话框，拖曳滑块对颜色进行调整，选中"预览"选项，观察图像效果，找到与海水最协调的颜色。

14 新建一个图层，命名为"浅色"。将前景色调整为浅灰色（R232,G238,B246）。选择"渐变工具" ，在渐变下拉面板选择"前景色到透明渐变"选项，由画面左上角向画面中心拖曳鼠标填充渐变色，如图9-737和图9-738所示。

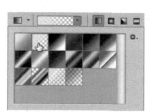

图 9-737　　　　　　图 9-738

15 选择"海水"图层，按住Alt键并单击"海水"图层前面的 图标，将其他图层隐藏。按住Shift键并单击该图层的蒙版缩览图，暂时停用图层蒙版，如图9-739所示，这样做是为了使海水图像完全显示在窗口中。需要启用蒙版时，可以按住Shift键并单击图层蒙版。

图 9-739

16 执行"选择>色彩范围"命令，打开"色彩范围"对话框，将光标移动到图像中，在浪花最亮的区域单击鼠标，进行取样，将"颜色容差"设置为100，如图9-740所示，单击"确定"按钮，创建选区，如图9-741所示。

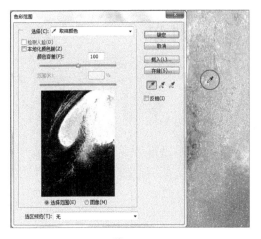

图 9-740

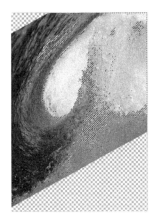

图 9-741

17 按快捷键Ctrl+J，复制选区内的图像，如图9-742所示。可以先隐藏"海水"图层，查看一下抠图的效果，如图9-743所示。图像中只需保留飞溅起的水花。

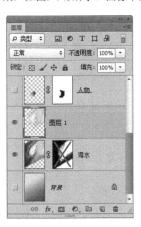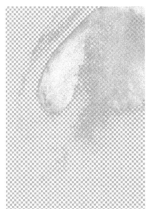

图 9-742　　　　图 9-743

Point 使用快捷键Ctrl+J复制选区内的图像时，如果当前图层是蒙版的工作状态，将无法使用该快捷键。可以单击当前图层的图像缩览图，进入图像的编辑状态，然后再使用该快捷键。

18 按快捷键Shift+Ctrl+]，将"图层1"移动到"图层"面板的最上方。显示所有图层及蒙版，使用"橡皮擦工具" （柔角300像素，不透明度20%），将"图层1"中多余的图像擦除，使图像的融合效果更加自然，该图层主要起到加亮水花的作用，如图9-744和图9-745所示，完成后的效果如图9-746所示。

图 9-744　　　　图 9-745

图 9-746

313

扫描二维码，关注李老师的个人小站，了解更多 Photoshop、Illustrator 实例和操作技巧。

Photoshop 历次版本更新时间及内容

年代	版本	新增功能
1990.2	Photoshop 1.0	包含选框、套索、魔棒、文字、直线、裁剪、油漆桶、橡皮擦、吸管、渐变、画笔、铅笔、模糊、锐化、涂抹等工具，以及少量滤镜。只能在苹果机（Mac）上运行
1991.6	Photoshop 2.0	新增"钢笔工具"、路径，支持CMYK和Illustrator文件，最小分配内存从2MB增加到4MB。该版本引发了桌面印刷的革命。此后，Adobe公司开发出Windows视窗版本Photoshop2.5，增加了调色板和16 bit文档支持
1994.11	Photoshop 3.0	最重要的核心功能图层出现在这一版本中
1996.11	Photoshop 4.0	Adobe与Knoll兄弟重新签订合同，买断了Photoshop的所有权，并将Photoshop的用户界面和其他Adobe产品统一化。新增功能有动作、调整图层、表明版权的水印图像等
1998.5	Photoshop 5.0	新增"历史记录"面板，色彩管理功能，图层样式。5.0.2版首次向中国用户提供了中文版。5.5版增加了支持Web功能，并将Image Ready 2.0捆绑到Photoshop中，填补了Photoshop在Web功能上的欠缺
2000.9	Photoshop 6.0	引入形状功能，新增矢量绘图工具，增强了图层管理功能。经过改进，Photoshop与其他Adobe工具交互更为流畅
2002.3	Photoshop 7.0	数码相机开始流行起来，Photoshop增加了修复画笔、EXIF数据，文件浏览器等与数码照片处理有关的功能。已经退居二线的Thomas Knoll还亲自带领一个小组开发了Photoshop的Raw插件
2003.9	Photoshop CS	Adobe将Photoshop与其他产品组合成一个创作套装软件，即Adobe Creative Suite。Photoshop CS与兄弟产品的合作更加协调、通畅。这一版本的更多新功能是为数码相机而开发的，如智能调节不同区域亮度、镜头畸变修正、镜头模糊滤镜等
2005.4	Photoshop CS2	新增红眼工具、"污点修复画笔工具""消失点"滤镜、智能对象、Bridge、支持高动态范围图像等
2007.4	Photoshop CS3	新增快捷选择工具、智能滤镜、视频编辑功能、3D功能，增进了对Windows Vista的支持，软件界面也重新进行了设计
2008.9	Photoshop CS4	新增"蒙版"面板、"调整"面板、内容识别比例缩放、旋转画布工具、GPU加速等功能
2010.4	Photoshop CS5	新增内容识别填充、操控变形、混合器画笔和毛刷笔尖、Mini Bridge等功能，改进了抠图工具"调整边缘"命令，增强了"镜头校正"滤镜
2012.4	Photoshop CS6	新增图层搜索功能、内容识别"移动工具""光圈模糊"滤镜、"角点模糊"滤镜，改进了工作界面、3D功能、"光照效果"滤镜，升级了Camera Raw
2013.7	Photoshop CC	新增"防抖"滤镜、同步设置、智能增加取样、生成图像资源、"属性"面板改进、Behance集成、Creative Cloud等功能，升级了Camera Raw，包括可以作为滤镜使用Camera Raw、Camera Raw的图层支持功能等

Photoshop 常用快捷键

工具及快捷键	工具及快捷键	工具及快捷键	工具及快捷键
选移动工具 (V)	矩形选框工具 (M)	套索工具 (L)	快速选择工具 (W)
吸管工具 (I)	裁剪工具 (C)	污点修复画笔工具 (J)	画笔工具 (B)
仿制图章工具 (S)	历史记录画笔工具 (Y)	橡皮擦工具 (E)	渐变工具 (G)
减淡工具 (O)	钢笔工具 (P)	横排文字工具 (T)	路径选择工具 (A)
自定形状工具 (U)	抓手工具 (H)	旋转视图工具 (R)	缩放工具 (Z)
默认前景色/背景色(D)	前景色/背景色互换(X)	切换标准/快速蒙版模式(Q)	切换屏幕模式(F)

命令及快捷键	命令及快捷键	命令及快捷键	命令及快捷键
文件>新建(Ctrl+N)	文件>打开(Ctrl+O)	文件>关闭(Ctrl+W)	文件>存储(Ctrl+S)
文件>存储为(Shift+Ctrl+S)	编辑>还原/重做(Ctrl+Z)	编辑>前进一步(Shift+Ctrl+Z)	编辑>后退一步(Alt+Ctrl+Z)
编辑>剪切(Ctrl+X)	编辑>拷贝(Ctrl+C)	编辑>粘贴(Ctrl+V)	编辑>原位粘贴(Shift+Ctrl+V)
编辑>填充(Shift+F5)	编辑>自由变换(Ctrl+T)	图像>调整>色阶(Ctrl+L)	图像>调整>曲线(Ctrl+M)
图像>调整>色相/饱和度(Ctrl+U)	图像>图像大小(Alt+Ctrl+I)	图像>画布大小(Alt+Ctrl+C)	图像>新建>图层(Shift+Ctrl+N)
图层>创建剪贴蒙版(Alt+Ctrl+G)	图层>图层编组(Ctrl+G)	图层>取消图层编组(Shift+Ctrl+G)	图层>合并图层(Ctrl+E)
图层>合并可见图层(Shift+Ctrl+E)	选择>全部(Ctrl+A)	选择>取消选择(Ctrl+D)	选择>重新选择(Shift+Ctrl+D)
选择>反向(Shift+Ctrl+I)	选择>调整边缘(Alt+Ctrl+R)	选择>修改>羽化(Shift+F6)	滤镜>上次滤镜操作(Ctrl+F)
视图>放大(Ctrl++)	视图>缩小(Ctrl+−)	视图>按屏幕大小缩放(Ctrl+0)	视图>实际像素(Ctrl+1)
视图>校样颜色(Ctrl+Y)	视图>色域警告(Shift+Ctrl+Y)	视图>标尺(Ctrl+R)	视图>锁定参考线(Alt+Ctrl+;)